新・日本のワイン

山本 博
Hiroshi Yamamoto

早川書房

新・日本のワイン

目次

はじめに　―新版の刊行にあたって―

本書の初版は二〇〇三年に出された。当時は、日本のどこにどんなワイナリーがあって、どんなワインを出しているのか一般の消費者にはまったくわからない状態だった。日本ワイナリー協会という団体があったが、大蔵省の酒税行政を生産者に告知・伝達する下請機関にすぎないような存在だった。実際にどんなワインが造られているかというと情報ゼロに近く、協会員以外のワイナリーについては無知・無関心だった。そうした中で、本書が初めて日本ワインの全貌を正確に世に知らせることになった。後になってからだが、「あの本からすべてが始まった」とワイナリーの方々からよくいわれる。

しかし、事柄はそう単純ではない。その背景には世界のワイン事情に大変革が生じていたのだ。それと轍《わだち》を共にしていたといってよい。「二〇世紀の最後の二五年《クオーター》に世界のワイン地図が塗り変えられた」といわれている。有名なヒュー・ジョンソンの『世界のワイン地図《ワールド・アトラス・オブ・ワイン》』の第五版と六版が新版といってよいほど書きあらためられたのも、そのためである。

いったい、どんな変革が、どんな理由で生じたのだろうか？

変革を生じさせた最大の要因は、現代醸造学の普及である。ワインは神がお造り賜ったものという迷信を破ったのは一八六〇年代のパストゥールで、酵母菌の働きでワインが生まれることを実証し、神秘のベールを取り払った。以後、学者の間では発酵学の研究が積み重ねられ、多くのことが科学的に解明されてきていたのだが、フィロキセラ禍《ブドウネアブラムシ》、世界大不況、第一次・第二次世界大戦などワイン業界の基礎をゆり動かす事態が続いて、ワイン業界が本腰を入れて現代的な技術を導入した醸造に取り組むようになったのはヨーロッパが経済的に復興した一九六〇年代に入ってからだったのである。現代醸造技術の導入はワインを一変させた。ワイン事業で大きなリスクだった失敗がなくなったし、ワインの品質は安全・向上し、量産化も可能になった。

　変革のもうひとつの要因は、流通革命と関税障害の撤廃である。トラック運送の発達によって、鉄道に頼らず、どんな僻地からでもワインを大量迅速に大消費地である都市に容易に運べるようになった。それに伴って複雑で閉鎖的だった古い流通システムが崩壊し、新しい流通形態が誕生した（スーパーがその代表例である）。酒類市場も一変し、世界各地の多種多様なワインが小売市場に姿を現すようになった。ＥＵの形成は各国の関税障壁を取り払い、その分ワインの値段が安くなった。

　この二つの要因による動向に拍車をかけたのは、ワイン・ジャーナリズムの誕生である。それまでワインのことを書いた本がないわけではなかったが、読者はごく一部のワイン愛好家に限られていた。それがテレビ、新聞、図書、雑誌その他のメディアがワインを絶好のターゲットにしたようだ。そのため、誰にでもちょっと手を出せば世界中のワイン情報が入手できるようになったと同時に、ワインの愛好者・消費者層を急激に増した。

　ワイン事業は、生産するだけでなく、売れなければ成り立たない。生産者が努力してどんな良いワインを造っても、買う人がいなければどうにもならない。ワイン市場の革命的といえる激変は、世界各地の熱心なワイン造り手たちにやる気を起こさせたのである。そして現代醸造学の技術の助けを借りれば誰でも優れたワインを造れるようになった。

「神は人間をつくった、人間は酒をつくった」と喝破したのは、かのユーゴーだが、現代に入って再び人がワイン界にも革命を起こさせたのである。日本の国産ワインが激変したのは、こうした背景があったからである。日本には、それに加えて日本の特殊事情というものがあった。ワインを育てたヨーロッパと違って、以前は日本はワイン不毛の国だった。

明治維新時代から政府の奨励もあって、今から一〇〇年も前から日本各地で本格的ワイン造りを始めていたのだが、造っても買い手がいなかった。食生活が違うからである。ほとんどが挫折した（成功したのは「赤玉ポート」とか「蜂ブドー」と呼ばれた人工甘味ぶどう酒だけだった）。第二次世界大戦が終わり、日本にも洋酒類が入ってきたが、主力はウイスキーやブランデーで、ワインは片隅に置かれていた。ワインを飲む人もいたが、ごく一部の愛好家だけだった。一般には舶来のワインは高いもの、おかしな味の飲みにくいものと敬遠されていた。東京オリンピックあたりから日本人のワイン開眼が始まり、ワインに関心を持つ人が増えてきた。そこに起きたのが政府の貿易自由化政策（従価税から従量税への税金の低額化）と、いわゆる「バブル崩壊」である。在庫をかかえた輸入業者と並行輸入業者が、ワインの安売りを始めた。一般大衆にとって、ワインは「高くて手の届かないもの」ではなくなった。さらに、食事の洋風化が広がり、バターやチーズを食べて育った若い世代はワインに抵抗がなかった。また、女性という大消費者層がワインに加わった。ワインが安くて楽しめるという発想が一般化した。そのこと自体は健全で、というよりワインの本来の姿なのである。その意味で、バブル崩壊の頃が「日本のワイン元年」だったといってよい。

本書が初版を出してわずか一〇年たらずの間に、日本人のワインの飲み方が変わったのである。それは当然のことながらワインの造り手たちに反映した。初版当時、日本でまともなワインを出していためぼしいワイナリーといえば、全国でせいぜい八〇軒そこそこだったが、今は二〇〇軒を超えようとしている。その間二〇〇六年から本書の各論といえる『日本ワインを造る人々』シリーズをワイン王国社から出しつづけてきた。「北海道」、「長崎県」、「山梨県」を出し、さらに「東日本」「西日本」については遠藤誠他数名の方々に御協力をいただき、六年がかりで全五冊がようやく完結した（各ワイナリーの詳細を知りたい方は各論シリーズをお読みいただきたい）。この一〇年の日本におけるワイン事情の著しい変動に影響を受け、本書の初版はその出版目的を達成したといえると同時に、その情報がやや古くなった観もある。また日本ワインの現在直面している問題も変わってきた。ひどいワインは姿を消し、ワインの一般的品質水準は著しく上昇している。と同時に、グローバリゼーションの波は日本のワイン市場にも押しよせ、大都市のお酒の売場には世界中の多種多様なワインが満ちあふれている。こうしたあまたのワインと日本の国産ワインが国際競争になんとか勝ちぬいていけるかは、焦眉《しょうび》の急の課題である。国産ワインはまだまだ古い体質を脱皮しきっていない。それを克服するにはまずワイナリー自体の厳しい現状認識と、さらなる努力が必要であろう。しかし、それに加えて、日本の消費者の日本ワインに対する愛情が不可欠なのである。

そうした願いをこめて書いたのが本書である。

二〇一三年七月吉日

山本　博

一章　ワインとは、なにか?

ワインとブドウ

国産ワインだと思って飲んでいたらアルゼンチンやブルガリアのワインが入っているといわれたり、日本という国はもともとワインを造るブドウがうまく育たない国だというようなことをいわれて、せっかくおいしいと思って飲んでいたのがいやな気持ちになった人がいるだろう。

実は、このお節介なお説教は、半分本当である。

古いフランスのジョークがある。ある領主が、自分の領地のワインがまずいので、いろいろやってみたが、どうしてもうまくいかない。頭をひねって考えたあげく、肝心の秘訣《ひけつ》はワインの原料、つまりブドウなんだということに気がついた。そこで、有名なブルゴーニュの名うての酒造りの親爺にその木を売ってくれと頼んだ。足元を見た親爺から、目が飛び出るような高値をふっかけられたがしぶしぶ言い値を払い、わが領地へ持って帰って植えた。首を長くしてブドウが実るのを待ち、ワインを造った。ところができたワインは、やっぱり駄目だった。怒り心頭に発した領主は親爺のところへ怒鳴りこんだ。恐縮するかと思ったら、さにあらず、その親爺は涼しい顔をしていった。「いいワインを生むのは畑なんで……。旦那さんは畑の土まで売れとはおっしゃらなかった……」

ヨーロッパの有名なワインの産地、例えば世界最高の高価なワインを生むロマネ・コンティの畑へ行って、実際にその畑を見ると驚く人が多いだろう。日本の桑畑——といっても、最近では桑畑を知らない人が多いかもしれない——のようなブドウ畑。緩やかな斜面にブドウの木が行儀よく一列に並んでいる（これを「垣根仕立て」と呼ぶ）。ごつごつ奇妙な形で、ひねてつくねんでいるような太い株から鉛筆を少し太くしたくらいの枝が何本か出ていて、一本の木に房——それも小さな——が六つか七つしかついていない。

ブドウの故郷、勝沼にブドウ狩りにいくと、一本の巨木が庭いっぱいに枝を伸ばし、その枝々に大きなブドウの房がびっしりついている。わが豊葦原《とよあしはら》の瑞穂《みずほ》の国、日本はブドウまで見事だと、その豊穣さに感心し、なんとなく安心するかもしれない。

それに比べたら、フランスの畑は、ことに冬に見たらすごく貧弱である。それに株と株との間隔が、そう離れていない。一ヘクタールに一万本も植えているところがある。日本では大根畑にしても密植すると良い大根ができない。だから、農家の人たちは一生懸命うろ抜きをする。

フランスのブドウ畑は日本人が考えている果樹園や農業のイメージと合わない。どうして、こうした違いが出るかというと、実は、ブドウが違うからである。同じブドウでも、生食用のブドウと、ワイン用のブドウとは、氏素性——つまり品種が違うし、育て方もまったく別なのである。

ロマネ・コンティの畑を見て、フランスの他のところとちっとも変わらない、ここから一本何万円もするワインができるというのはおかしいと決めつけた日本酒の権威と称するもの書き屋がいる。しかし、この人は、見なければならないところを見ていなかったのである。ここの畑は、東向き、少し東南向きの斜面だが、わずかに北東の方が低くなっている。一見たいしたことではないようだが、実はこの点が重要なのである。寒いこの地方では、春に朝日がいちばん早く差して畑が温まる。一日の日照時間も長くなる。また、畑の表面をちょっと見ただけではわからないが、この地下の土層は、非常に複雑なのである。原始時代のウミユリや牡蠣の化石まで埋まっているし、オルリー空港に使ったピンクの大理石まで含まれている。一般的にいって、肥沃な畑からは、秀逸なワインが生まれない。逆説のようだが、人間でもそうである。何不足なく育てられた大金持ちのぼんぼんにぼんくらな人間が多く、苦境で刻苦勉励した人間が大器晩成することはいくらでもある。ブドウも、人間も、ハングリー精神が必要なのである。密植するのも、同じ理由である。密植されたブドウは、根を横に広く伸ばせず、地中深く深く根を伸ばす。そのため、地層の複雑なミネラル分を吸収する結果になる。そして、実が少なければ少ないほど、ブドウの樹はその吸い取った地中の要素《エッセンス》を濃縮した形で果実に集めようと、その全エネルギーを集中する。

日本で良いワインができない、日本の風土はワイン向きでないという考え方には、たしかに一理ある。非常に大きなハンディ・キャップがあるのだ。

a　日本は火山性土質が多い。つまり酸性土壌である。柑橘《かんきつ》類とか、生食用ブドウならいいが、ワイン用には困る。フランスに旅行した人なら知っているが、水がよくない。土質がアルカリ性だからである。しかし、ワインには、その方がいい。

b　ヨーロッパでは、例えばパリに住んでみるとわかるが、冬が雨季で夏が乾季である。日本は逆で、冬が乾燥して、夏は雨が多い。日本で、いちばん雨の多い月はと尋ねられたら、ほとんどの人は六月と答えるだろう。たしかに、梅雨どきは細雨つづきでじとじとしているが、降雨量が多いのは実は九月なのである。ブドウの花期は六月で、しかも風媒花だから、六月の雨は困る。八月の雨も、ブドウの枝葉を茂らせすぎるという難点がある。さらに収穫期の雨は、ワイン用ブドウには大敵なのである。ほんのわずか、しかも収穫期の少し前ならありがたいが、摘み時の雨は、果粒を水ぶくれにさせて中身のエッセンスを薄めてしまう。その上、曇りでは実が完熟しない。皮につく天然酵母も弱くなる。それよりなにより、多湿という現象はブドウの強敵、カビ系の病気の温床になるのだ。その上、日本では台風という大敵も襲ってくる。冬が雨季だと、水が地中深くにたまる。そして夏がカラカラの乾季だとブドウは水を吸おうとして一生懸命根を地中深くまで伸ばす。その結果、地面の下の複雑な各地層のミネラル成分を吸いあげるからワインは複雑な味になる。樹を密植すると根を横に張れないから真っすぐに地中深く伸ばし、同じ結果になる。

C

日本の生食用ブドウは、栽培品種でいうと「巨峰」と「デラウェア」がトップで、この二種類で全体の五〇%を占める。高級ブドウの巨峰は、文字どおり房も粒も大きく、みずみずしくおいしそうである。ヨーロッパのワイン用ブドウは、房も、ことに粒が小さく、皮が厚くて、食べてそうおいしいものでない。ヨーロッパ原産のワイン用ブドウは、「ヴィティス・ヴィニフェラ」というグループに入る。舌をかみそうな名前だが、ラテン語で「ワイン用ブドウ」という意味にすぎない。日本の食用ブドウは(後述するように、「甲州」という日本国産種ともいえるものがあるが)ほとんどアメリカ種か、その交配種である。デラウェアはアメリカ東部の首都ワシントンＤＣの近くのデラウェア地方が原産地である。明治時代に、アメリカ生まれのブドウが日本に向いていることがわかって（フィロキセラという害虫にも強い）、日本ではもっぱらそれを栽培するのに精を出した。アメリカ原産種のブドウの中には「ヴィティス・ラブルスカ」というグループがあるが、これは「野蛮」という意味である。アメリカが野蛮かどうかは別にして、このラブルスカはワインに向かないということになっている。

d

ブドウの育て方にも問題がある。日本は江戸時代から「棚仕立て」が普及したが、ヨーロッパでは上級用ワインには「垣根仕立て」が主流である。日本で棚仕立てが一般的になったのは、雨と湿気が多いため房を地面から離してやらないとブドウの実が腐るとかいろいろな理由があったらしい（最近は、この理由はおかしいと考えている人がいる）。棚仕立てだと、実は葉の下が日陰になる。垣根仕立ての方が、日がよく果実に当たる。ヨーロッパでも優れたワインを造ろうと考えるワイナリーでは、収穫期が近づくと、実の上にかぶさる葉っぱをちぎって、日当たりをさらによくしようとするところもある。

このように、日本のワインについてネガティブなことばかり指摘すると、それではやっぱり国産ワインは駄目なのかといわれそうである。しかし、必ずしもそうではない。そうしたハンディを知った上で、国産ワインを飲んでみると、かえってワインというものの面白さがわかってくる。

ワインのカテゴリー（ランキング）

国産ワインを良いとか悪いとか評価するにしても、どう評価するか、「評価の基準」というものを評価の前提として考えなければならない。それは、ワインとはいかなる飲み物なのか、ワインとはどのように飲んだらいいかという、ワインのそもそもの基本にかかわる問題である。

ひと昔前まで、というよりほんの十数年前まで、日本ではおかしな迷信がはびこっていた。ワインは「高くなければおいしくない」、また、ワインは「古いほど良い」という考えである。これはまったくの誤解で、本末転倒の愚論なのだ。ワインは大昔から、健康的な低アルコール飲料として、世界各地の多くの人々が日常的に楽しんできたものだ。日常的に飲むということになれば、高いものではありえない。また、ワインが健康的だというのは、ブドウが果物としてもつミネラルやビタミン、それとお腹の中でアルカリに変わるいろいろな要素をそっくりワインの中に移しているからである。生のブドウの果実が、液体に化身しているのだ。その意味で、ワインのワインたるゆえんは生きた液体だということ、その取りえは「フレッシュ・アンド・フルーティ」なところにある。その点が、穀物から造るウイスキーや日本酒と決定的に違う。ということは、ワインは若いうちに飲むのが、本来の姿なのだということだ。たしかに、この世の中には、極上といえる高価なワインがある。しかし、それは、ごくごく一部の例外的存在である。フランス、イタリア、スペインなどは、ワインの大生産国として、誰でも日常ワインに親しみ、大量に飲んでいる。それらの国の人たちのほとんどは、シャトー・ラフィットとかラトゥールというような高級酒を一生に一度も口にしたことがなく、いわば普通の安いワインしか飲んでいない。だからといって、その人たちが、自分たちが飲むワインをおいしくないと思っているわけではない。高級ワインと普通のワインの違いはおいしい、まずいの違いではない。高級ワインの優れた点は、その複雑さと洗練さにある。おいしいとは別の次元の問題なのだ。また、古いワインというものがある。たしかに長い年月、瓶で寝かせておくと、素晴らしくなるものがある。しかしそうしたワインは、いわゆる高級ワインの中の一部のもので、これもごく例外的存在なのである。

初めてワインを飲む人、少し飲みはじめた人に、極上物とされるシャトー・ムートン・ロートシルトの五、六年ものと、安くて親しめるボジョレとを（ラベルをかくして）飲み比べてもらったらいい。間違いなく、後者の方がおいしいというに決まっている。一〇年から二〇年以上寝かさない若いムートンは、渋くて荒くて、おいしくはないのだ。

安くて日常飲むワインはポピュラー・ミュージック、高級ワインはクラシック音楽のようなものだ。安いワインは若いうちに、理屈抜きで楽しめばよい。高級ワインは、寝かせる年月や保存状態、また出し方《サービス》とか、いろいろやっかいなルールがある。それを守ってやらないと、その真骨頂を発揮してくれない。高級ワインについての取扱い方の話を聞きかじった者が、よく安いワインに面倒くさいことをいったりしている。しかしそうしたお節介は生兵法の講釈のようなものだ。普通のワインを飲むときは気にしなくていい。

もし、ワインにランキングをつけるとしたら、サウンド・ワイン、グッド・ワイン、ビッグ・ワイン、グレート・ワインの四つに分けることができるだろう。「サウンド・ワイン」とは、とにかくまともで、まあまあ飲めるワインである。日常用並酒のランクのもの。おかしな原料を使ったり、醸造を失敗したものは駄目で、この最低のランクにも入らない。高級ワインでも、傷んだものはこの部類にすら入れられない。だいたい、小売価格で一〇〇〇円以内のもの。「グッド・ワイン」は、これは結構いけるではないかといえるもので、日常の楽しい食事の友である。一般的な言い方をするとこの二つのランクあたりがワインの本領なのだ。グッド・ワインは、いわば特級でない一級酒で、だいたい、小売価格で一〇〇〇円台から二〇〇〇円くらいまでのもの。考えてみれば当たり前である。ワインが日常飲んで親しむものだとすれば、そんなに高いものを飲めるはずがない。日本人が日常飲み親しんでいるものはお茶である。お茶は日本人の生活と切っても切り離せないもので、ひとつの文化にまでなっている。さりとて、日本人の誰もがそう高いお茶を飲んでいるわけでない。オフィスで出される粉茶や駅弁のお茶はひどいものだが、誰もがそれほど文句をいわずに飲んでいる。安い番茶だって楽しい。高い茶を飲む家庭は限られているし、まして玉露をきちんとたてて飲んでいるのはお年寄りのお茶好きの人くらいである。ワインをお茶の飲み方にあてはめて考えればいい。

「ビッグ・ワイン」は、これはすごい、うまいなあと心から感心できるワイン。いわば高級ワインである。このランクのものの中から本当に優れたものを上手に選ぶのはなかなか難しい。非常に種類が多いし、値段の幅も大きく開くからだ。それだけにこのランクの中でのワイン選びは、ワインの楽しみのひとつでもある。というのは、これの本物はだいたい三〇〇〇円以上のもので、四、五〇〇〇円から一万円近くするものもある。よく探してみると二〇〇〇円くらいでもある。逆に、五、六〇〇〇円の高値がついていても、このランクに入れられないものが多い。知名度とか、生産量とか流通上の制約、営業政策などいろいろな理由から、市販価格がすごく違ってくる。売ったり、扱ったりする業者が、そのワインの真価を知らないことが多い。たいしたことはないのに、ただ有名だからという理由で高値をつけることもあるし、逆に素晴らしい真価をもっていても知名度がないため安値をつけられているものもある。この手のワインは、丁寧に飲んでやる必要がある。

「グレート・ワイン」はさすが！　とうならせるワインで、最高級ランクのもの。まさに芸術品である。こうしたものを、一万円以下で手に入れようとするのは無理というものである（特別の安価販売のときは別として）。その上、この部類のワインは、やっかいだがきちんとした飲み方をしてやらないと、失望落胆する。

世界で飲まれているワインを、こうしたグループ別に量で図示すると、ピラミッド型になる。サウンドとグッドが底部から三分の二までの大半を占める。グレート・ワインは頂上にほんのわずかあるだけである。だから、例外的存在といったのである。

なぜ、こうしたことをわざわざ説明したかというと、日本のワインがどこに位置するかをいいたいからである。まず、グレート・ワインでいうと、残念ながら、今のところまだまだのようである。しかしビッグ・ワインになると、この域にどうやら達したかというものが、この頃ちらりほらり現れだしている。しかし、グッド・ワインのレベルになると、最近ではかなり出だしている。中には、僅差でビッグに迫り、またはビッグに頭をつっこんだといえるものも現れだしている。これからはどのくらい出てくるかなんともいえない。国産ワインのほとんどは、サウンド・ワインのレベルである。残念ながら、この部類にも入れられないものも、まだまだ多い。

外国ワインおよびワイン原料とのブレンド

もうひとつ、値段の関係で、どうしても触れておかなければならない話がある。ブレンドの問題である。今までこの問題は、業界では誰も知りぬいていながら、アンタッチャブルになっていた。しかし、本当のことをはっきりさせるために、思い切っていわなければならない。誤解もあるからである。

現在、市販されている国産ワインなるものには、外国ワインとの混合《ブレンド》ものがかなりある（ことに一〇〇〇円をきるワインのほとんどは外国産原料を使っている）。これは厳然たる事実である。最近、山梨県勝沼町や長野県、山形県で、一〇〇％地元ブドウだけで造ったワインに勝沼や長野、山形のラベル表示ができる認証制度を作った。こうした制度を作るということ自体、そうでないものがあるということを暴露している。素人がラベルを見ただけでは、まずわからない。

しかし、である。はたしてブレンドすることが悪いのだろうか？　国産ワインだからといって威張るには、国産のブドウが外国のものより良い、という大前提がなければならない。日本人としては残念だが、実はそうとはいい切れない。地中海地方を旅行した人なら気がついたはずだが、ブドウとオリーブの畑しかないところが多い。他の農作物は駄目でも、この二つの植物なら乾燥した気候に耐えて立派に育つからである。また、アメリカ、オーストラリアには、驚くばかりの広大なブドウ畑がある。日本とは、畑の規模が、けた違いである。しかも日照その他の条件に恵まれ、健全なブドウから健全ワインが生まれている。しかし、日本のブドウにはハンディがあって、ワインにすると物足りないものになるものが多い。

日本で外国のワインとのブレンドをするということが始まった理由は、少し売れだしたメーカーの販売量に国内のブドウの生産量が追いつかなかったからだ。少し古い話になるが、元山梨大学教授の村木弘行が昭和六二年（一九八七年）の統計を引いて書かれた話があるので要約して紹介させていただく（『えのろじかる・のおと』ヴィノテーク）。二〇年ほど前の話だが、基本的に事態は変わっていないし、この頃の事態がその後の日本のワイン界発展のスタートになっているからである（山梨県でみると、二〇〇〇年末までの五年間でワインの生産量が一八・一二八キロリットルから三四・九八五キロリットルとほぼ倍増した。ところがブドウの生産は生食用品種を除いてすべて大幅に減少しているのである）。

一九八七年のブドウの国内総生産量は三〇万七〇〇〇トン。そのうち二七万二〇〇〇トン、つまり八八％が生果として食べられてしまっている。残る一二％のうち、九五〇〇トンがジュースや缶詰に使われ、ワインにまわされたのは二万六〇〇〇トン、つまり総生産量のわずか八・四％にすぎない。これを搾れるだけ搾ったところで、できるワインは二万キロリットルくらいにしかならない（七二〇ミリリットル入り瓶一本のワインを造るのにだいたい一キロの原料ブドウが要る）。ところが、日本のワイン消費量はこの年でも約八万キロリットルだった。つまり、その後国内ワインの消費量が増えるようになった前ですら国産ブドウでは、消費されるワインの四分の一しか賄えなかったのである。

三〇万トンものブドウがあるなら、もっとワイン用にまわせばいいではないかと考えるかもしれないが、そうはいかない。生産されたブドウの内訳を見てみると、デラウェアが九万八〇〇〇トン、巨峰が五万九〇〇〇トン、キャンベル・アーリーが四万七〇〇〇トン、つまり当時この三種で全体の三分の二を占めてしまっている（現在はさらに変わっている）。巨峰は生食用としては高級だが、ワイン造りに向かないし、他の二種もワインの原料としては難しい。無理して一部をワインに使っているが、ごく例外を除いてうまくいっていない。日本のブドウでワイン向きなのは「甲州」だが、この年の全国生産量は一万五〇〇〇トン、その大部分が山梨県に集中している。

話はそれだけでない。コストの問題がある。日本の国産ブドウは原価が高くつくが、外国のワインの中には低コストのものが少なくない。

東京都中央卸売市場で、この年の生食用ブドウの平均卸売価格は、キロ当たり六二四円。ところがワイン醸造用ブドウのメーカー引取り価格は四四二円以下で、平均二四〇円である。ブドウ栽培農家がワイン専用ブドウを栽培したがらないのも無理はない。それどころか外国のブドウ産地だとだいたいキロ当たり五〇~六〇円、安いところだと二〇~三〇円で買えるものもある（もちろん、ロマネ・コンティに使うようなブドウは売ってもいないし、かりに売ってくれてもはるかに高いだろう）。この外国産ブドウを生のまま低温コンテナーで運んでくると三〇〇円近くなる。しかし、ワインに仕上がったものを大量に運んでくるいわゆるバルク輸入で仕入れると一リットル当たり平均一八〇円なのだ。ワインになっていてもこの値段なのだ。ところが日本産の甲州種の場合、ブドウだけで一瓶当たり（七二〇ミリリットル）二四〇円になってしまうのだ。

外国の原料輸入のやり方としては（1）ブドウを生のまま持ってくる、（2）濃縮した果汁を輸入しこれを原料として日本で仕込んでワインに仕上げる、（3）ワインに仕上がったものをバルクで輸入する、（4）外国産瓶詰ワインを輸入するという四通りがある。このうちバルクが主位だったが最近は濃縮果汁の方が増えつつある。だいたいの見当としては、教授は昭和六二年当時のワインの消費量を一〇万キロリットルと見ると、国産原料からのものが二万、輸入のマスト（果汁）や生のブドウを原料とするものが一万、バルク・ワインが二万五〇〇〇、瓶詰のものが四万五〇〇〇キロリットルくらいだろうと見られている。

いうまでもなく、瓶詰めしたものを輸入すると高くなるが、タンクやバレルで大量に運べば、日本産ブドウのワインより良くて安くつくものが多い。それに外国のワインであっても、生地がしっかりしているものを、日本のワインと上手にブレンドするとなかなか良いものができる。いやかえって良いものになるということにメーカーが気がついた。日本産ブドウの弱さを外国産ブドウのワインが補ってくれるわけである。今日のように運送手段が発達した時代、良い原料を選んで、注意深く運び、上手にブレンドすれば、「サウンド・ワイン」と「グッド・ワイン」のレベルのものが造れる。それは悪い話でない。松茸が韓国・台湾・中国産だけでなく、カナダのものまで入っている時代である。日本人の国民食といえる蕎麦にしても、その原料の多くを外国に頼っている時代なのである。日本特製魚料理、河豚ですらそうである。一九七〇年代の初めにフランスで、上級ワインは製造元で瓶詰めしなければならないというルールが確立する前までは、ワイン愛好家が多い英国でも、英国で瓶詰めするものが多かった。ただ、そのためあやしげなブレンドものが横行していた。現在でも、ボルドーの大手ネゴシアンの商標ワインは、ブレンドものがほとんどである。ただし、「ビッグ・ワイン」のレベル以上のものは、よそものをブレンドできない。出生地がわからず、特性や個性の乏しいワインは、たとえ上手に造られていて口当たりが良くても、優れたワインとして扱われない。原産地のブドウだけを使ったけじめ正しいワインで、しかも品質の優れたものだけが「ビッグ・ワイン」として扱われる。つまり、外国のワインをブレンドすること自体が悪いのでなくて、ブレンドの程度や、やり方、そしてブレンドしたことを隠すのが悪いだけである。

原料の輸入という面でみると、外国からブドウの濃縮果汁を輸入し、日本で発酵させてワインにするものもある。これだと入国時に税関で酒税を払わなくてすむので低価格になる。ブドウやワインを原料として仕入れる場合は輸入税を払わなくてもすむ。また濃縮果汁の場合は必要に応じて稀釈できるというメリットもあるのだ。あんなものはワインでない、と怒っている人もいる。しかし日本の醸造技師の技術は抜群だから、結構飲めるものになっている。「サウンド・ワイン」クラスのもので、安くて日常飲むためなら、我慢しなければならない。ことわっておくが、日本の現状を直視して、外国産のブレンドをポジティブに認めていくことと、純粋に国産ワインというものを大切にして、なんとかそれをより良いものに育て上げていこうというのはまったく別の話である。

今日、日本は貿易立国で、世界中に自動車やテレビ、パソコンなど電気製品を売りまくっている。国際分業の観点から、日本はワイン造りをやめて、ワインくらいは輸入したらいいという乱暴なことをいう人もいる。そこまでいわなくても、すでに、今では世界中のワインが日本市場になだれこんでいる。スーパーやデパートでも、少し注意すれば安い値段でおいしいワインがいくらでも探せる。いろいろな面でハンディを負った日本のワインが、将来本当に国際競争に耐えられるだろうかと心配する人も少なくない。

しかし、である。日本でも、今までのようないいかげんなやり方でなく、本格的なワイン造りに挑戦し、苦闘中の多くの人たちがいる。日本のワイン造り手である以上、日本で「日本産ワイン」として誇れるものをなんとか生みだせないだろうかという誇りと夢にとらわれた人たちである。ワインは生まれた国の象徴なのだから、これはワイン造りの原点なのだ。これは外国産ワインとブレンドすることが別に悪い話でないということと、まったく違った問題である。

ワインは、自然と人間の合作物である。どんなに恵まれた土地があっても、造る人間が努力をしなければ良いワインは生まれない。逆にどんなハンディがあってもそれを克服して優れたワインを生みだしているところは世界に少なくない。ワインは人が造るものなのだ。それなら日本人にもできないことはない。日本のどんなところで、どんな人がどんなワイン造りをしているか、それを見ることは飲むのと同じくらいに楽しいし、それを知れば飲むワインの味に趣が加わってくる。今では、訪れる客を歓迎してくれるワイナリーも増えてきたし、楽しいレセプションを準備しているところもある。

世の中に、二種類のブドウ栽培家がいる。ブドウを金のなる木と思っている人と、ブドウはワインを造るためにあると考えている人とだ。

ワイン法不在の日本

外国ワインの混入をはじめとして、日本のワインの生産、そしてワイン市場を混乱させている重要な問題は「ワインの表示」である。もっと突っ込んでいうと、「ワイン法」の不在である。「はじめに」でも触れたが、日本にはワイン法がない。なんでも国民の生活に首を突っ込んで法律で規制したがる日本の官僚としては珍しい現象だが、事実はそうなのである。世界のワイン生産国は、それぞれワイン法を持っている。法律をまず整備したのがフランスで、二〇世紀初頭に「原産地呼称規制」（Appellation d'Origine Contrôlée 略してＡＣまたはＡＯＣ）を作り、それを次第に整備するとともに、競争・消費・違反取締局を設けて不正行為を取り締まっている。詳述は避けるが、要するに「酒造法」と訳せるもので、ワインを等質・等級的にいくつかのカテゴリーに分け、それぞれその造り方と表示の仕方を決めたものである。イタリア、スペインもこれに習った法律を作り（ドイツは独自のゴーイング・マイウェイ的な細かくて厳密だが尻抜けの観がある法律をもっている）、ＥＵがヨーロッパのスタンダードというワイン法を作った関係で、各国もそれに従ったワイン法を制定している。

ところが日本は、「酒税法」はあるが「酒造法」はない。酒税法は、もともと国が酒に税金をかけるための法である。これも信じられないかもしれないが、明治時代、酒から上がる税収は国の財政の大きな部分を占めていた。そうしたいきさつから、日本では酒造りを監督しているのは財務省（旧大蔵省）で、ここが細かい省令を決めている（この省令を探すこと自体難しいが、法律にかなり詳しい者でも、ちょっと読んだだけではわからない代物。民に知らしめるな、の見本である）。もっとも、税金をとる以上、いいかげんな酒では困るから旧大蔵省は醸造試験所を作った。幸いこの機関は酒（日本酒中心だったが、ワインも）の品質向上のために大きな役割を果たしてきた。また、酒税法とは別に酒への混入薬品（主として防腐剤）については、厚生労働省の所管になっていて、その面でいろいろ規制している。

酒税法と酒造法とは、一字の違いだが、内容は雪と炭くらいの違いである。片方はお上が税金をとりたてるための法律だが、酒造法は地面を這うようにしてブドウを育て、ワインを造る人のための法律である。ワインの品質を高め、不当な表示を防止するための法律である。これこれのことをしたらワインと呼んではならないと、ワインというものの輪郭を決める性質の法律だから、もし日本にワイン法ができたら「梅ワイン」とか「どくだみワイン」というようなものは認められなくなるだろう。なぜ日本でワイン法を作らないのかと、その筋のお役人に話をしたら、もし日本でワイン法を作ろうとしたら、農林水産、経済産業（公正取引委員会を含む）、厚生労働、財務、外務の諸省が同じテーブルについて論議をしなければならないから、とても無理でしょうとあきらめ顔で答えてくれた。もっとも平成二四年にEUが「地理的表示」に関する法律を作ることを強く要請した、その外圧のため政府もやっと重い腰をあげ法制定を準備しだした。ただどんな法律になるか、今のところよくわからない。

ワイン法の中には、当然ワインの表示の問題が含まれる。昭和六〇年にジエチレングリコール事件が起きたとき、輸入ワインの混合が問題になり、当時大蔵省の主導の下に日本ワイナリー協会が申し合わせをした。昭和六一年に作られたのが「国産果実酒の表示に関する基準」（ワイン表示問題検討協議会決定）がそれで、内容的には日本の唯一のワイン法ともいえるものだが、民間の業者の申し合わせにすぎないので、法律ではない。

この基準はお役人らしい因循姑息《いんじゅんこそく》な考え方と業界の知恵が野合したようなものだった。要するに、日本産のブドウを五一％使えば「国産ブドウ使用」と表示できる。たとえ四九％外国産ワインが混ぜられていてもである。そして、外国から濃縮果汁を持ってきて、日本で醸造し、ワインに仕立てたものは「国内産ワイン」と表示できたのである。この最初の基準はあまりにもいいかげんだったため当然批判が起きた。しかし、平成一八年に根本的改正をしたので、かなりまともなものになった。形成上は民間事業の業者間協定だが、北海道、山形県、山梨県、長野県の酒造組合が参加して改正にあたった関係で実効性を発揮している。この協定が現在日本ではワイン法の役割を果たしている。

今日のようにワインが広く消費されるようになり、そしてワインが国民の生活と健康に大きな影響を与えることを考えたら、真面目に本格的なワイン法を作らなければならない。

二章　日本ワインの歴史

日本ワインのあけぼの——縄文人はワインを飲んだか？

猿がワインを造ったという伝説がある。かなり高名な学者までが、まるで猿酒が事実だったかのように語っている。しかし、そもそも猿酒なるものは眉唾ものである。中国の清の時代の浮槎散人の『秋坪新語』、寄泉の『蜨階外史』あたりが、どうやら種本になったらしい。交通不便だった時代、中国の奥地の四川・雲南での話を珍奇なものとして紹介した内容である。猿のいる山中にご馳走と壺を並べておくと、猿が集まってきてそれを食べ、壺に酒を満たしてくれた。また、猿の行列を襲ったら壺に果実酒が入っているのを置き去りにして逃げたという類の話で、日本のコブトリ爺さんのおとぎ話みたいなものだ。この法螺《ほら》話をうのみにしたのだ。猿は哺乳類として知識のレベルは高いが、食物を保存したり貯蔵したりする習性がない。それと壺とか瓶のような液体を入れる容器を作らない。ましてや、土器を火にかけるということはできない。野生のブドウを食べていたとしても、それをワインにする行動原理やノウハウは持たないのである。木のほこらに落ちたブドウがたまったとしても、それだけでは自然に発酵してワインができるということはない。ブドウを潰して、搾って果汁を分離しないとワインはできない。実はブドウの果実から果汁を取るというのは簡単そうで簡単でない。自分で試してみるとわかるが、果肉がぬるぬるしてうまく果汁が抜きとれない。古代エジプトでやったのは、荒い目の袋に入れ四人がかりでひねって搾る方法だった。果肉が布の目に詰まるから、かなりの力がいる。そこで人類がいろいろ頭をひねって考えついたのがプレス式の圧搾器だったのである（これがグーテンベルクの最初の活字印刷に使われた）。搾り取るのが難しいだけでなく、そもそも容器がなければ液体のワインは運べないのだ。そうした技術は猿知恵にない。

『魏志』の「倭人伝」には、「歌舞飲酒す」、「人の性、酒を嗜《たしな》む」と二度もお酒のことが出てくる。同じ『魏志』の「韓伝」には「群聚《ぐんしゅう》して歌舞飲食し、昼夜休むことなく」とある。われわれの御先祖の弥生人は、お隣の韓国の人たちとともにかなりの酒好きだった。しかし、そのお酒がなにかはよくわからない。

日本の縄文人がワインを造ったかどうかということになると、岩田一平の『縄文人は飲んべえだった』（朝日新聞社）という面白い本がある。その中のいくつかの根拠にしている中に、農学博士で酒造史家の加藤百一の『日本の酒五〇〇〇年』（技報堂出版）に出てくる縄文土器の話がある。長野県の井戸尻遺跡から発掘された有孔鍔《ゆうこうつば》付き土器というのがあって、その土器にヤマブドウを仕込んで果実酒を造っていたらしいというのである。この土器は首のところに鍔のような突起がついていて、そこに孔があいている。孔は蔓《つる》で編んだ蓋をくくりつけておくためにつけたのだろうとか、発酵に際してのガス抜きのためだと考える学者もいる。最初に発見された壺を、発掘に当たった学者か誰かが多分そうじゃないかと感想でもいったものを、新聞記者が記事にし、それが権威ある話のようになってしまったのだろう。有孔鍔付き土器というのはたしかにユニークな形態をしている。ブドウが発酵してくると泡を立てて吹き出すように盛り上がるから蓋でもしておかないとこぼれるという着想はわからないわけではない。しかし、壺に入れる量を少なくすればすむし、蓋にわざわざ孔をあけて紐で縛らなくても、木か土器の蓋をかぶせて重石をのせておけばいい。というより、この有孔鍔付き土器は、その後ぞろぞろ発掘されたが、高さが一メートル以上もある巨大なものから、掌にのるようなちっぽけなものまで、しかも形態もいろいろなものがある。これを全部ヤマブドウの仕込みに使ったとは考えられない。青森県三内丸山遺跡で、エゾニワトコの種子がぎっしり詰まった層が発掘された。その量は五立方メートルもあり、サルナシやヤマグワ、ヤマブドウ、キイチゴなどの果実の種も交ざっていたほか、腐った果実や酒にたかるショウジョウバエの死体も見つかった。この種は果汁を搾った粕で、縄文人は果汁を発酵させて酒を造ったのでないかと考える人もいる。

酒文化研究所が「縄文に酒はあったか」という座談会をやっているが、石毛直道は否定説、小泉武夫は肯定説、吉田集而《しゅうじ》は肯定懐疑説のようだ（『酒文化研究』5号）。こうした肯定説に、ワイン造り家の立場から反対しているのが麻井宇介。日本のように清流が多く、飲める水がいくらでもある国では、ヤマブドウが沢山とれたとしても、それから飲むための液体、ワインを造ろうという考えを持たなかっただろうというのである。いろいろ広い視野で考えてみると、縄文人がワインを造って飲んだというのはどうもあやしい。三内丸山遺跡のようにガマズミやニワトコの実まで交じっているのに、ヤマブドウ＝ワインに結びつけるのは無理がある。ヤマブドウからそう沢山のジュースはとれないし、ヤマグワやサルナシのようにジュースの多い漿果《ベリー》は他にもある。縄文人が、野生の果実を使って飲み物を造ったということはあり得るかもしれないが、それは酒というより薬として飲んだのかもしれない。現在、日本はワイン・ブームの時代だから、目の前にあるワインとヤマブドウをすぐ結びつけてしまう発想に問題があるようだ。（詳細に関心を持つ人は『ワインの歴史』山本博著、河出書房新社刊参照）

中世にワインはあったか？——はじめてワインを飲んだ日本人は？

東洋は日出る国、豊葦原の瑞穂の国の発祥物語はいうまでもなく『古事記』。イザナギノミコトは、黄泉の国に去ったイザナミノミコトの怖ろしい姿を見てしまって女の鬼に追っかけられる。頭のかずらを投げ捨てるとそれが木になって実がみのり、醜女《しこめ》がそれを食べたため追いかけるのが遅れたというくだりがある。その実は「蒲子」でブドウということになっている。『日本書紀』の方は、「蒲陶」と字が違っている。どうして同じ字でないのかミステリアスだ。また、スサノオノミコトが八岐《やまたの》大蛇《おろち》を退治するのに酒で酔っぱらわせる話もある。この酒は八《や》塩折《しおおり》之酒（『日本書紀』は八醴之酒）で、『日本書紀』では「衆果」を集めて造ったことになっている。そんなことからこの衆果を「漿果《ベリー》」と考えて日本の古代にワインがあったと考えようとする人もいる。しかし旧醸造試験所の大塚謙一博士は、この八塩折は何回も仕込んで強いお酒を造る重醸のことだろうし、穀類の澱粉から造る酒なら、二度三度仕込んで造る醸造法がとれるが、果実酒ではそれができない。「衆果」とは、あるいはまたの木の実、つまりドングリではないだろうかという見解を出されている。

有名な高松塚からだけでなく、日本の各地から出土している古鏡の中に「海獣葡萄鏡」がある。薬師寺の薬師如来の台座にはブドウの浮き彫りがあり、東大寺には葡萄唐草紋で染めた鹿の皮がある。

奈良時代頃までブドウをデザインした絵柄が他にもあるから、日本人がブドウという果物を知っていたことは確かである。ただ、現物のブドウを当時の日本人が食べたかとなると疑問で、おそらく龍とか虎とか麒麟《きりん》のように異国のファンタジカルな美味の果物として、それにあこがれてデザインしたのではないだろうか。平安時代の後、いったんそうしたブドウの図柄が消える。室町末期になると、南宗の禅寺のお坊さんたちが描いた南画、院体花鳥画派の絵を日本人が真似して描きだした絵の中にブドウが出てくる。安土桃山時代になると、実に美しいブドウ文様がいろいろな器具に爆発的に現れてくる。東京国立博物館にある紫地に金糸でブドウを織った能衣装などは華麗そのもの。縁切り離婚のために駆け込むので有名な東慶寺には、「葡萄文蒔絵聖餅箱」がある。イエスのイニシャル（IHS）が蓋にある螺鈿《らでん》の聖餐《せいさん》用のパンを入れる箱でこれも素晴らしいデザインである。面白いのは、この時代のブドウ文様にはリスがつきもののようになっている。リスがブドウを食べるはずはないので、いろいろ考えてみた。旧約聖書にも出てくるように、狐がブドウを食べるということからブドウと狐を描いたヨーロッパまたは中近東の絵柄が、中国経由で日本に伝わってくるうちにリスになってしまったのかもしれない。棚仕立てのリアリスティックなブドウの絵柄が出てくるのは、江戸中期になってからである。江戸時代に甲斐の名医長田徳本《とくほん》が棚づくりの栽培を考案。以来、勝沼でのブドウ栽培が急速に広まったといわれている（この徳本という人も正体不明の人物）。

ブドウ自体が日本で食用として珍重されるのはかなり後期で、ましてワインはそうである。日本人、ことに上流階級は昔から、かなりグルメで、しかも食べ物についてメモ魔みたいなところがある。『出雲国風土記』の中に「塩の味のかずら」というのが出てくるが、これは今の「えびかずら」らしい。『本草和名』（九一八年）に「葡萄」という字があり、これを「おおえびかずら」と訓《よ》ませている。『倭名類聚鈔』の中にも葡萄の字が出てくる。しかし『万葉集』には葡萄の「ぶ」の字も出てこない。『源氏物語』、『枕草子』、『紫式部日記』になると、「えびずら」、「えび染」という言葉が出てくるが、これは紫色の言葉として使われている。つまり野ブドウがあって、それを色染めに使い、色のファンタジーに野ブドウを連想したのだろう。

一五世紀に有名な京都の『山科日記』がある。最初の教言《のりとき》と言国《ときくに》は一四五〇年頃、最後の言経《ときつね》になると一五〇五年、つまり同家が数代がかりで約一〇〇年近くにわたって書きつづけた日記である。その中にいろいろ食べ物についての経験が書かれているが、はじめの頃の日記には果物の中にブドウが入っていない。最後の言経の日記に本当にブドウを食べた話が出てくる。一五〇七年で、これが文献上、ブドウを食べた話が出てくる初めてのようである。ついでにいうと、言経は桑酒なるものを飲んでいる。公家さんのところへ届けたというのだから、かなり珍酒だったはずである。

日本に米から造る酒はあったが、ブドウから造るワインがなかったということを証明する決定打は、ポルトガルの宣教師ルイス・フロイスの日記である。好奇心旺盛というか、布教上日本のことをよく知らなければならないという心懸けからか、実に熱心に日本人の生活を観察し、記録に残している。その中でワインのないことに困り、米から造った日本酒に閉口しているのである。

日本人がワインを飲みだしたのが確かなのは、織豊時代からだ。外国文化好きだった信長が宣教師にもらって飲んだ頃だという説があるが、これはあやしい。有名な宣教師ザビエルは、なにも土産を持ってこなかったので天皇に会ってもらえず、信長に献上したのは金平糖の空瓶だけだ。もっとも後に山口に戻って、大内義隆にはポルトガル産のワインを渡している。秀吉の方は、九州の島津征伐の際、博多でポルトガル船を訪れ、そこでワインをご馳走になっている。そのほか、この頃になると、神谷宗湛《そうたん》とか、石田三成、宇喜多秀家、島井宗室が集って南蛮茶会や大坂茶会を催し、そこでワインを飲んでいる。これ以前にも全然なかったということではないらしい。一四三五年頃の室町幕府時代の『看聞御記《かんもんぎょき》』の中で「唐酒《からざけ》」を飲んだということが書いてある。どんなお酒かわからないが、甘くて色が黒いというのだから紹興酒かあるいはポートワインのようなものだったかもしれない。『本草綱目』（一五七八年）にもワインらしい話が出てくるが、これはシャムの焼酎とあるからワインではなさそうである。文正元年（一四六六年）の『蔭涼軒《いんりょうけん》日録』の中に南蛮酒を飲んだと書いてあるが、これはどうもワインくさい。かなり確かなのは文明一五年（一四八三年）の『後法興院記《ごほうこういんき》』に、関白近衛家の人が唐酒を飲んだとあり、「チンタ」（赤ワイン）になっているから、これはまさしくスペインかポルトガルの赤ワインである。

もっともワインについての知識がなかったわけではない。『養生訓』で有名な貝原益軒も『大和本草』（一七〇九年）の中で「外国から来る酒々は、ぶどう酒、ちんた、はあさ、につは、阿剌吉《あらき》など云。本邦に古よりいまたあらさる珍酒也」と書いている。また徳川時代に書かれた『本朝食鑑』（一六九五年）には薬用ワインの製法が出てくる。もっとも現在の本格的ワインとは似て非なるもので、ブドウジュースを煮て日本酒と砂糖を加えて寝かせたものである。黄門様こと水戸光圀公もぶどう酒を造って飲んでいる。ただ、調べてみたら、『本草綱目啓蒙』（一八〇三年）という本をお手本にしたらしく、ブドウを焼酎に漬けたもので、梅酒と同じようなリキュールでワインではなかった。

どうやら、日本人がワインと本格的に付き合うようになったのは西洋文明がなだれこんだ明治維新以後なのである。

お隣の中国では、漢の時代に張騫《ちょうけん》が西域から持ちこんだ文物の中にブドウが含まれていたらしい。

有名な王翰《かん》（六八七〜七二六年）の『涼州詞』に「葡萄の美酒夜光杯」と出てくるし、李白（七〇一〜七六二年）の『襄陽歌《じょうようか》』の中に「遙看漢水鴨頭緑　恰似葡萄初醗」と書かれている。もっとも、前者はシルクロードの甘粛省まで行けばワインとやらを飲めるだろうというあこがれを歌ったものだ。後者は白ブドウ・白ワインらしい。西晋代の張華（二三二〜三〇〇年）の『博物志』には「西域産のぶどう酒は、長年にわたって保存していても味が変わらない。地元では一〇年たってから飲んでも、飲んで酔えば一昼夜たたなければ醒めないといわれている」と書かれている。唐時代には段成式が書いた『酉陽雑俎《ゆうようざつそ》』の中に、河南省のブドウに黒白黄の三種があるとか、西域ではそれで酒を造り毎年中国へ持ってくるとか、長安の近くの京兆でブドウを栽培しているとか、いろいろ書いてある。その中で果実が「紫の玉」と書かれているが、これが日本に渡り長野県の「竜眼葡萄」の元祖になったという人もいる。しかしそうした中国でも、どうしたことか、その後ワインの話がぷっつりとぎれてしまう。どうも、中近東からインド以東、アジアの国々では、長い間いろいろな酒を造って飲んではいるものの、ブドウから造ったワインを飲むという習慣が生まれなかったようだ（吉田集而『東方アジアの酒の起源』ドメス出版）。

明治維新後のワイン醸造と平成ワイン革命——なぜ戦前のワイン造りは挫折したか

徳川三〇〇年の夢を覚まし鎖国の壁を破った黒船が、日本の近代化への幕を開ける。嘉永六年（一八五三年）ペリーが浦賀沖に投錨したとき、肝をつぶした江戸幕府は大統領親書を受け取るかどうかで大騒動。折衝の大役を仰せつかって異人船に向かった浦賀奉行香山栄左衛門としてみれば、今日のわれわれがＵＦＯにでも乗りこむような心境だったのだろう。沖縄で経験ずみだったペリーは、コチコチ頭の役人をときほぐすにはお酒が一番だということを知っていた。ワインやブランデーの餐応に、奉行はリキュールに舌鼓を打ち、赤ら顔になって部下に注意される始末だった。ひと騒動の後、ペリーが来年来ることになった別れの船上の式では、栄左衛門はシャンパンを遠慮なくご馳走になって大機嫌になった。再来したペリーは、将軍への献上品にワインとシャンパンを忘れなかったが、江戸城でこの瓶をあけた将軍や高官たちは驚いたにちがいない。神奈川条約が締結されるはこびになり、交換儀礼として艦上レセプションが旗艦で行なわれたが、ワインやシャンパンの大振舞いを受けた日本側一行は、ドンチャン騒ぎ、ベロベロの醜態を演じてアメリカ側をあきれさせた。

開国をめぐって各国特使との饗応合戦が始まるが、どこで仕込んだ知識か、江戸・神奈川・長崎、そして薩摩藩まで、各地の日本側接待役はワインを用意してサービスしている。

明治維新になって、いちはやく明治四年（一八七一年）、欧米一二カ国視察の旅に出た岩倉使節団は、貪欲に西洋文明を取り入れようと諸国の文物に目を光らせた。フランスでは「シャンパン・ボルドーノ銘酒ハ世界ニ賞美セラレ」、ワインの輸出が「価二億四〇〇〇万フランク」にのぼる重要な産業であることをきちんと見届けている。しかも「葡萄の重ナル利益モ酒造ニアリ、酒造の葡萄ト乾葡萄ヲ製スルト、生果トハ種ヲ異ニス」と見ぬいている（特命全権大使『米欧回覧実記（一）』岩波文庫）。

大久保利通を頂点とする西欧文明開化方針を取った明治政府は、文明開化の蜃気楼と呼ばれた鹿鳴館の大宴会や、上流階級への洋式生活の強制を取る。また一方では、前田正名《まさな》が具現者だった殖産興業政策を取る。内務省の勧業セクションは一等寮として格付けされ、千住羅紗製織所建設、製糸試験所設立、茶業調査・紅茶試製、養蚕奨励、下総牧羊所開設、農事修学所設置、札幌農学校開設、内国勧業博覧会の開催等、殖産興業政策をエネルギッシュに推し進める。そうした中で、ワインに関係が深かったのは、外国産ブドウの苗木の育成栽培を含む内藤新宿試験所の拡大と、三田育種場（旧島津藩邸の四万坪）の開設だった。

政府の中心には、ブドウ栽培を推進する強力な人物として前田正名がいたほか、渡米経験のある黒田清隆がいた。民間では、津田塾大の創始者である津田梅子の父、津田仙がいる。渡米時代や世界万博に行ったときの経験から、明治七年には農業三事を興し、『農業雑誌』を発行して津田式西洋農法の普及につとめた。留学の経験がある岩山壮太郎（敬義《たかよし》）も『西洋農学法教養』を刊行して大きな影響を与えた。ドイツに留学し、ブドウ栽培、ブドウ酒醸造学校で学んだ桂二郎も『葡萄栽培新書』を刊行している。アメリカで果樹園経営を学んできた大藤松五郎は内藤新宿試験所で働くかたわら、後述の山梨でのブドウ栽培の指導に当たった。播州葡萄園の園長であり、今日の福羽イチゴの生みの親である福羽逸人の活躍も大きかった。群馬県妙義町出身の小沢善平も渡米してブドウ栽培と醸造を学び、東京の市ヶ谷と高輪にブドウ園を開設し、アメリカ苗木を育てて頒布につとめた影響も大きかった。文字どおり、国をあげ、学識経験者が力を合わせて、ブドウ栽培、ワイン造りに協力しあったのである。

政府は各県名地でブドウ栽培の奨励をしたが、その中でも山梨県と北海道はことに力を入れた。明治五年に開設された北海道開拓使官園などは四十余町歩もあって、ブドウの苗木を育て、青森、秋田、山形に配布した。明治の初期、それこそ全国津々浦々で、人々が次のようにブドウ栽培とワイン造りに熱をあげた。ところが今は、ほとんど跡かたもなくなっているのに驚かされる。

北海道（花巻葡萄酒醸造所と札幌葡萄酒合資会社）をはじめとして、新潟県（岩の原葡萄園・川上醸造所）、埼玉県（大岡村吉田次郎太郎他、松山町高野市五郎他、菅谷村金井栄次郎他）、栃木県（粕田村葡萄酒会社、那須野原葡萄園・高田醸造所、黒磯町渡辺醸造所）、茨城県（牛久葡萄園・神谷醸造所）、長野県（桔梗ヶ原農園・大和醸造所、傍陽村三ツ井醸造所）、群馬県（小沢善平醸造所）、神奈川県（帷子葡萄園・中垣醸造所の東郷葡萄酒とダイヤモンド葡萄酒）、愛媛県（青木醸造所）、兵庫県（淡路葡萄酒醸造、播州葡萄園、伊丹村増井健蔵葡萄園）、岡山県（山陽葡萄酒）、石川県（小阪村武内七三郎、河合谷村三上與蔵、宇ノ気村小島初太郎他）、山形県（屋代村高橋伝四郎、赤湯村酒井輔惣の蟻印葡萄酒、斉藤次右衛門の月印葡萄酒他）、山梨県（祝村葡萄酒、甲州葡萄酒、日本葡萄酒、東洋葡萄酒、大日本葡萄酒、その他個人経営で酒造免許を取った者四四軒）に及んでいる。

江戸時代から、すでに勝沼がブドウの名産地になっていた山梨県は、他のところと熱の入れ方が違っていた。甲府は生糸貿易で開港地横浜との関係が深かったため早くから文明開化の刺激を受けていた。明治三、四年頃から準備した甲府市の山田宥教《ひろのり》、詫間憲久は、明治七年には早くも国産ワイン第一号を生みだしている。二人は明治一〇年の第一回内国勧業博覧会に出品するという華やかなスタートを切るが、その年には破産して、廃業している。ワイン造りをしたくてもできず、かわりに横浜在住のコプランドを甲府に招き、甲州産三ツ鱗ビールを造った野口正章もいる。

山梨県に赴任し、弱冠二九歳で県令となり、開明性を売り物にした藤村紫朗は、ワイン産業の将来性に期待した。明治九年に県の勧業試験所に醸造試験所を作っただけでなく、勝沼の豪農・地主階級にぶどう酒産業を積極的に興すよう強力な行政指導を行なった。これに応じて、祝村の有志が祝村葡萄酒醸造会社（後に大日本山梨葡萄酒会社と改名）を設立した。同社は、本格的ワインを造るにはやはり専門的知識が必要であるだけの理解を持っていて、若い土屋助次郎（二五歳、後に龍憲）と高野正誠（一九歳）を伝習生としてフランスへ派遣した。二人はボルドーへ行くつもりだったが、ブルゴーニュはトロワ（オーブ県）の苗木商シャルル・バルテー氏とモーグ村のジュポン氏の農園でブドウの栽培法を習い、その後コート・ドールのサヴィニー村でシャンパンの製造法を学んでいる（この村はシャンパンの生産地ではない）。持って帰るはずのヨーロッパ種のブドウは、フィロキセラ（ブドウネアブラムシ。ダニのような害虫）に冒され遺棄してこなければならないという悲劇にも見舞われている。

明治一二年、二人の留学生が帰日すると、早速同社はワインの醸造を開始する。翌一三年には明治天皇が山梨県に巡幸され、参議の山田顕義がわざわざ訪問して社員一同を激励するという栄光に輝き、明治一四年には第二回内国勧業博覧会に出品して銅賞牌を獲得するという栄冠を得る。ところが、その頃から生産高は下り坂になり、明治一七年には醸造を辞譲する破目に陥る。この会社が倒産後、解散に憤激した土屋助次郎が同僚の宮崎光太郎と共同で同社の機具を譲り受け甲斐産商店を興すが、二人の考えが対立し土屋助次郎は別に甲斐産葡萄酒商会を開設してマルキ印・九陽星印などのワインを出すが結局は失敗する。一方、明治二三年土屋助次郎（龍憲）と袂を分かった宮崎光太郎は甲斐産商店ののれんを引き継ぎワイン造りを続けるが、そのトレードマークが大黒印である。両名は互いに熾烈な競争を繰りひろげるが、宮崎の大黒葡萄酒株式会社の方はかなり成功する。これを合併したのが三楽酒造株式会社、今日のメルシャン株式会社である。二人の留学中、会社の株主の一人である高野積成《さねしげ》（高野正誠とは別人）は興業社を興し、米国産のコンコード、アジロンダック、デラウェア種の普及につとめたが、このブドウは現在も栽培されている。

なお政府が監視の拠点にしようとしたのが兵庫県の播州葡萄園。政府直営の立派なもので、もしここが成功していたら関西が日本ワイン産業の中心になっていたかもしれない。しかしフィロキセラにやられて廃園になってしまった。

このような栄光と挫折は全国規模のもので、明治一四年の政変で国策が変更したとか、不況とかいろいろな原因があるが、結果的にみて、挫折した理由は大きく分けて三つになるだろう。

第一は、ヨーロッパ種のブドウが日本の風土に合わず栽培に失敗したこと。この点に気がついて日本の気候風土に合う交配種を作ろうと苦闘したのが、新潟の岩の原葡萄園の川上善兵衛である。またフィロキセラに襲われたこともあり、そのため、その後の日本のブドウ栽培はアメリカ種が主流になってしまう。

第二は、ワイン醸造技術が未熟で、良いワインを造れなかったこと。貴族たちが自国製ワインやシャンパンを造れないのは国辱であると考えて興した帝国シャンパン株式会社の造った製品は、あまりにまずいので、社員たちが小便酒と悪口をいったほどだった。

第三は、製造以上に営業の失敗、つまり売れなかったことである。実はこれが最大の理由だった。戦前の日本人は、焼魚・お新香・味噌汁をおかずにして食べるお米のごはんが主食だった。日本酒にしても、ごはんの前に飲むもので、つまむのは肴《さかな》だった。こうした味覚の世界に、肉やミルクとチーズのような油脂系の主食とともに育ってきたワインを飲ませるというのには無理があった。赤ワインのタンニン＝渋みは日本人の食生活と異質なものであったし、白ワインは酸味が強すぎた。ちなみに日本酒の場合、酸味は酸敗と結びついていて業界のタブーだったし、戦前日本酒は甘口嗜好だった。だから第二次世界大戦後、まず普及したのはドイツの甘口ないし半甘口ワインだったのである。また、酒と主食とが別立てになっていた日本人の食生活に、食事とともに飲む赤ワインというような考えをおしつけても、受けつけなかったのである。本格的ワインの普及は、バブル崩壊後になってからである。

そうした理由から、全滅状態にあった戦前の本格的ワインを尻目に大成功したのが、人工甘味ぶどう酒だった。ワインの先駆者たちは、日本人向きのワインを生みだすために頭をひねり、醸造されたぶどう酒またはブドウ液を原料にして、砂糖や酒精（焼酎やブランデー）、香料、着色用の焼糖を加えて日本独特の甘味ワインを造りだしていった。中でも大成功したのが、明治一四年神谷伝兵衛が造りあげた「蜂印香竄《こうざん》葡萄酒」（後に「蜂ブドー酒」）だった。それに倣って、山梨でも土屋龍憲の「サフラン葡萄酒」、宮崎光太郎の「エビ葡萄酒」、今井精三の「規那・甲鐵天然葡萄酒」、里吉安右衛門の「イヤパニヤワイン」なども出したが、なんといっても蜂印がダントツだった。これに挑戦したのが、鳥井信治郎（サントリー）の向獅子《むかいじし》印ぶどう酒で、「赤玉ポートワイン」と改名して一気に売上げを飛躍させた。品質の良さと商法の上手さもあって、ついに宿敵蜂ブドーを追いぬき、まさに全国制覇を遂げ、業界のトップに登りあがる。その普及度はたいしたもので、全国津々浦々、老いも若きも、老若男女、誰もが「赤玉ポート」の虜になった。その普及が一世を風靡したためで、戦前派の日本人はワインといえば、赤くて甘いものと思いこんでいたくらいである。戦後になって、本格的赤ワインを売ろうとする輸入業者・酒屋の小売店・レストラン関係者などは、赤ワインは渋いもので、甘くありませんと説明するのに苦労した。ここで重要なのは、人工合成甘味ワインが健康滋養を売り物にしていた点で、食事と一緒に飲むとは誰も考えていなかったことである。この「赤玉ポート」などの甘味ぶどう酒のことを悪しざまにいう人もいるが、それは時代の背景を無視したというものである。甘味合成ぶどう酒は、戦前の食生活の時代に合うように日本人が考案した優れた独創的なお酒といってよい。

戦後、朝鮮戦争の好景気時代、東京オリンピックの頃、全国がバブルで浮かれていた時代など、何回かいわゆる「ワイン・ブーム」といわれた時代があったが、いずれも長続きしなかった。ワインは儲かるという幻想につられて、日本酒メーカー、製薬会社、証券会社、時計商、いろいろな業者がワイン・ビジネスに、ことに輸入業に頭を突っ込んだが、いずれも大火傷をして撤退した。生き残ったのは、昔からウイスキーなどの洋酒を手がけていた輸入業者・問屋などの流通業者、はじめからワイン専門の業者など、ワイン・ビジネスの難しさを知りぬき、ワインの取扱いを真面目に手堅くやっている業者だけだった。

ところが平成時代に入り、初期のいわゆるバブル崩れの中で、日本のワイン界に大激変が生じた。国産ワイン界では、平成六年、メルシャン社が社運をしてフルボトル五〇〇円の低価格ワイン「ボン・マルシェ」の売りこみに本格的に取り組んだ。外国産ワインについていえば、いわゆる平行輸入業者が「価格破壊」のスローガンの下に輸入ワインを、それまでと違った常識はずれの値段で大量に売りこんだ。それに加えて、大量のストックを持った輸入業者も出血覚悟の安価で在庫ワインを放出した。まさに一時期、乱世の観があった。その背景・前提には、貿易の自由化による自由な流通と流通業界の再編成、従来の従価税が廃止され従量税一本槍になったためのコスト安、さらにチリ、オーストラリア、アメリカなど新世界ワインの勃興という新事情があったのである。しかし、それだけでない。いや、それが引き金になったといってよい。華やかな販売合戦の蔭に革命的といえる現象が深く静かに広がっていたのである。それは、日本の消費者層の変化、ことに意識革命であった。それまでワインは高くて手が届かないもの、フレンチレストランなどで飲むやっかいで高級なもので、自分たちと無縁なものと考えていた人たちが、ワインは気軽に楽しく飲める安いものということに気がついたのである。いわゆる「フレンチ・パラドックス」という話もマスコミがはやしたてた。小売店の店頭で、お年寄りが「何か身体にいいというのをくれ」と注文するという笑えない話があるくらい赤ワイン・ブームが起きた。しかし、消費者革命はその数年前から起きていたのである。ことに、女性がワインを飲むようになった影響は大きい。お酒を飲むのははしたないという封建的な考えは時代遅れになった。外国旅行でワインの味に親しんだり、ファッションムードで飲む若者だけでなく、主婦が家庭でワインを楽しむようになってきている。

実はそれだけでなく、革命が起きる素地ができ上がっていたのである。最大の要因は、日本人の食生活の変化である。これが戦前本格的ワインが売れなかった時代との決定的違いである。今ではハンバーガー、スパゲッティ、サラダ、フライドチキンから始まって、焼飯《チャーハン》から餃子にいたるまで油脂系の食物が圧倒的に家庭の食卓に入りこんでいる。一億総グルメとやらで、毎日のようにテレビで繰りひろげられる料理番組も、西洋風料理が多い。伝統的な和食だけで毎日を通すというところは、ごく一部のお年寄り夫婦だけになってしまった。学校給食で、バターやチーズなどの油脂系の食事が多い少年時代を過ごした人たちが今や成年を越えている。こうした人たちの舌には、ワイン――ことに赤ワイン――がなじむのだ。一方、ワインの世界でいえば、旧大陸のイタリアやスペイン、新世界のアメリカ、オーストラリア、チリ、アルゼンチンなど、どちらかというと軽視されてきていた国々が、二〇世紀の後半分である一九七五年以降、劇的といえる変貌を遂げている。消費の面だけでなく、生産の方でも近代的醸造技術の導入で、品質および生産量で激変が起きているのである。それと流通面

（船舶・トラックなどの運送手段だけでなく、輸入業・問屋などの流通システム）も激変していることはいうまでもない。ワインが売れているという現象面の底には、こうした地すべり的な変革が起きているのだ。

ワインは、本来、「若くて安いものを気軽に日常的に飲むもの」という原則から考えれば、やっと日本人も、ワインを本来のあるべき姿で飲み、楽しみはじめたといってよい。明治維新から一〇〇年を過ぎて、ワインに関してはやっと西欧諸国の仲間入りをしたといってよい。その意味で、バブル崩壊後が、日本はワイン元年なのである。それだけに国産ワインも、この時から本当の意味の国際的競争の社会にスタートしたといえる。

もっと知りたい人のために

岩田一平『縄文人は飲んべえだった』（朝日新聞社・一九九二年）は、週刊朝日の記者が長年関心をもって追ってきたテーマを書いただけあってなかなか面白い。加藤百一著『日本の酒五〇〇〇年』（技報堂出版・一九八七年）は、大阪国税局鑑定室長・協和発酵工業に勤めた農学博士が書いたものだが、ワインの起源に関しては問題がある。吉田集而『東方アジアの酒の起源』（ドメス出版・一九九三年）、山本記文編著『酒づくりの民族誌（増補版）』（八坂書房・二〇〇八年）、森浩一編『味噌・醤油・酒の来た道』（小学館・一九八七年、小学館ライブラリー・一九九八年。この中で小泉武夫が日本酒について分担）、小崎道雄・

石毛直道編『醱酵と食の文化』（ドメス出版・一九八六年）などは、お酒のルーツを知るためには有益だが、ワインについてはあまり役に立たない。日本の古代のワインについては、麻井宇介『日本のワイン・誕生と揺籃時代』（日本経済評論社・一九九二年）がいちばん詳しく問題を正確に衝いている。縄文時代のブドウのことを正確に知りたい人は、中川昌一監修『日本ブドウ学』（養賢堂・一九九六年）に多くの学者の調査が載っている。

なお、一島英治『万葉集にみる酒の文化』（裳華房・一九九三年）、源豊宗・河原正彦・石丸正運・元井能共著『日本の文様・ぶどう』（光琳社・一九七三年）は、直接ワインに触れたものでないが参考になる。

ワインに関する美術でいえば原書ではHervé Chayette, *Le Vin à Travers la Peinture*（ACR, Edition 1984）があり、フランス語が読めなくとも名画は楽しめるし、日本のものとしては『葡萄とワインの美術』（山梨県立美術館・一九九三年）があるが現在は在庫なし。なお、このテーマのパネル・ディスカッション「縄文に酒はあったか」（『酒文化研究5』酒文化研究所・一九九六年）が石毛直道・小泉武夫・吉田集而で行なわれているが、これはなかなか面白い。

中国のワインについては現在のところ花井四郎著『黄土に生まれた酒』（東方書店）が一番詳しいが、そのほか、中村喬編訳『中国の酒書』（平凡社東洋文庫）、王仁湘著・鈴木博訳『中国飲食文化』（青土社）、金鳳燮・稲保幸共著『中国の酒事典』（書物亀鶴社）などがある。青木正兒《まさる》の『青木正兒全集・第九巻』（春秋社）、『酒中趣』（筑摩書房）、『中華飲酒詩選』（平凡社東洋文庫）、『華国風味』（弘文堂、春秋社、岩波文庫）と、『中国酒文化』（上海人民美土出版・一九九七年、未訳）の中に猿酒の話が出てくる。ヨーロッパでワインの起源について書かれたものは多いが、Charles Seltman, *Wine in the Ancient World* (Routledge & Kegan Paul Ltd., 1957) や William Younger, *Gods, Men and Wine* (The Wine and Food Society, 1966) などが有名で、ことにウイリアム・ヤンガーの著書が圧巻。また、ヒュー・ジョンソンの名著 Hugh Johnson, *The Story of Wine* が小林章夫訳『ワイン物語〈上・下〉』（日本放送出版協会、平凡社ライブラリー）で出されている。

日本人がワインを初めて飲みだした当時の事情は、藤本義一『定本洋酒伝来』（TBSブリタニカ・一九九二年のものが決定版）を読むとよくわかる。同じように江戸時代のワイン・パーティの情景が玉村豊男編『酒宴のかたち』（TaKaRa酒生活文化研究所・一九九七年）に出ているし、戦前戦後の洋酒の飲まれ方は麻井宇介『「酔い」のうつろい』（日本経済評論社）にうまくまとめられている。なお著者が書いた『ワインの歴史』（河出書房新社）はこうしたことを統括してある。なお、現在の日本ワインの全貌については本書の各編というべき『日本ワインを造る人々』（ワイン王国）が、北海道、長野県、山梨県、東日本、西日本の五冊にわたって詳細な報告をしている。また『日本のワイナリーに行こう』（石井もと子著、イカロス出版）が隔年刊行されていて、現在五冊目の二〇一三年版が出ているが、これはアップデートで内容も誠実なもの。

三章　四爺さんの奮闘

日本のワイン造りの故郷、そしてその中心地はなんといっても山梨県である。しかし、戦前、国産ワインの品種向上に人生を賭けた川上善兵衛が実験的試行錯誤をくり返して、ワイン用の国産品種を育てあげたのは、新潟県の「岩の原葡萄園」（現在上越市）なのである。

実は、第二次世界大戦前から戦後にかけて、まだ多くのワイン造り手が本物のワイン造りに目ざめていなかった時代に、独力で苦闘して本格的ワイン造りに挑戦していた人たちがいる。秩父の「源作爺さん」、長野の「五一爺さん」、山形の「重信爺さん」。それに、山梨県甲府市の「友之助爺さん」もつけ加えなければならない。

源作爺さん

「秩父」といえば埼玉県の山奥、観光地の「長瀞《ながとろ》」くらいでしか知られていない。

明治二二年生まれの浅見源作は、幕末の名剣士千葉周作と名勝負をしたといわれる浅見辰四郎の曾曾孫になる。辰四郎は、甲源一刀流逸見道場の師範代をつとめた人物だった。祖先は武田信玄の父信虎と甲斐の覇権を争った甲斐源氏で、武田家に破れ秩父の山にこもった。源作の父豊三郎は、なかなかの人物だったが、源作が二一歳のときに突然死亡。以来一家をかかえて四苦八苦だった。奥秩父は気候も厳しく、作物を育てるのも、そう容易なところでない。苦境を脱するために、山羊の飼育を始めてみたところこれが当たり、どうやら生活が楽になった。

昭和八年、長男の慶一が突然ブドウをやらないかといいだした。奥秩父は土地が痩せていて稲作は無理、川はあるもののうまく田んぼに水を引けない地勢なので米作りは陸稲で、どうしても蚕や畑作にたよらなければならなかった。新しいことをやらなければ貧乏暮らしから抜けられないと思ったのだ。大変な勉強家で、世界に目が開いていた源作は、このアイデアを実地にやってみようと決心。山梨から苗木を取り寄せて植えた。乾燥畑だったから、畑の地下に鉛管を埋め川から水を引いた。今日普及しているスプリンクラーの始めみたいなものだ。これを思いついて実地に移すことだけをみても、源作爺さんの頭は尋常なものでない。ブドウは順調に育ち、ブドウをリヤカーに積んで町で売った。珍しい西洋果物として売れるには売れたが、売り値が安かった。東京へ持っていけば高く売れたかもしれないが、今と違って交通の便が悪く、生の果物を運ぶのは無理な相談だった。そこで源作が考えたのは、ワインを造ることだった。といってもどうやったらいいか皆目わからない。長男慶一が山梨にワイン修業へいくがどこもけんもほろろ。神の救いか、川上善兵衛著の『葡萄全書』が神田の古本屋にあるとわかった。当時三セットで三六円、今の一〇〇万円くらいである。とぼしい金をかき集め、慶一が自転車で東京へ買いにいった（当時、鉄道はまだ秩父まで来てなかった）。以後、父子のこの本との格闘が始まり、善兵衛にも新潟まではるばる訪ねていった。搾り器は東京日本橋の大谷商店からフランス製のものを手にいれ、樽は地元の大工に頼んだ。昭和一一年、ついに念願のワインが誕生。ところが最大の難関は税務署で、昭和一五年にやっと許可がおりた。それからが前途多難だった。甘みがなく、渋くて酸っぱいワインは誰も買ってくれなかったのだ。唯一の買い手は、地元の内科医の加藤先生くらいだった。戦時中は慶一も召集され、何度か源作は絶望の境地に陥ったが、軍にブドウからとった酒石酸を売りながら、執念だけがワイン造りを支えた。慶一が復員してきて気を取りなおし、細々と造りつづけた。

昭和三四年、夢のような事態が発生する。はるばる秩父を訪れたフランス人神父が、このワインを飲んで「本物だ！」と誉めてくれたのである。それを聞きこんだ人たちがぼちぼち買ってくれるようになった。慶一は酒質を向上しようと東京の醸造試験所を訪ねたが、そのとき親切に話に乗ってくれたのが後の大塚謙一博士だった。ところが好事魔が多く、源作の子というより片腕だった慶一が、昭和四四年に亡くなってしまうのである。しかし、爺さんは、優れたワインを秩父から生むという慶一の夢を達成するために、気をとりなおしてがんばる決意をする。

酒神の救いは再びやってくる。作家の五木寛之が、秩父の宿で源作印ワインを飲んで激賛し、月刊現代や週刊朝日に書いてくれた。俳人の金子兜太も推賛してくれたし、それを聞きこんだ新聞や雑誌も秩父の「ハイカラ爺さん」を面白がって取材してくれるようになった。商売になれていないし、売り方を知らなかった爺さんに強力な援軍がついた。地元の日本酒の名醸元「武甲酒造」の長谷川正雄が一手販売を請けおってくれたのである。昭和六一年六月、源作は、九五歳で天寿をまっとうした。現在、孫娘カツと夫の島田安久夫婦が源作の跡を継いで四代目。その息子の昇が五代目である。関東ロームの酸性土壌の欠陥を克服するため、畑を一メートルほど掘り下げ、三〇センチほどの厚さに石灰岩の砕石を埋めたりした。幸い秩父セメントがあるくらいだから、近くに石灰岩のところがいくらでもあった。ブドウは白は甲州種、赤はマスカット・ベリーAが主体。平均樹齢が三〇年、施肥は有機肥料だけ。今のところ、ワインの品質は傑出とまではいえないものの まっとうなワイン。旧醸造試験所の、戸塚昭の指導をあおぎ、酒質は次第に向上しつつある。孤立した地方でこれだけのワインが造れるのだから、爺さんの苦労をしのんで飲むのも楽しい。

五一爺さん

長野県「桔梗ヶ原」は、中央高速長野道を塩尻のインターで降りて木曾福島へ向かう旧中山道、現在の国道一九号線を少し南下したところにある。諏訪湖のほぼ真西になる。というより、岡谷市の西郊外になる。あたりは、岡谷市の町並みが終わり、平坦な地勢の田舎の風景だが、途中から突然ブドウ畑がちらりほらりと街道沿いに見えてくる。

こんなところにも、がんばっている頑固爺さんがひとりいた。林五一は、明治二三年岡谷市で生まれ、中学のとき体をこわして療養生活に入った。明治四四年、空気の澄んだところでのんびりリンゴでも作ろうと桔梗ヶ原に住みついた。狐火が出るとおそれられていた荒地だったがそれでも切り開き、そのうち「二十世紀ナシ」を植えたが、これは全国はもとよりウラジオストックまで輸出するようになった。大正八年(一九一九年)から、生食用ブドウの栽培を始め、生食用のほかに、ブドー・ジュースや甘味ブドー酒の醸造なども手がけるようになった。この地区のブドウは当時コンコード一辺倒だったが、皮が割れて市場性に問題があった。そこで加工用原料にすることを思いつき、すでに町会議員になっていた五一は加工組合を結成、組合長になる。明治製菓など有力業者に打診するが、結局寿屋（現サントリー）の工場誘致に成功する。戦前の甘味ぶどう酒全盛時代、桔梗ヶ原はちょっとした大手の加工用ブドウ供給地にまで育っていた。当初は本格的ワイン造りにあまり関心はなかったが、それでも川上善兵衛を師と仰ぎ細々と研究していた。その意味では長野県ワインの草分け的存在になる。画期的な展開を始めたのは、昭和三〇年代の初めである。この頃、長野県下の若手醸造家が集まり、いつかワインの時代が来るだろうと将来の展望を期してヨーロッパ系ワイン用ブドウ数十種の苗木を取り寄せた。各家で植えてみたものの、その後の寒波で全滅。そのため、誰もがそうした外来品種の栽培をあきらめてしまった。その中で、五一は山形大学まで行って分けてもらってきた赤ブドウの苗木が枯れなかったのに気がついた。

メルローだった。以後三十数年間、メルローを増やすことに専念するが、植えては枯れるの繰り返しだった。試行錯誤の結果、五一の執念をなんとか実現しようと日大農学部で果樹栽培学を学んだ次男の幹雄が考えついたのが「棚式高継ぎ仕立て」だった。現在世界のほとんどのヨーロッパ種ワイン用ブドウは、フィロキセラ（ブドウネアブラムシ）対策のため、この害虫に免疫性をもつアメリカ種の台木に、ヨーロッパ種の枝を接ぎ木して育てている。だが、この接ぎ木の部分が寒波に弱い。どこでもやっているように地上一〇センチくらいになるところに接ぎ木した苗木を植えると、寒波に襲われたら枯死する。そのため台木になる苗木をまず地上一メートル以上に伸ばして育てた。そこで枝木を接ぐわけである。また、桔梗ヶ原で垣根仕立てにすると、土壌が肥沃すぎるため枝葉が茂りすぎる。さりとて土壌を変えるのには経費がかかりすぎる。そこで考えたのが、「ポット式垣根仕立て」。大きくないドラム缶を半分に切って地中に三分の一くらい埋め、あとは通常と同じに仕立てた。ポット内の土をいろいろ変えるという実験もできるし、根が広がらないため枝も伸びすぎない。五一が年齢《とし》をとると次第に幹雄が実質上の責任者になっていた。果樹栽培に強かったから、そうしたアイデアを実現させたのである。

信州の寒冷地でメルロー種の育成に成功したとはいうものの、このブドウから良いワインができるかどうかはわからなかった。そこで、東京醸造試験所にブドウを送った。でき上がったワインの品質が良かったので、このメルローならワインに向くと激励してくれたのが大塚謙一博士。これに自信を得てあとは一路躍進。幹雄が中心になってメルロー・ワイン造りに徹して、ぽつぽつと「桔梗ヶ原に林五一家のメルローあり」と専門家に知られるようになる。

フランスのボルドーはメドックの有名なシャトーの赤ワインは、カベルネ・ソーヴィニヨンを主にして、メルローを補助に使う。カベルネ・ソーヴィニヨンから造ったワインは色は濃く香りも高く、立派でフルボディ、長命である。ただ若いうちは、タンニンが多くて口当たりは荒く渋い。しかし長く熟成させると、渋みやカドがとれて見事なワインに育つ。そうしたことからカリフォルニアがこの品種に目をつけ、大ヒットさせた。この品種は、ほかの土地にもよくなじみ、日照が多く高温で乾燥ぎみのところだと、とてもリッチでヘビーなワインができる。そうしたワインを好む消費者が増えてきたので、世界中のワイン造り屋たちがこのブドウに熱い目を注ぐようになった。チリもこれで大当たりしている。それに反し、メルローのワインは、ソフトで、カベルネ・ソーヴィニヨンに比べるとおとなしく、タンニンもそう強くない。そのかわり、樹も果実も早く熟し、早く飲める。ことにこのブドウは多湿で、土地が冷涼なところでも育つ。同じボルドーでも、サンテミリオンやポムロール地区ではメルローを主にして、ソフトで飲みよいワインを出している。有名なシャトー・ペトリュスなどは、メルロー一〇〇％である。

メルローはカベルネ・ソーヴィニヨンほどリッチ・アンド・パワフルではないし、派手なたちでないから、日本のブドウ栽培家やワインの造り手は、どうしてもカベルネの方に心を傾けがちで、メルローを小馬鹿にしていた。しかし、世界でも、最近ではカベルネのくどさにやや飽きがきて、メルローのブームが起こりそうである。日本人にはタンニンが少なく、ソフトなメルローの方が向くはずだと考えていた大塚謙一博士（醸造試験所を定年退職して、メルシャン社の重役になった）の勧めもあって、メルシャン社は桔梗ヶ原に目をつけて、ここのブドウを使ったメルロー・ワイン造りを企画。五一爺さんの実績があったから、下地はできていた。桔梗ヶ原の農家は、メルシャン社と契約栽培を結んで本格的メルロー栽培に腰を入れる。栽培の技術指導にあたったのは浅井昭吾（麻井宇介）をはじめとする腕利きの技師陣。同社の「シャトー・メルシャン信州桔梗ヶ原メルロー一九八五年」は、第三五回国際葡萄栽培・醸造博覧会国際コンペティションの赤ワイン部門で大金賞という栄冠を勝ちとった。最初の、そして日本が生んだ国際的レベルの品質のワインである。これが誕生したのも、その陰に五一爺さん一〇二歳の不屈の闘いと創意があったからである。

現在、「五一ワイン」では平成二年に一〇二歳でこの世を去った五一爺さんの夢を林幹雄が継ぎ、メルローのほか、ピノ・ノワール、リースリングや、シャルドネの貴腐ワインにも挑戦している。また、すぐお隣の「イヅツワイン」でも、塚原嘉章が本格的ワイン造りにがんばっているから、両家の競争が楽しみである。

重信爺さん

さて舞台は変わって東北は「山形県」。山形といえばサクランボで有名だが、ブドウとワイン造りの歴史と実績では、山梨県に次ぐ。現在、一一軒もワイナリーがある。その中で早くから本格的上級ワイン造りを志向してきたのが、「タケダワイナリー」である。

武田家は、山形市沖の原の大地主だったが、一族のひとりが上山に住みつき果樹園の経営を始めた。まわりがほとんどサクランボをやっている中で、三代目の重三郎がブドウの将来性に目をつけ、その栽培に適した土地を探し求めつづけた結果、ようやく上山の南東向きの日当たりの良い土地を見つけて、ブドウを約五ヘクタール植えた。そして大正九年、当時は誰もやっていなかったワイン造りを始める。これが現在のタケダワイナリーの前身「武田食品工場」である。

そうした環境で育った武田重信は、東京農大醸造学科に入学、卒業後醸造試験所で研鑽を積む。ある日、人生を変える出来事が起こる。上司の試験官がフランスのワイン、それも超特級の「シャトー・マルゴー」をご馳走してくれたのである。世の中でこんなにうまいブドー酒があるのかと感銘を受けた重信は、自分もそうしたものを造ってみたいと固く決心する。故郷に帰った重信は、さっそくヨーロッパ系ワイン用ブドウ、カベルネ・ソーヴィニヨンとメルローの栽培に取り組んだ。しかし植えても、植えても、失敗の連続だった。そうした試行錯誤を繰り返しているうちに、昭和四九年、工場が火災に遭って全焼するという悲劇に見舞われた。傷心の重信を励ましたのは、妻の良子であり、従業員が一人も辞めなかったことだった。ここにいたって重信は心機一転、青物商をやめ、ワイン専業に切りかえることを決心。社名を「タケダワイナリー」に改め、本格的醸造所の青写真を残して、単身ヨーロッパに渡る。醸造機械を買いつける必要があったからだが、それだけでなく、フランスの一流シャトーのワイン造りを実地に見ることと、ことにその土質を研究することが目的だった。ブドウの樹を日本に持ってきただけでは駄目なことがわかっていた。それならあちらの畑の土質がどうなっているのだろうと考えたからである。帰国後、持ち帰った各シャトーの土を分析した結果、蔵王山麓の火山灰で形成された酸性土壌は、ヨーロッパ系ワイン用ブドウに適さないという冷厳な事実に直面する。

それから、重信はがんばる。上山の土地が悪いのなら、土地を変えてボルドーと同じようにしてやろうと決心する。そして、カルシウム、マンガン、亜鉛やマグネシウムなど、ワイン用ブドウの畑としては欠けている物質を毎年少しずつ畑にまき、根本的な土壌改良に取り組んだ。植物生理学者ともひやかされた重信の信念は「植物の生理に従うだけ」。八月中旬頃までは、ブドウの枝も畑の雑草も伸ばし放題。しかし肥料や水はやらない、雑草をブドウと共生させるためだし、ブドウの樹も伸び盛りになったところで枝を払えば、樹にたまった全エネルギーが実に向かうというわけである。株もひょろっとしてかなり丈が長い。冬に雪が積もったとき、ちょうどその上に株の頭を出せるようにするためである。重信爺さんの誇りは、「キュベ・ヨシコ」。これはシャルドネ種を使ってシャンパンと同じ瓶内発酵をさせた発泡ワイン。ネーミングは功労あった奥さんの名前をつけたもの。日本産発泡ワインとしては当時出色の出来栄え。フランスのボルドーで学び、父の知識の足りないところを補ってシャトー・ワインの改良に大きな役割を果たした長男伸一は一九九九年突然の事故で急逝。しかし、フランスでワイン造りの修業をした長女岸平典子がその後を継ぎ、夫和寛と共に父を助けるようになった。

友之助爺さん

もう一人、毛並みのよかった爺さんがいる。甲府市は「サドヤ醸造場」の今井友之助。今井家は甲府でも名門で、もとは武田家の金山長の一人だったといわれ、江戸時代も佐渡島から技術者を迎えて甲州金を鋳造していた。甲府駅北口に佐渡町があるのはそのためで、先祖の歴史にあやかって社名を「サドヤ」にした。大正六年に先代の精三翁が旧東洋葡萄酒株式会社の醸造工場を手に入れ、ワイン造りを始めた。はじめは「規那・甲鐵葡萄酒」か「甲州天然葡萄酒」という銘柄で、当時流行していた甘味ブドー酒だった。ただ、そうしたものにあきたらなかった精三翁は、甲府市郊外の善光寺山の山林五ヘクタールを買ったり借りたりして、そこを開墾し、自家栽培ブドウ園を作ることを計画した。しかも、優れたワインを造るにはヨーロッパ系のブドウを植えなければならないことに、早くから気がついていた。

明治四三年生まれの友之助は早稲田大学商学部卒。昭和九年に卒業しているが、在学中、山岳部に入り、戦前北アルプスの穂高の滝谷の雄滝、第二・第三尾根冬期初登攀に成功している。それを機会に山岳部の一線から退き、フランス語の学習に専念する。良いワインを造るには一度本物のフランスへ行かなければという精三翁の夢の実現にそなえたのである。卒業後、当時、ヨーロッパ系品種を研究していた静岡県の大井上康理農学研究所で栽培学の教えを受けた。

父の買った畑に植えるために八十余種のブドウの苗木をフランスから輸入した。航空便などない時代だから船便だが、灼熱のインド洋を経てくるのと荷造りが悪かったのとで全部枯れてしまった。二度目も失敗。フランスの苗木屋に詳細を知らせ、シリア産の耐熱材の箱にミズゴケを敷きつめ荷造りを完全なものにして、三度目にしてやっと成功する。石ころだらけの段々畑の一枚ごとに、違う品種を植えつけたり、いろいろ研究するなかで、どうやらワイン造りは軌道に乗り、東京の帝国ホテルなどの注文が来るようになる。

昭和一三、四年は、中国中部へ派遣され、帰国して海軍技術研究所公務分室長を務めたりする。その間、応用化学科の武富教授の教室で醸造関係の研究もする。その頃、海軍は電波装置、陸軍は海水の脱塩剤に、どちらも酒石酸が必要という理由から、ブドウの葉や枝を回収しようとした。実験したデータから、大切な樹を切らなくてもぶどう酒を造れば副産物として重酒石酸加里が取れること、ぶどう酒中の酒石酸を石灰で分離すれば陸軍の需要に応えられることを説明、ブドウの樹の保存を計った。海軍にはロシェル塩を納め、結晶の品質が優秀ということで表彰を受けた。昭和一九年七月の甲府の空襲で、工場は全焼。貯蔵庫が爆撃されてストックしていた三五〇〇石のぶどう酒が流れだしてしまい、大きな痛手を受けた。焼け跡に製材工場を建て、ぼつぼつぶどう酒工場の復興をはかっている矢先、父精三が死亡。襲ってきたのは膨大な相続税だった。売れないぶどう酒の在庫に課税され、土地を売れば譲渡所得がかかるという、それこそ一家心中でもしなければならないような窮地に陥る。しかし、国税庁への陳情が功を奏し延納を認めてもらったところに、ぶどう酒が売れだしたことと、インフレのおかげで窮地を脱する。

昭和三二年、フランスへ渡り、三カ月かかって各地のワイン産地を歴訪、経験と確信も深める。昭和三七年、ワインの国際会議に出席したり、当時ブドウ栽培学で世界最高の南仏モンペリエ大学へ寄って、長男の入学の手続きをとったりする。

友之助爺さんは、ほかの爺さんに比べれば、恵まれた境遇にあったといえる。しかし戦後、山梨県の多くのワイン醸造家がひどく粗悪なワインを売りつづけてきた中で、早くからヨーロッパ系ブドウ（カベルネ・ソーヴィニヨンとカベルネ・フラン、メルロー、シラー、セミヨン）を使って「シャトーブリヤン」銘柄の品の良いラベルで本格的ワインというべきものを造りつづけ、高品質のワインを売りつづけることを守ってきた。そうした孤高の姿は、真似できそうでできることではない。また、友之助爺さんは、甲府市のロータリー・クラブの中心人物だった。そのアルピニストの夢は、普及品の「モン・シェル・ヴァン」のラベル名と、マッターホルンのエッチング・デザインに残っている。三代目裕久がモンペリエ大学卒業後、シャトーを守りつづけ、四代目裕景が、その後を継ぐべく修業中だったが、平成二五年経営不振のため所有権は甲府市の旅館古名屋に移ってしまった。ただワイン造りは続くことになっている。

四章　日本の大手ワイン・メーカー

日本ワインをリードしてきた大手メーカー

日本のワインの全体像を見ようとしたら、どうしても大手メーカーのワインについて特別に書かなければならなくなる。単に生産している量が多いということだけからではない。過去から日本のワイン界で果たしてきた役割、そして現在でも与えている影響からいって、ミニ・ワイナリーと同列にするわけにいかないのである。アメリカでは、ガロという、それこそ世界最大級のマンモス・ワイン企業がある。製油プラントかコカ・コーラの瓶詰工場かと見まがうような巨大な工場で生産されるワインは、たった一日だけの生産量が二五万ケース、中規模ワイナリーの一年間の生産量に当たる。シェアは全アメリカワイン市場の二五％を占めている。つまり、アメリカ人の飲むワインの四本に一本が、ガロのワインなのだ。しかし、そうしたガロ社でも、ワイン界に果たしてきた役割は日本の大手メーカーとはまったく違っている。日本の大手メーカーは、まず消費の面で、消費者の動向、日本人のワインに対する味覚を左右してきた。日本人がワインになじむように、長年にわたって採算を度外視した広告宣伝費を投じてきた。また、生産・品質の面でいえば、日本人の飲むワイン全体のレベルを向上させてきたし、結果的にみて邪悪なワインを市場からはじきだすような努力を重ねてきた。技術的にも最新・最高の醸造技術で業界をリードしてきたし、それが中小ワイナリーのワイン造りに大きなインパクトを与えてきた。旧世界、フランス、ドイツ、イタリア、スペインなどと違って、大手業者主導型のパターンでワイン界が形成されてきたのである。ことに業界のリーダー、品質向上の担い手であったのは、なんといってもサントリー社とメルシャン社だった。今でもそうである。それに続いたのが、マンズワインである。両社を別に誉めあげるというのでなくて、事実がそうだったのである。この両社は互いに競争し、刺激しあいつつ発展してきた。現在両社のワイン総売上高・総生産高は、外国からの輸入ものを含めると日本で売られているワインのかなりの量を占めている。国産ワインについていえば、両社だけで五六％のシェアを占めている。国産ワインはトップ五社だけで全生産の七九％まで占めているのである。これを無視して国産ワインの話はできない。ここでひとつ、この竜虎争う二大企業と、それに続く大手のワインを簡単に要約してみよう。

メルシャン株式会社

大阪生まれのサントリーを西の横綱とすれば、勝沼生まれのメルシャンが東の横綱。国産ワインの出荷量で見ればメルシャンがトップ。二〇〇〇年の実績でいうと三六一万ケースで、日本の国産ワインの二九％つまり約三割を占めている。サントリーは三二八万ケースで二六・三％になる。

第二次大戦中、尼崎市の日本連抽株式会社が軍の要請に応えて酒石酸採取工場を勝沼に建てた。終戦直後資本参加していた製油界の大手日清製油が買収し、ぶどう酒の生産を再開した。昭和二四年、ぶどう酒生産の発展とブランデー等の生産を目指して日清製油から独立、「日清醸造株式会社」が発足し、後に社名になる「メルシャン」をブランドとして採用した。独立してから、ことに本格的ワインの将来性を考え、その生産に力を入れるようになる。この会社が世の注目を引くようになったのは、昭和三一年の日本果実酒造組合に出品した三種のワインが、品質優良として一、二、四、五等を独占したからである。成功の秘訣は、純粋酵母の培養だった。同社の技術陣たちは東京大学の坂口研究室から酵母菌を分けてもらって培養し、効果的に使った。糖分の不足しているブドウを補うために、でき上がったぶどう酒を真空濃縮缶で濃縮し、酸敗を防いだのが成功したといわれている。メルシャンは、そのスタートから醸造技術を研究・向上させる体質を持っていたのだ。もうひとつ、スタートから重要な点がある。昭和二二年、この工場は農林省の農村工業振興政策に基づく全国模範工場の一つに選ばれた。この指定にこたえて、研究培養した酵母菌を近隣の業者に分け培養方法も公開した。地元のブドウ栽培・ワイン醸造の発展のために、その技術の公開・指導という地元とともに生きるという方針を一貫してつらぬいてきた。もっとも、当時は本格的ワインを造れたからといっても、すぐ売れるような時代でなかった。ブランデーとかブドウジュース、焼酎割り用ブドウジュース、ポートワイン用原酒などの副業で経営を支えた。

一方、「三楽」はもともと昭和九年に設立された「昭和酒造」が前身で、昭和二四年に社名を「三楽酒造株式会社」に変更。アルコール、新清酒・焼酎・溶剤・飼料などを生産していた。その後、洋酒部門の将来性に着目、昭和三六年に前記の「日清醸造株式会社」を吸収合併した。さらに、昭和三七年にはワイン・ウイスキー・メーカーの「オーシャン」を合併、名称も「三楽オーシャン株式会社」になった。このオーシャンの前身が「大黒葡萄酒株式会社」なのである。ワイン造りのために渡欧した土屋龍憲が、宮崎光太郎とともに、「大日本山梨葡萄酒会社」（通称「祝村葡萄酒株式会社」）が解散した後に譲り受けた会社である。明治二五年、独立した宮崎光太郎が、「大黒印」商標の甲斐産ぶどう酒を造りつづけてきた会社なのである。その意味でメルシャンは、日本の本格的ワイン造りの源流を継いで引き続き発展してきた会社といえる。

今でも、メルシャン勝沼ワイナリー（現シャトー・メルシャン）へ行くと、ワイン資料館がある。ここは宮崎光太郎の生家宮光園で、明治三七年に光太郎が建てた醸造所をそのまま博物館にしたもの。現存する醸造所として日本最古になる。

社名を昭和六〇年（一九八五年）に「三楽株式会社」、平成二年（一九九〇年）に「メルシャン株式会社」に変更したメルシャンは、資本金二〇九億円、二〇〇一年度には売上額が約一〇〇〇億円に上る大酒類企業になっている。

全事業の中でワイン事業の占める割合は約三〇％（金額）である。つまり、同社はまた医薬品、化学品のメーカーでもあって、抗生物質の分野でロングランの製品を出しているのは医療関係者にはよく知られている。稲のイモチ病に効く農薬「カスガマイシン」、肺炎の特効薬「ジョサマイシン」、悪性腫瘍治療の「アクラシノマイシン」、制ガン剤「ドキソルビシン」などは、世界にそのマーケットのシェアを伸ばしている。実はこれにはわけがあって、前述したメルシャンの前身「昭和酒造」の創業者鈴木忠治は、「味の素」の創業者でもあった。その長男が鈴木三千代で、三十数年の社長歴の中で、統合した会社を日本有数の多角的総合酒類メーカーに育てあげた。戦後の復興が軌道に乗りだした昭和三〇年代に、ワインの将来性を見越して、この会社を今日のメルシャン社としてワイン中心の会社へと発展させたのである。そうした関係から「味の素」と縁が深いだけでなく、発酵を基礎にした科学技術に強い会社なのである。平成一九年には、キリングループのワイン専門の中核会社となった。

サントリーと違って、メルシャンは自社でのワイン造りに誇りと関心を持っていたから、輸入ワインへの取り組みは一歩遅れを取った。当時、ワイン事業の中で、国産ワイン比率が約六〇％（数量）、輸入ワイン比率が約四〇％（数量）。つまり国産ワインが主位を占めていて、平成一〇年度でみると三七万五〇〇〇ヘクトリットルにおよんでいる。それでもスペインの「ゴンザレス・ビアス社」の輸入販売契約を締結。ドイツの「シュミット社」およびハンガリーのトカイワインで有名な「フンガロヴィン社」、スペインの「コドーニュ」、フランスではブルゴーニュの「ビショー」、ドイツの「シュロス・ラインハルツハウゼン」、シャンパンの名門「ポメリー」およびボルドーの「クルーズ」、「ドート社」、イタリアのワイン・メーカー数社、ポルトガルの「シルヴァ&コーセンズ」と「マディラ・ワイン・カンパニー」、チリの「コンチャ・イ・トロ」、アルゼンチンの「トラピチェ」、カリフォルニアの「ロバート・モンダヴィ」、イタリア「フレスコバルディ」と、それぞれ輸入販売契約を締結して輸入ワイン分野にも進出している。また平成二年は中国の紹興酒大手メーカー「古越龍山」と提携、その製品を輸入するようになっただけでなく、中国の深圳製薬廠と制ガン剤の製造販売をする会社を興している。

日本に第一次ワイン・ブームが起きて、メルシャン社が本格的ワインを量的にもかなりな規模で出して発展しようとしたとき、最大の壁は、国内の良質なワイン用ブドウが全然足りないという厳然たる事実だった。社業の飛躍のためには、まずこの障害を乗りこえる必要があった。昭和三八年（一九六三年）、当時東欧との貿易を始めていた東京丸一商事（現在の豊田通商）の持ちこみで、ブルガリア・ワインをブレンド用として使うための輸入を始めた。これは後に他社も追従するようになる。以来、メルシャンのスタッフたちが、ブルガリア、ルーマニア、ハンガリー、ユーゴスラヴィアなどに次々と派遣される。良い通訳がいないというコミュニケーション障害と旅費不足（ドルの持ち出し制限があった）に悩まされながら、東欧諸国を買い付けに走りまわることになった。その後、その経験は南米のアルゼンチン、チリとの取引にも生かされることになる。この種の取引を行なうためには、どうしても原酒の品質が問題になる。そのため勝沼ワイナリー製造課長の浅井昭吾が二回にわたりアルゼンチンのペニャフロール社とチリのコンチャ・イ・トロ社に赴いて技術協力をはかった。また一九八二年から勝沼ワイナリーの上野昇と加賀山茂がブルガリアに派遣され現地の技術協力にあたった。このようにしてメルシャン社の外国ワインへのアプローチはバルク輸入、濃縮果汁輸入、そして瓶詰めものの輸入へと展開していくが、本書は国産ワインに重点をおいているからこうした点の詳述は割愛する。

メルシャン社が原酒輸入の先鞭をつけ、この分野での技術開発、品質を向上させる上で大きな影響を日本の業界に与えてきたことは重要である。現在、同社の低価格帯のワインの多くが、その供給量と酒質をこれらのバルク・ワインに負っていることはポジティブな意味で指摘しておく。誤解を避けるために付言するが、これはメルシャンだけがやっていることではない。また日本での低価格帯ワインの品質を維持する上で不可欠なことなのである。

昭和六三年にボルドーの「シャトー・レイソン」を買収しているが、この外国シャトーの取扱い方が面白い。サントリー社は買収した「ラグランジュ」と「ベイシュヴル」を舞台に華麗な文化活動をくりひろげている。それに比べ、メルシャンのシャトー・レイソンは、メドックでも北西のヴェルテュイユ村のブルジョワ級の小さなシャトー。畑も広くないし、建物も美しく改装したものの、醸造所も大きくない。レイソンはまったく地味だが、藤野勝久、斉藤浩、大滝敦史、安蔵光弘など若い技術陣が次々技術スタッフに交替的に就任。ボルドーのワイン造りを実地で見聞し修業する道場として生かしている。そうした技師たちが日本に帰ってからその経験を生かし、勝沼ワイナリーを中心とする国産ワインの品質向上に励んでいる。ちなみに、ボルドーのトップシャトー、「シャトー・マルゴー」の醸造長ポール・ポンタリエを醸造技術のアドバイザーとして招聘している。

さて、問題は国産ワインである。もともと自社畑を持たなかったメルシャンは、原料にする良質なブドウの確保に社運がかかっていた。昭和三〇年代、ワインの売れ行きが伸びると原料ブドウが不足するようになった。そのため、山梨県内をはじめ、山形・岡山・滋賀・大阪と各地の醸造所を廻って「桶買い」に狂奔した時期もあった。地元山梨では、生食ブドウ栽培が中心だったから別の難問があった。昭和三六年には県・ブドウ生産者団体・ワイン醸造団体の三者が組織する「醸造用原料需給調整協議会」(後に「需給安定協議会」)が設置され、昭和五〇年代に入るとメーカー側と価格を糖度できめる「糖度取引」が始まった。しかし生産者側とメーカー側の利害の対立は大きく、必ずしも順調にいかなかった。生産者とメーカーの団体交渉が行なわれたわけだが、怒鳴り合いが始まる殺気走った光景もあった。ワインの買い付けには、品質をチェックしたり醸造を指導する能力が必要だったから、この頃、東奔西走の活躍をしたのは勝沼工場長の笠原信松だった。

しかし、そうした原料の入手方法では良いワインはできない。昭和三〇~四〇年代に入って、以後メルシャンのワイン造りの骨格になる「契約栽培」に取り組むことになる。契約栽培をする以上、メルシャンが希望するワイン用高級品種ブドウを栽培してくれることと、畑がメルシャンの期待する条件（土質・日照・排水など）を満たしていることが不可欠であった。生食ブドウの主産地である勝沼では、地元農協は相手にしてくれなかった。話に一応乗ってくれる農家も、その希望する買い取り価格はとてもメルシャンがのめるものではなかった。

結局たどりついたのが、勝沼工場から離れているが、県北の茅ヶ岳の裾野の穂坂だった。ここは新興地区だけに意欲的で、三年間の話し合いの結果、契約栽培による苗木定植第一号が実現したのは昭和三七年。昭和四〇～五〇年代にかけ高級品種栽培を行なってきたが、比較的成功したのはセミヨンで、カベルネ・ソーヴィニヨンは良いときと悪いときがあり、メルローは駄目だった。

次は、長野県の塩尻地区だった。この一帯はもともと甘味ブドー酒用のコンコードやナイアガラの原料地区だった。三楽オーシャン塩尻工場にもその原料を長年にわたって供給していたため、生産者の組合もできていた。笠原工場長が説得に赴いたが、ワイン専用品種への切り替えになると、なかなか首を縦にふってくれなかった。結局、この地区の桔梗ヶ原で契約栽培が実現するのは、一〇年越しの説得戦の後の昭和五〇年になってである。その間、福島県新鶴村で薬用人参を栽培していた農家たちが休耕畑を生かしてブドウ（シャルドネとセイベル）の試験栽培をすることを承諾、昭和四八年から始まった。また秋田県大森町も地域振興のため町有林を生かしてシャルドネ、ピノ・ノワール、ピノ・ブランの試験栽培に応じてくれた。しかし三、四年試験栽培をしてみた結果、シャルドネはどうもうまくいかず、ピノはウイルスにやられ、リースリングの拠点にすることになる。二〇年かかって、栽培面積も七ヘクタールになり、現在リースリングの「大森リースリング」を生み出している。

昭和五〇年、浅井昭吾製造課長は、塩尻周辺の農家に「今までのやり方では、近い将来原料ブドウを引き取れなくなる。ワイン専用品種には展望があるので、それへの切り替えと契約栽培の締結をしたい」と呼びかけた。その間、この地区に向く品種を調査しているうちに、古い果実栽培の篤農家林五一がメルローの栽培に成功しているのに気がつく。五一年、農家にメルローの栽培を説得した。結局、約六〇軒でとりあえず今までのコンコードの棚の下にメルローを植え、大きくなったらコンコードを切るという方向で話がまとまった。いきなりヨーロッパ式の垣根仕立てに切り替えるというのは無理があったし、苗木が成木になるまでの休業補償はできないための苦肉の策だった。ところがいざやってみると、アメリカ系のコンコードより病気に弱いメルローは「幹割れ病」に襲われた。いろいろな研究の末、苗木のときからの徹底的な消毒と、冬のワラ巻きによる冷害対策でこの病気を克服できることがわかった。昭和五六年と五九年の空前の大寒波でブドウの大凍害が起きたとき、他の畑は全滅状態だったが、メルシャンの委託栽培したメルローは二五％ほどの被害ですんだ。ふだんからの冷害対策、収量調整などのおかげで樹が健全だったのである。このようにして栽培を開始した「桔梗ヶ原メルロー」は、六〇年には豊作で、果実の出来もよかった。これを細心の注意で仕込み、フランスから輸入した新樽で熟成させたところ、一九八九年のリュブリアーナの国際ワインコンクールで大金賞を射止めたのである。以後、八六年ものも大金賞、八七年ものは金賞と続くが、幾度も挫折を乗り越え辛酸をなめたあげくの栄光だった。これが世界にメルシャンの名を知らしめ、以後、桔梗ヶ原は日本の代表的メルローの産地として育っていくのである。

メルローと並んで研究していたのが「シャルドネ」で、塩尻で農家に苗木を配って試験栽培をしてもらったが、どうしてもワインにしてみると良くない。収量制限をした上で、発酵させると良くなることがわかったが、どうもここではシャルドネは難しいかもしれないと考えるようになった。一方、技術陣は勝沼の甲州ブドウに量質ともに限界のあることを見越して、長野県に目をつけだしていた。はじめは長野市周辺の若穂・豊野・中野などで善光寺ブドウと呼ばれる「竜眼」の委託栽培を始めてみたが、ワインにしてみると、やはりヨーロッパ種に見劣りがした。また、それとは別に、ブルゴーニュのピノ・ノワール種の試験栽培を山梨や塩尻でやってみた。しかし、このブドウもあまり日本に向かないことがわかってきた。そこで、北信地区ではシャルドネを中心とする方針を決定。しかし、急速に量を増やすことをしないで、じっくり時間をかけていろいろ栽培上の試行錯誤をしてみた。醸造の面でも新樽発酵という技術を実地に移した。現在「北信シャルドネ」は、メルシャンの旗印《フラッグ・シップ》になっている。

昭和六三年（一九八〇年）は、メルシャンにとって記念すべき年になった。長年の夢だった自社畑の所有がかなえられた勝沼の岩崎農業協同組合が開発を中止していた岩崎山を買収できたのである。岩崎山は、別名「城の平」と呼ばれているがその昔、雨宮勘解由《あめみやかげゆ》が今日の甲州ブドウの祖先ともいえる樹を発見したところである。酒神《バッカス》からのさずかり物ともいえるこの土地を前に、スタッフたちは一年がかりでブドウ園の開発計画をねった。当初の方針では甲州ブドウを中心に栽培する予定だったが、旧国税庁醸造試験所長で定年退職後メルシャンの常務になっていた大塚謙一博士が、「この日本のブドウとワイン発祥の地といえるところで、ボルドーに勝るとも劣らない立派なワインを造ろう」という構想を提起し、軌道を修正する。上野昇を中心とする技術陣が、最初に取り組んだのは土壌改良だった。一メートルほど地表を掘りさげ、石、小石、山砂、小指の先ほどの石灰岩、牡蠣の貝殻などを何層かになるように埋めた。雨がさらっと流れるように傾斜度を五度にした。酸性でなく中性に近く（PHは六・八～七・一）水はけのよい土壌にしたのである。後に、一部には暗渠《あんきょ》を掘った。「苗木」は同じヨーロッパ種でもフランス産、アメリカ産、日本産と育ちの違うものを植えた。植えつけ密度は、樹間が二メートル×七五センチになるようにヘクタール当たり六六六七本の「密植栽培」。仕立ては、当時ワイナリー試験係長小阪田嘉昭のフランス留学時の報告をもとに「単式ギュヨー法」を採用。思い切った強い「夏期剪定」に加え、カリフォルニア大学に留学していた斉藤浩からの情報を参考に果実のまわりの葉を刈り取る「除葉」作業を採用した。注意深い実験栽培と試験醸造を重ねた中で、当初植えたピノ・ノワールとシャルドネは栽培こそは成功したがワインにすると好ましくなく、カベルネ・ソーヴィニヨンの方が良かったので、それに絞る方針を決めた。かくて、昭和五八年から準備に着手し、昭和五九年に植え、平成二年に収穫したブドウを使って醸造と新樽熟成を行ない、平成六年に「城の平カベルネ・ソーヴィニヨン」を発売。メルシャン技術陣の汗の結晶ともいえるこのワインは、他のコンクールとは格が違うボルドーの国際ワインコンクールで金賞を勝ち取ったのである。国際的に評価される高級ワイン造りには日本でも不可能ではないが、少なくとも一〇年の展望、多大な資金投下、高度の栽培・醸造技術が必要であることを、まさに実証したのである。以後、城の平はメルシャンの実験農場になり、そのワインはひとつの到達点であると同時に将来への礎《いしずえ》として同社の旗印《フラッグ・シップ》的存在になった。

城の平でカベルネを選んだといっても、メルシャンが地元品種を軽視したわけではない。昭和五〇年頃からいろいろ研究した結果、在来種の中から、白は「甲州」、赤は「マスカット・ベリーA」を中心に選び、海外の最新技術をキャッチして他社に先がけて日本での実用化に取り組んだ。山梨大学・山梨県食品工業指導所・自社中央研究所に保存されていた純粋酵母二〇〇株を集め、その中から最良のものを選び「M1酵母」と命名して使用。発酵させる前に果汁をきれいにする「プレ・ファイニング」の技術も導入。そうして生まれたのが、日本で最初のフレッシュ・アンド・フルーティ・タイプの「ブラン・ド・ブラン」である。

甲州とブラック・クイーンを使った本格的ロゼの「勝沼ロゼ」では、マセラシオン・テルミック技法（ブドウをつぶして一回熱をかけてから圧搾する方法）を使って収穫期の違いを克服した。日本でもよく知られているボジョレ・ヌーボーは、炭酸ガス浸漬法《マセラシオン・カルボニク》という特殊な醸造法で造る。この技術で「穂坂クレール・ド・クレール」を造りあげるのに成功したが、販売成績が悪かったので終売にした。ただ、その技術は後に生かされることになる。

肝心の甲州は、甘口だとなんとか格好がつくが、辛口だとどうしてもうまくいかない。なんとか辛口をと考えていた技術陣にヒントを与えたのが、ヨーロッパを視察中の大塚謙一常務が現場のやり方を実地に見てきたフランスはミュスカデ地方のシュール・リー方式だった（発酵中発生した酵母の澱《リー》を、そのまましばらく発酵後の新酒と接触させる技法。これをすると風味の濃い辛口に仕上がる）。これもフランス帰りの小阪田の指導の下に、加賀山茂が中心になってこの技術の導入に取り組む。澱《おり》臭が出る欠点をプレ・ファイニングで克服した。こうして誕生した「甲州シュール・リー」は、甲州の欠点を克服した辛口白ワインとして、日本で画期的な製品となった。地元振興のため、この技術情報を積極的に公開。他の地元メーカーがこれを応用したため「甲州シュール・リー」は甲州辛口白ワインの代名詞にまでなっている。

甲州の甘口ものでいえば、このブドウの糖度は普通一五度前後で、高いものでも一八度くらい。この濃度をあげるために昭和五〇年から始めた逆浸透膜を使う技法で濃度を三〇度近くまで上げ、風味を濃くすることはできた。しかし、この技法ではブドウの持つ悪い面も強く出てしまう。そのため、その後ドイツのアイスワインにヒントを得て、冷凍した果実を圧搾して果汁を抜きとる冷凍濃縮法に切り替えているのが「甲州・鳥居平」。地元勝沼でも、この技法を見習うところが出だしている。

また熟成タイプをねらうために、発酵を大きなタンクで行なった後で樽で熟成させる方法と、始めから小樽で発酵までさせた上でさらにそのまま熟成も続けさせる方法がある。後者は、最近世界の高級白ワイン造りで広く使われる醸造法になっている。メルシャンは、甲州の香りと味がデリケートで、新樽を使うと香がつきすぎてしまうため「一年空樽」を使った樽仕込みを出している。この仕込みは「勝沼ワイナリーズクラブ」が参考にして現在各醸造元が甲州の熟成ものに挑戦中である。

フランス語のメルシー（感謝）から名前をとったメルシャンの社風を象徴しているのは、昭和五一年から当時の社長の鈴木鎭郎が提唱して始めている毎年の新酒試飲会だろう。専門家だけでなく愛好家も含めた和気藹々《あいあい》とした会場では、日経連の副会長でもあった社長鈴木忠雄自らが出席して、試飲する人たちの意見を素直に聞いてまわっていた。ワインでは「造る文化」だけでなく、「飲む文化」と共存しなければならないことを自覚しているからだろう。

当時勝沼ワイナリーが、国産上級ワインを中心に生産していて、城の平の自社畑は二ヘクタール、契約畑八三ヘクタールから年間約一五〇〇トンのワインを生産していた（それとは別に輸入ものを扱うブレンド・ボトリング工場が藤沢市にある）。このワイナリーも平成二二年にリニューアルオープンした。資料館やギャラリー、見本ブドウ園を併設するほか、本格的なツアーを実施し見学客を受け入れている。

このように日本ワインの王道を走ってきたメルシャンが、平成一五年からさらなる新展開をはかる。そのひとつは、勝沼の中核的ワインであり、成功すれば日本が固有品種として世界に誇れることになる「甲州」ワインに新路線を開発することだった。「甲州ワイン・ルネッサンス」のスローガンをかかげ研究に取り組んだ。甲州ブドウにはソーヴィニヨン・ブランと同じような香りを出す前駆物質が含まれていることが発見されたが、これが果実の成熟とともに姿を消してしまう。これをどう克服するかが課題になった。ボルドー大学で白ワインの名手と評されているデュボルデュー教授の下で香りの分析を研究していた富永敬俊博士のもとに小林弘憲研究員を派遣し、共同研究に取り組み画期的なものに造りあげたのが「甲州きいろ香」である。また甲州が本来持っている潜在的能力を発揮させる研究を続け、そして四つの仕込み法で仕上げたのが「甲州グリ・ド・グリ」である。この二つのワインは、甲州の持つ可能性を引きだしたものとして業界の注目の的になっている。

もうひとつはメルシャンの国産ワイン造りの新基礎を築くこと、つまり同社の悲願である大規模自社畑の開発であった。数年がかりの準備・折渉を重ね平成一五年に「マリコ・ヴィンヤード」が誕生した。これは長野県上田市丸子町にあり、千曲川をはさんで「ヴィラ・デスト・ワイナリー」の対岸の丘にある。一〇〇軒ほどの農家の畑を長野県農業公社が借りあげ、それを一括してメルシャン社が借りる形式を取って農地法問題（法人が農地を所有できない）を解決した。初年度は六ヘクタールから始めて順次拡大し現在既に二〇ヘクタールが栽培中。将来、全体ではさらに増反の可能性がある。現在栽培している品種はメルローとシャルドネが中心だが、ソーヴィニヨン・ブラン、カベルネ・ソーヴィニヨン、カルベネ・ブラン、シラーも含まれている。すでに一部の新製品が出せるようになってきたが、この畑がフルに稼働するようになれば、サントリー登美の丘を凌駕する日本のトップ・ヴィンヤードになるであろう。

サントリーワインインターナショナル株式会社

サントリーといえば、誰もがウイスキーのメーカーと思っているが、実は始めからワイン・メーカーだったのだ。大阪の両替商・米屋の次男だった鳥井信治郎は、薬種問屋小西儀助商店に丁稚奉公に出された。当時の薬種問屋は、漢方薬から洋薬に切り替えだしていたし、ぶどう酒、ウイスキーなどの洋酒を扱うハイカラな商売だった。信治郎は、ここで洋酒の知識と時代の先端を行くモダンなセンス、そして調合技術を身につけた。明治三二年、弱冠二一歳で独立して鳥井商店を興した。扱ったのは缶詰類とぶどう酒だった。神戸で洋酒輸入業をしていたスペイン人と知り合うようになり、本場のワインに対する知識とあこがれを抱くようになった。独立してからスペインのワインを輸入してみたが、売れ行きはさっぱりだった。現地直輸入ものでは日本人に向かないということに気がついた信治郎は、いろいろ工夫したあげく、納得のいく甘味ブドー酒を造りあげる。「向獅子印《むかいじし》」という商標名をつけ、店名も「寿屋洋酒店」と改めた。明治三九年である。

当時、ぶどう酒業界で最高の売上げを誇って活気があったのは、東京は神谷伝兵衛の「蜂印香竄《こうざん》葡萄酒」だった。これを追いぬく決心をする。商標名を「赤玉ポートワイン」（現在の赤玉スイートワイン）に切り替え、新聞広告をはじめとする猛烈な宣伝合戦を展開した（その意味で、新聞広告というメディアを大々的に活用したリーダーだった）。キャッチフレーズは「滋養になる／一番よき／天然甘味／薬用葡萄酒！」で、その証明に医学博士まで動員した。つまり、食事と一緒に飲むワインでなく、「病気を未然に防ぎ／常に健康を保ち／元気旺盛／故に長寿する事疑なし」という、今日ブームになっている健康食品のはしりのようなものだった。以来、トップの売上げを走っていた蜂ブドー酒と熾烈な戦いを繰り広げるが、なんといっても信治郎の宣伝上手は抜群で、新しいものを見ぬくセンスとそれを活用する勇気を持っていた。大正一二年、女優松島恵美子のセミ・ヌードを使ったポスターは画期的で、日本の広告史上金字塔的存在になっている。それに加え、酒質の良さのためついに赤玉ポートは蜂ブドーを追いぬく。大正の終わりから昭和にかけて、市場の六〇パーセントを占め、戦前の日本の代表的国民酒にまでになったのである。

その後、ウイスキーに目をつけ、周囲の反対を押し切り社運を賭してウイスキー造りに邁進する。ウイスキー造りは、蒸留設備はもとより、製造してから数年樽貯蔵して熟成させなければならないから巨大な資本が寝る。創成期のサントリー・ウイスキーの苦闘時代にその製造を支えたのは、赤玉ポートの売上げだった。いいかえれば、赤玉ポートのおかげで、今日、日本が世界に誇れる国産ウイスキーが生まれたのだ。

このサントリー社が、本格的ワイン造りに取り組めるようになったのは、幸運があった。ひとつは、川上善兵衛（新潟県の章参照）との出会いである。善兵衛は新潟県で、本格的ワイン造りに家産を傾け血の滲むような努力を重ねたが、造ったワインが売れず二進《にっち》も三進《さっち》もいかない状況に陥っていた。一方、昭和六年に満州事変、翌七年には上海事変が勃発、外国品の輸入が統制され、サントリー社が輸入していたスペインなどの原酒を手に入れるのが絶望的になってきた。将来を思いあぐねた信治郎は、東京大学の醸造学の泰斗坂口謹一郎博士の研究室を訪問。国産の生ブドウ酒を自分の手で造りたいので、指導をしてほしいと頼みこむ。博士は、自分では無理だが、現在日本で頼るべきは新潟の川上翁しかないと推薦・紹介する。良い国産ワインをと熱い思いを持っていた二人は、ただちに意気投合。信治郎は岩の原葡萄園の立てなおしに協力、多大な旧債をすべて肩代わりし、家屋敷や畑の担保をといて、善兵衛がワインの研究に専念できるようにした。

もうひとつが、「登美農園」との出会いである。信治郎の投資と援助で、善兵衛の岩の原葡萄園の合理化は軌道に乗り徐々に生産は上昇した。しかし、ここだけでは爆発的に販売量が増えていたサントリー社の需要にはとても足りなかった。善兵衛は善兵衛で、日本の風土にあった理想的交配種の開発に執念を燃やしていたから、もっと立地条件の良い畑でやってみたかった。二人が相談にいったのは、再び坂口博士だった。博士は、山梨県に巨大なブドウ園が経営不振で放ったらかしになっているところがあると示唆。とにかく現地を見なければと、三人で山梨県へ出かけた。

明治三七年、現在のJR中央本線の甲府以西の敷設工事の監督に来ていたのが、鉄道参事官の小山新助。茅ヶ丘山麓の燦々《さんさん》と太陽がふりそそぐ南向斜面の丘に目をつけ、その広大な原野の買収に成功。「大日本葡萄酒株式会社」を興して、ワイン造りに情熱を燃やす。ドイツから、お雇い外国人のひとりといえるハインリッヒ・ハムを雇った。ハムはブドウ園の開発と経営に苦心惨憺《さんたん》して、どうやら経営を軌道に乗せだした。ところが、大正三年に第一次世界大戦が勃発、祖国ドイツの応召で中国の青島に行ってしまったためたちまち事業は行きづまってしまった。

大正五年に、純国産のシャンパンがないことが口惜しがった日本の貴族たちが、「帝国シャンパン株式会社」を設立、小山新助の事業を引き継ぐ。しかし製造技術に無知だったため、貴族商法は行きづまる。シャンパン製造をあきらめ、社名も「日本ブドウ酒株式会社」と改名、甘口の「トミ印ポートワイン」を造りだした。ところが、大震災で東京の本社は廃墟に帰し、現地の醸造所も大被害を受け、震災後の経済界の大混乱が重なって再起不能になり、畑は放置されたままになっていた。

このブドウ園のある場所は、明治時代から、登って美しい村ということから「登美」と呼ばれていた。富士山が見える風光明媚の地である。荒廃していたものの、その素晴らしい立地条件を目にして、信治郎と善兵衛が手を取りあって涙を流した情景を坂口博士が書き残している。昭和一〇年の晩秋のことだった。敷地一五〇ヘクタールという広大なブドウ園を手に入れるには、多くの妨害や支障があった。信治郎は、持ち前のねばり強い気性とエネルギーで、昭和一一年にやっと「寿屋」のものにすることができた。善兵衛の娘婿川上英夫が農場長となり、着々と復興させる。戦後の混乱期の多くの苦難をのりこえて、今日のサントリー社の虎の子、「登美の丘ワイナリー」として完成されるのである。

信治郎が片腕として頼りにしていた長男吉太郎は、昭和一五年に急逝する。海軍から復員した次男敬三（姓は佐治）が、昭和二四年に専務になって社業を引き継ぐ。父信治郎の基礎を積極的商法でさらに飛躍させ、世界に冠たる日本一のウイスキー・メーカーにさせた。しかし、敬三の偉業はウイスキーだけでなかった。ウイスキー、ビールと引き続いて、サントリーを日本最大のワイン企業へと育てあげるのである。早くも昭和三四年、一〇〇日もの間会社を留守にしてヨーロッパ旅行をする。社長自らこんなことをするのは、他社ではありえなかった。この旅行は、大会社の社長とは思えない洒落たタッチで書かれた『洋酒天国――世界の酒の探訪記』（文藝春秋新社・一九六〇年）に残されている。敬三は、この旅行でワイン開眼というか、創始時からの本業であったワインの重要性と将来性を再認識する。国際的視野の広がった敬三は、以後、輸入ワインに力を入れ、まず、フランスの著名ネゴシアン、カルベ社のワインを日本市場に精力的に売りこむ。一九八一年にはドイツの銘酒シャトー「シュロス・フォルラーツ」、一九八五年にはボルドーの「シャトー・ラフィット」と業務提携を結び、一九八三年にはボルドーのサンジュリアン村の格付け三級の名シャトー「ラグランジュ」を買収。一九八四年にはカリフォルニアの名門かつ超一流ワイナリー、「シャトー・セント・ジーン」も買収（現在は手放した）。一九八八年にはドイツラインガウの「ロバートヴァイル」を買収した。以後、世界各国に社員を派遣、イタリア、スペイン、オーストラリア、オーストリアの最有力メーカーを選んで華麗な輸入ワイン戦略を展開し、日本のワイン市場すら変貌させていくのである。その後、フランスはもとより世界最高のワインを生むブルゴーニュの「ドメーヌ・ロマネ・コンティ社」と交渉、同社のワインの日本国内独占販売権を獲得。ボルドーでは有名な「シャトー・ベイシュベル」の共同所有者として経営に取り組んでいる。

創業者信治郎の優れたビジネス・センス、ユニークな着想、旧弊にとらわれない斬新な事業展開、文化重視、そして宣伝上手は、そのまま敬三に引き継がれる。戦後のサントリーのユニークで斬新な広報活動の核になったのは、開高健、山口瞳、柳原良平のトリオといわれているが、実は、その陰になって三人の要になっていたのは、坂根進（後に独立してサン・アドの社長）だった。開高健は、その豪快な飲みっぷりが有名だった。『オーパ！』（集英社・一九七八年）、『もっと広く！』『もっと遠く！』（朝日新聞社・一九八一年）で、その未知の世界の食文化と酒文化に対する好奇心・探求心を鮮やかに書き残し、日本人の「飲む文化」に大きな影響を与えた。そしてウイスキーだけでなく、ワインについても貪欲ともいえる好奇心と深い知識を持っていた。そのことは『ロマネ・コンティ一九三五年』（文藝春秋・一九七八年）に現れている。この中で、主人公の相手役のモデルになったのが坂根進である。坂根進のワインに対する知識は並大抵のものでなく、当時の日本人で世界のワインについて坂根ほど該博な知識——それも実際に飲んで——を持っている者はいなかった。それだけでなくワインについてはもう一人ユニークなキャラクターがいた。『定本洋酒伝来』（TBSブリタニカ・一九九二年）の名著を残した藤本義一（同名の直木賞作家とは別人）は、根っからのワイン好きで、ワインについての啓蒙本を何冊も書いていただけでなく、ワインの楽しさを説いて日本全国を行脚してまわった。それも、サントリーのワインの宣伝というよりワイン一般についての講演だった。ウイスキー中心に走っていたサントリー社の中で、会社の本業（コピーライター）を休んでこうしたことをする異端児を許してかかえるというのは、サントリーならではの体質だった。また、ワインの知識普及について、まだソムリエという職業が確立しなかった時代、サントリー・スクールでワインの講座をもった校長鴨川晴比古および福西英三の活躍も大きかった。こうした傑出した人材が、それぞれ表となり陰になってサントリー社のワイン全体について影響を与えたり、評価を高めたりした。高度の宣伝政策でもあった。

サントリーの輸入ワイン攻勢があまりにも華々しかったので、国産ワインには力を入れていないだろうとされた時期もあった。しかし、国産ワインも決して軽視していたわけではない。一九三五年からいち早く「ヘルメスデリカ」の商標名で、他社がほとんどやっていなかった本格的赤白ワインを売り出していた。昭和二五年〜三〇年代くらいまで、普通の人が普通の方法で手に入れられるまともな国産ワインといえば、これと三楽の「メルシャン」、サドヤの「シャトーブリヤン」くらいしかなかったのである。厚木でフランス人のゲイマーが造っていたワインがあったが、奇妙な味でお世辞にもおいしいとはいえないものだった。

昭和三五年（一九六〇年）には、低価格帯ワインの家庭への普及をねらって細長い小型瓶につめたワインを「ヘルメステーブルワイン」として発売した。昭和四七年には膨大な宣伝費を投じ、マスコミを使ってサントリー・デリカワインで「金曜日はワインを買う日」というワイン市場拡大のための大宣伝合戦を繰り広げた。ただ当時はまだ時期が早すぎた。安いワインが日常的に飲まれるようになるには、その後三〇年の歳月を必要とした。その時代は、安いワインは飲むのが恥ずかしいという社会的ムードだったのである。

終戦直後の登美農園は、農場を維持するのがやっとで、復員してきた社員がブドウ畑の片隅にサツマイモやジャガイモを植えて自給する生活だった。昭和二二年、京大農学部から寺見広雄教授が農場長として招致され、本格的復興が始まる。寺見は京大講師時代、カリフォルニア大学とコーネル大学で果樹学を専攻、理論に合った栽培ということを信条としていて、高級ワインを生みだすにはヨーロッパ品種を育成しなければ駄目だという理論の持ち主だったから、赴任すると早々にその実行にとりかかった。ブドウ園の近代化のために、米国農法の合理性を範とし、まず着手したのが農場内の主要道路(農民の反対があった)の完成と、水だった。丘の麓に一〇五メートルの深さの井戸を掘り、数段におよぶ貯水槽を設け、それを介して六〇〇メートルの高さまで揚水ポンプで水を引き上げた。畑を区分けして各組の責任者は自分の分担だけに責任をもつという旧態依然とした営農方法を改め、アメリカの大農経営システムを導入した。薬剤散布ひとつを取っても、傾斜畑にリヤカーで薬剤を運ぶのでなく定置配管による薬剤散布装置を設備した。昭和二四年には、大型トラクターやスピード・スプレーの導入にも先鞭をつけた。全国の果樹園から、見学者が多く訪れたくらいである。昭和三〇年、当時日本唯一の山梨葡萄専修学校を開設。同時に「寿屋葡萄研究所」も作った。理論と実技を結びつける産業科学の確立という寺見の夢が実現したわけだが、以後、ここから多くの卒業生が育っていった。そうした雰囲気の中で、後に寺見の業績を継ぐ大井一郎が北海道大学農学部を卒業して入社してくる。研究所は六万個体におよぶ醸造用品種を研究していたが、ブドウ園の実践としては、ハムの時代から試験栽培していたものを全園に広げた。はじめはヨーロッパ高級品種と川上善兵衛の交配品種が中心だったが、次第に研究所が日本の気候に適応するように開発したカベルネ・サントリー、リースリング・リオン、サントリー・ブラン、リースリング・フォルテなど新交配種に次々と植え替えていった。

サントリーは、登美の丘で、大井一郎所長を中心に、国際的に誇れるような高級国産ワイン造りを目的に、着々と準備していた。ワインのことだから、時間がかかったのだ。ようやく誇りを持って出したのが「シャトーリオン」で、新幹線が開通し、東京オリンピックが開催された昭和三九年のことである。さらに高級にターゲットをあててのトライアルを続け、昭和四九年にはその上級品「スペリユール」を造りあげた。

現在、サントリーが出している輸入物でないワインは量も種類もかなりのものになる。「登美の丘ワイナリーシリーズ」、「ジャパンプレミアムシリーズ」、日常価格帯の「デリカメゾン」、「彩食健美」など名前だけでもいろいろなものがある。また「岩の原葡萄園」も、サントリーの経営である。その全部をとても簡単に説明できるものでない。

明治四二年から始まり、昭和一一年にサントリーが引き継いだ「登美の丘ワイナリー」は、多くの人たちの汗と涙と、計算できないくらいの資金が注ぎこまれた苦闘一〇〇年を超える歳月をかけて、やっと日本が世界に誇れるブドウ園になっていったのである。ここにサントリーは国産最高級ワイン造りにその技術のすべてを集中している。自家ブドウ園ならではの実験と試行錯誤の中から国際市場に出して恥ずかしくないワインが生まれつつある。

現在、敷地面積が一五〇ヘクタールもあるこのブドウ園は、下の醸造所と頂上の「眺望台」まで約二〇〇メートルもの標高差がある。それを土壌や日照条件によって細かく区分している。最適地に最適品種というブドウ造りの原則を守っている。草生栽培、自家園で作った堆肥を使った循環型の農業を、実践してきている。春になるとブドウ園は真っ黄色に染まるが、これはタンポポで急斜面の表土の流出を防ぐ。排水をよくするため、いたるところに排水溝を設けているだけでなく、地中に「上面穴あきパイプ」も埋めこんである。樹の仕立ては、棚仕立てと垣根仕立てと、それぞれ地勢と品種に合わせて使いわけている。こうした理想的ブドウ園作りには大井一郎の後に栽培技師長の荻原健一、大川栄一が続く。生まれたブドウをワインにするためには錚々《そうそう》たる醸造技師陣（湯目英郎、東條一元、村上安夫、西野晴夫など）がそれを支え、現在は高田清文、渡辺直樹らが続いている。この登美の丘から生まれる「登美の丘ワイナリーシリーズ」では前述した名称の銘柄を含み、サントリー日本ワインの中核になっている。

その中のトップが特別醸造ワイン「登美」。これは、ボルドー・スタイルのブレンドのもので、厳選したカベルネ・ソーヴィニヨンとカベルネ・フラン、メルロー、プティ・ヴェルドーなどからつくられ長期熟成させた。一九八二年ものが発売されたとき、日本でも、やっとこれだけのものができるようになったと自慢できるようになった。「登美」は毎年できるものではないが、一九九六年ものが、二〇〇〇年の国際ワインコンクールで、全出品ワインの中で高く評価され「チャンピオン」の栄称を受けた。日本の赤ワインが世界の数あるワインの中で、同じ土俵でもっとも高く評価されたのは快挙といってよい。なお技術陣が誇るひとつが極甘口白ワインの「ノーブルドール」。これはいわゆる貴腐ワインで、貴腐化したブドウ粒を厳選し特別精醸したもの。

多種多様なサントリーのワインを総括的にその特徴を把えていうと、上級レベルの層が質・量ともに圧倒的に他社を抜いている点である。他のワイナリーで、その販売量でこそ国産ワインの一〇位の中に入っていても、ワインが安いものがほとんどで、上・高級ワインはほんのわずかしか造っていないところと違うのである。「登美の丘」シリーズのワインを他社と飲み比べてみたらいい。きちんとできていて、頼り甲斐があり、失望させられることがない。サントリーの国産ワイン造りで、外部の者にはわからない栽培・醸造上の技術者たちの苦心は、案外のようだが、実はこの量の問題なのである。一ヘクタールにも満たない小さな畑でわずかばかりの量を出す醸造元と違って、かなりの広さの畑から、安定して高品質のワインをかなりの量で出しつづけるための努力は尋常なものでない。最近、ボルドーでマスコミの人気の的になっているいわゆるシンデレラ・ワインの「ヴァランドロー」などは、たかだか二・六ヘクタールの畑（しかも分散した畑）から、年産わずか一五〇〇ケースのワインしか出していない。それに比べると、格付け第一級のシャトー・ラフィットは、九四ヘクタールという広大なまとまった畑から年産二万ケース（二四万本）もの超高級のワインを出しつづけているのだ。これを同列に論じること自体が無茶であるのと、同じである。

サントリーも一時期日本各地にワイン造りの生産拠点を持っていた時代があった。ただ社内の生産編成体制の強化のためその多くを整理し、登美の丘にエネルギーを集中した。登美の丘があまりにも素晴らしいものであっただけに他の地方に手を出さなかったのが、メルシャン社と対称的だった。ただ、ひとつのブドウ園でなんでも造ろうということはどんな優れた技術陣を持っていても限界があるようである。ただ、案外知られていないのは、サントリーは長野県塩尻に大きな醸造工場を持っていることである。桔梗ヶ原のメルローの大成功に刺激され、ここ塩尻ワイナリーでつくる製品ブランドをリニューアルし、あわせて瓶詰設備の導入や醸造設備の改修も行った。腕ききの銭林工場長の下、またたく間に素晴らしいメルローを出して業界を驚かした。現在ここを登美に次ぐ拠点として高品質のメルローやシャルドネを生み出すべく鋭意取り組んでいる。更に平成二五年には、工場長の近保と岩の原葡萄園で腕を磨いた高谷（登美の丘ワイナリー技師長）らがこのワイナリーの設備を一新し、将来の大きな発展への布石としている。

とはいうものの、登美の丘ワイナリーは、一度は訪れてみるべきところだろう。カビで黒ずんだ玄関正面の醸造所は、風雪と時代を物語って風格がある。内部は発酵から熟成庫まで、ボルドーのシャトーのような本格的ワイン造りが実感できる雰囲気。それより富士山をのぞみ、甲府盆地が一望できる眺望台の頂上にたって、かつて、川上翁と鳥井信治郎がここで感激したシーンや、かのハインリッヒ・ハムの苦渋と波乱に満ちた人生をしのぶのも、歴史とワインの結びつきを目の前に見る想いである。

最後になったが、サントリーのボルドー進出について触れないわけにいかない。サントリーが買収した「シャトー・ラグランジュ」は格付け第三級。庭と邸館も美しいが、新装した醸造所も立派なの。メドックの中央に堂々とした雄姿を見せている。ペイノー教授の門下生だった鈴田健二を取締役として派遣し、閉鎖的なボルドーで敬意を持って受け入れられている。鈴田に続き、椎名敬一もまた、伝統を守りながら積極的に新しい技術も取り入れる姿がメドックでも好感をもたれるようになっている。同じく傘下に入れた「シャトー・ベイシュヴル」（株の過半数を所有）と共に積極的な品質向上に取り組んでいる。日本の外国進出企業で、これほど地元に融合し愛情と賞賛をもって受け入れられているのは少ないだろう。

マンズワイン株式会社

サントリー、メルシャンに続いて国産ワインで大きなウェイトを占めているのは、マンズワインである。規模と生産量、そして品質とその技術が他の醸造元に与えた影響の点で、後続する他社を引き離している。この会社は、キッコーマン株式会社の子会社である（キッコーマン社全体でみればワインは単体の売上げで五％に満たない）。醤油とワインは縁がなさそうに思えるが、どちらも発酵という技術を基礎にした製造業で、使う原料が違うだけ。醤油の製造における発酵というメカニズムに習熟したこの会社は、ワインの発酵については他社と違った基礎理論の知識を持っていた。

昭和三七年、キッコーマンは本格的ワインの醸造を目指して勝沼にワイナリーを建設、勝沼洋酒株式会社を設立させた。東京オリンピックの年だった昭和三九年に社名を「マンズワイン」に変更する。

江戸時代から醤油造り一筋だったキッコーマンが、ワイン産業に一歩足を踏みこむには、一人のキャラクター、マンズワイン第二代社長茂木七左衛門（当時キッコーマン常務）の夢と決断があった。茂木は日本の農業という分野について先見的視野と確固たる信念を持っていた。これからの農業は、農業加工品が大きく発達するだろうということであった。もうひとつは農産物加工産業は今までのような過剰生産物のはけ口というようなものではなく加工生産物プロパーの農業が確立しなければならないという信念だった。そのため、加工用トマトの育成栽培に自らが情熱を注いでいた。これが後にトマトケチャップや野菜ジュース事業となって実る（日本デルモンテ社はキッコーマンの子会社）。

もうひとつがワインだった。もともとソースやトマトケチャップの調味料にワインを使っていたから、良い原料を自社で造れないかというねらいもあったし、醤油造りで持っている発酵についての技術力をワインにも生かせるはずだという考えもあった。高度成長期に入った日本で食生活の洋風化が進み、ビール、ウイスキー、ワインなどの洋酒が上昇線をたどっていた。こうした社会情勢の変化を敏感にかぎ取り、洋酒の中でもワインの将来性を読み、自分のところが扱うのに向いていると考えたのだ。醤油造りという伝統的食品と一族経営という形態の会社の性格から、どうしても保守的な面がある社風の中で反対が強かったが、そこは茂木が強引に押し切った。

茂木の観察眼と、ユニークな着想、研究心と決断力を示す挿話《エピソード》がある。連日、長野県のトマト畑を見まわっていたある日、善光寺近くの民家の庭に一本のブドウの木が枝もたわわに濃紫色の大きな房をつけているのに目を付けた。ときは昭和四二年、ところは長野市横沢町の宮沢富弥家。さっそく恩師の坂口謹一郎教授に尋ねると、「おそらく善光寺ブドウだろう。ワイン用原料に研究してみたらどうか」という示唆をくれた。当時、すでに山梨県勝沼では原料用ブドウの確保に限界が見えていて、根本的対策を立てることを迫られていた時期だった。

まず長野県庁にこのブドウの調査を依頼したが、長野県としても米作転換問題に直面していたので、積極的に取り組んでくれた。その結果、このブドウは他品種に押され絶滅寸前だったが、かつては長野県下で広く栽培されていて、同県が栽培適地の品種だった。さらに、社内中央研究所木下研二技師(後に初代小諸工場長)をはじめとする関係者や学者の協力で探しあてた事実に、茂木は驚かされる。実は、このブドウはどうやら「竜眼」で、中国ではかなり多く生食用に栽培されているものと同じらしい。竜眼種は「ヴィティス・ヴィニフェラ」(ワイン用ブドウ種)だが、東洋系《オリエンタル》のカスピーカ亜系で、その点では山梨県の甲州と同じグループに入るが、ルートが違う別種のものだった。その昔、紀元前一二〇年代頃、漢の張騫《ちょうけん》がはるばる西域から中国にもたらした文物の中にブドウが含まれていた。それがどういうルートをたどってか、日本にたどりつき、長野県に生き残っていたのである。

ブドウとしては、耐病性にやや弱く、酸味は若干強いが、糖度は甲州ブドウなみだった。栽培して試醸した結果、ワインの成分組成、官能検査の結果も遜色のないものだった。このブドウを栽培するために、小諸市・上田市の千曲川北岸の南斜面を選んで、同社としては最初の契約栽培を県経済連と締結した。その契約期間が一五年間であったということは、同社の長期展望とこの種の契約の性質を考えると特筆されていい。最盛期は六〇ヘクタール（一万本）に及び、マンズワインの小諸ワイナリー建設へと発展するのである。

話をもとへ戻すと、キッコーマンは、昭和三七年、子会社の勝沼洋酒株式会社を設立、「勝沼ワイナリー」でスタートする。後発メーカーとしての弱みを克服するために、キッコーマンの販売ルートを生かして家庭用需要の開拓をはかる。一般家庭内の需要を掘り起こす事業方針は、ワインの一般化＝大衆路線につながる。昭和四九年の正月には「夫婦でワイン」のキャッチフレーズで宣伝合戦を展開。その年に一本五〇〇円の小型瓶「デカンター」を発売した。ただ、この宣伝企画もサントリーの「金曜日はワインを買う日」と同じく、時期が早すぎたようだった。

事業もようやく軌道に乗り、販路も広がってきた矢先、同社としては悪夢としかいいようのない痛恨きわまりない事態に遭遇する。昭和六〇年のジエチレングリコール騒動である。これはオーストリアの悪徳ワイン集荷業者が、自動車のガソリンの不凍液として使うジエチレングリコールをワインに混ぜたものだった。ワインにこのような合成化学薬品が混入されていることは誰も予想しなかった。これが発覚すると、オーストリアワインを輸入し、ブレンドしていたドイツワインに騒ぎが飛び火した。日本では、厚生省がマスコミにリークした。これにとびついたマスコミは「有毒ワイン」として大々的に報道し、当時ドイツワインが多かった（フランスに次ぐ二位）日本のワイン輸入業界に大打撃を与え、消費者のワインに対する不信感を駆り立てた。真実をいうと、そう激しい毒性を持つものではなく、半数致死量は体重一キロに当たり、一グラム。ワインのように薄められたものを時間をかけて飲むとさらに毒性の現れ方が違ってくる。これを飲んで致死量に達するには、大量を連続して飲まなければならないし、むしろそんなことをしたら急性アルコール中毒にかかってしまう。名前からわかるようにグリコールはグリセリンのことで、もともと貴腐ワインに多く含まれていて、そのとろみと甘味を形成している。その点に目をつけて、高級極甘口ワインに悪用したわけだ。

ドイツワイン騒動が、国産ワインに広がり、犠牲の羊になったのがマンズワインだった。マスコミ対応になれていなかったこの会社が、当初、輸入ワインは一切混入していないといってしまったのが仇《あだ》となって、マスコミから袋叩きにあった。もっと悪かったのに、逃げおおせてしまった輸入業者もいた。今、この古傷を掘り出すようなことを書いたが、マンズワイン社の名誉のためにあえていわせてもらえば、当時のマンズワイン社のワイン造りは、業界でも良心的かつ非常に誠実なほうだったのである。ただ、同社は、ごく少量の輸入ワインを、ごく一部の製品にわずかばかりブレンドしていただけだった。当初から「輸入ものも混ぜています。そんなものが混ざっているとは夢にも知らなかった」といえばよかったのである。しかし技術陣としては混入を見破れなかった恥からそうした発言をしてしまったのであろう。この傷は深く、後まで長くその後遺症が尾を引いた。もし、この事件がなかったら、国産ワインの分野では、サントリーやメルシャンと肩を並べていたかもしれない。

こうした苦境に挫けず、むしろその苦い経験を教訓とし、マンズワインは不死鳥《フェニックス》のように甦る。ピーク時には勝沼ワイナリーだけで二万キロリットルの生産をあげるところにまで達するのである。そのためには経営陣、ことに技術陣の不屈の闘いがあった。

はじめに挑戦したのは、やはり甲州だった。このブドウは果皮が厚く丈夫で、果粉《ブルーム》（果粒を被う白いワックス状の脂肪酸、天然酵母がつく）のつきがいい。果粒が密着せずまばらで風通しがいいため、秋雨に強く病気にも抵抗力がある。山梨の風土の下で完熟した健全果を得やすい品種である。その上、収穫期の過酷な運搬に耐える特性がある。ただ、果皮にはタンニンが多いが、果汁が素直でくせがない。逆にいえば、ワインにすると個性がなくフラットなものになる。勝沼地方の昔の仕込み方は、圧搾しやすくするため、果皮と果汁の分離を遅らせる「醸し」法だった。赤ワインの場合は、色を出すためもあって、軽く潰した果実を果皮果肉ごと果汁と一緒に発酵させる醸造法をとるが、白ワインの場合にそうしたやり方をすると果皮のタンニンが流れ出てワインに渋みをつけてしまう。だから昔の甲州のワインは、新酒で飲まず二年〜五年くらい酸化的な熟成を待って飲んでいた。マンズの技術陣がワイナリーの開設当初から直面したのはまず、この点だった。甲州の良さを発揮させるため、良いブドウを出している農家を選び、心配するのを説得して一一月半ばまで収穫を遅らせた。その上で果皮の渋味が果汁にできるだけ移らないように軽く潰し、圧力を強くかけずにすばやく分離した果汁（フリーランジュースという）だけを使った。そして、発酵させる前に冷却して澱を沈ませて、上澄みだけを発酵させる手法を取った。こんなやり方をすると一キロあるブドウから三〇〇ミリリットルのワインしかできない。ひと瓶のワインに大体二・五キロのブドウを使うことになる。その上で、仕込みは当時勝沼の一般的醸造元がやっていなかったモダン・テクノロジーの長期・低温発酵の技術を採用した。そうしてでき上がったのが、昭和四二年（一九六七年）の「甲州67」。当時の勝沼としてはニュー・フェイスで、国際コンクールで金賞をとったが、まだまだ技術陣の満足するものではなかった。以後、遅摘みブドウの厳選と純粋培養酵母の選択を旗印に、酒質向上のための地味な研究を積み重ねつづけていったのである。

そうした中で、甲州の欠点を補い、酒質を向上させるための技術として採用するようになったのがタンク熟成させる「古酒甲州（熟成一〇年以上）」だった。果汁を濃縮するための逆浸透膜法も、理論的にわかっていたものを日本で実用化した。ただこの技法に欠点があることを見ぬいて中止、現在では果実を凍らせて圧搾する「氷結果しぼりワイン・氷醇」の極甘口ワインに仕立てている。また「シュール・リー」方式も導入した。現在、甲州ブドウを使ったワインでは、量とバラエティの点で、山梨県でトップの座を占めている。その酒質が、周辺の中小醸造元に与えている影響も大きいし、一部には醸造をマンズに依頼しているところもあるらしい。食用ブドウとしては有名だが、ワインには向かないとされていた巨峰ブドウを使った「巨峰ワイン」も造って、限定販売している。ロゼのような、色の明るい甘口ワインである。

赤ワインでは、勝沼の風土で育つ国産ワイン用ブドウとしては、当時は川上善兵衛が育てた「マスカット・ベリーA」くらいしかなかった。現在、マンズワイン社は、このブドウの買い付け量では山梨県内でトップになる。しかし同社の技術陣松本信彦、ボルドー大学へ留学した武井千周《ちひろ》と島崎大の力をもってしても、国産種のブドウから上級ワインを造り出すには限界があった。そのため、やはりヨーロッパ種に力を入れないと無理だということになり、フルーツ・パークにあった万寿農園で、白はシャルドネとリースリング、赤はカベルネ・ソーヴィニヨンとメルローの試栽培に力を入れるようになる。勝沼牧丘、白根町、三珠の農協と提携して農家にカベルネ・ソーヴィニヨンなどのヨーロッパ種の栽培を呼びかけたがこれはうまくいかなかった。買取りブドウ全体について買付けに当たっては色度や糖度に基準を設け、品質を向上させるために収穫量制限を奨励している（反当たりの収入補償をする）。最近はトレーサビリティ・システムを確立している。これはブドウを栽培した畑を特定し、醸造が終わってワインになっても、それに使ったブドウがどこのものか追跡できるようになっているブドウの出所認定システム。これによってワインの原点からの品質向上が可能になる。大変な作業が必要である。

マンズワイン社も輸入ワインを無視していたわけではないが、キッコーマン社が何カ国かの著名ワインを輸入している。現在、低価格帯の輸入ワインに力を入れだしているようである。低価格帯と中・高価格帯との比率は六対四くらい。その代わりといってはおかしいが、国産ワインに力を注いでいる（輸入ものと国産ものとの比率は二対八くらいだから国産ワインの比率が高い）。その象徴が小諸ワイナリーの新設である。昭和四八年に完成したこのワイナリーは、長野県小諸市、千曲川の北岸、小諸大里北区にある。敷地が一万坪に及ぶもので、モダンな建物に新鋭設備も整っている。三〇〇〇坪の敷地をもつ日本庭園「万酔園」もあり、外観は本家の勝沼よりも立派になってしまった。ところがそれだけでなかった。日本の国産ワイン市場の変化と生産体制を統合的に考えたマンズ社は根本的な生産体制の変革、将来に向けた脱皮を断行した。勝沼の本社は低価格の量産ワインを担当し、小諸工場は高級ワインの生産に集中・専念するという方針である。この変革は直ちにマンズワインを変貌させた。小諸から出すソラリス・シリーズは、日本高級ワインのトップレベルに上昇した。現在そのワインが日本から世界に出して恥じることのないものとしての実績を着々と積みつつある。

マンズワインの技術陣の中心になっているのは、現在松本信彦を頂点として島崎大と武井千周。小諸では、研究開発の松本、島崎をはじめとする若い技術者たちが、国産プレミアム・ワイン「ソラリス・シリーズ」のさらなる向上に挑戦中である。現在、赤は「信州東山カベルネ・ソーヴィニヨン」、「信州カベルネ・ソーヴィニヨン」、「信州千曲川メルロー」、「信州小諸メルロー」、白は「信州シャルドネ・マセラシオン・リミテ」、「信州シャルドネ樽仕込」、「信州小諸シャルドネ樽仕込」を出している。これからは、メルシャン社のメルローとシャルドネとの勝負が見物だろう。

最後にマンズワインについていくつかつけ加えておこう。この小諸ワイナリーは、前述したように善光寺ブドウから端を発したものだが、やはりこのブドウはワイン用としては限界があるようである。現在は販路が地元長野県しか広がらないらしい。それと、マンズワインが開発したブドウ栽培技術のひとつに「レイン・カット方式」があることを、特筆しないわけにはいかない。多湿な日本の風土で良質果をとるために考案した。ブドウの樹列に平行して支柱をたて、すっぽりとビニールのおおいをかぶせるもの。これをすれば根に集まる水量が減るし、秋の収穫時に多雨があっても乾燥・完熟した果実がとれる。現在、勝沼やその他の地方でも、上級ワイン造りにこの方法をいろいろ改良して採用するところが多い。

なお、昭和四五年マンズワイン社も貴腐ブドウを採取、翌年に貴腐混醸のエステート・マンズセミヨンを発表、昭和四九年の国税庁醸造試験所鑑評会に出品している。現在シャルドネから造った貴腐ワインをソラリス・シリーズで出している。

サッポロワイン

サッポロビールは昭和四九年、創業一〇〇年を記念してワイン部門への進出を決定、勝沼に本格的ワイナリーを建設することにした。しかし、当時ワイン醸造免許を取るのが難しかった関係から勝沼町錦塚の「丸勝葡萄酒株式会社」を醸造権ごと買い取り、昭和五二年に「サッポロワイン株式会社」として社名を変更開業した。

二〇〇一年、国産ワインでいえば出荷量は年間約一五〇〇万円に上がり、業界第三位、マンズワイン社を抜いたこともある。平均年売上げは約五〇億というからたいしたものだ。それでもサッポロビール社としては、ワイン事業は同社の総売上げの中でわずか三%にしかすぎない。

輸入ワインは世界各国の有名メーカーのものを扱い、一連の品ぞろえを備えている。といっても国産ワインと輸入ワインの比率は数量でみると六対四になっている。

話を国産ワインに戻すと、勝沼ワイナリーは一万平方メートルに近い敷地に、地上二階地下一階、延べで一八〇〇平方メートルもある立派なもので、ワイナリーの規模としてはマンズ、メルシャンに次いでいる。醸造設備はいずれも近代的なもので、ビール会社だけあって製造工程の発酵から貯蔵にいたるまですべて温度にコントロール設備を設置し、それぞれの工程にもっとも適した温度を保つなど、低温発酵・貯蔵・瓶詰などの管理システムは完備している。そうした技術による品質の安定化と保証は確かである。また勝沼ワイナリーに研究所を併設するほか、一九七五年から長野県古里ぶどう園で試験栽培を行なっている。ブドウの育種から醸造科学まで、さまざまな研究所や大学とともに研究を行なっている。このワイナリーを動かしている技術陣は数が多く十数人いるが、そのうち栽培担当が、野田雅章、田中亘、軽部和幸。醸造担当の中で主要なスタッフは、工藤雅義、伊藤和秀、藤岡裕晃になる。

いうまでもなく、ここも自社畑は持っているが、大半のブドウは農協を通して仕入れている。それにしても量が多いから大変である。主力は勝沼中央出荷組合、工場の周辺は丸綿出荷組合が集めたブドウを引き取るわけだが、糖度検査につき協定を結び、山梨県青果物検査協会の検査官が査定するが、ワイナリーのスタッフも立ち会う。糖度だけでなく外観を含めた諸状況を判断して上中下と分け、価格調整をしている。スタッフは長年の間に各ブロックのブドウの状況は知り抜いているから、そうしたことも判断基準に入る。組合とは長いつきあいだが、その関係が緊密になるように努めているし、毎年反省会を開催したりして組合幹部との交流を図っている。

ブドウの品質向上、品種拡大などの将来的見地から数年にわたって県内各地で適地調査も続けているし、各地区の現状を見てその土地のブドウを分析し、地域地区の特徴をつかむ努力を怠っていない。数年前から穂坂地区ではこの地区のブドウの集荷の責任者になっている保坂耕（JA山梨北穂坂支店果実部副部長）に協力してもらって、この地区の良いブドウを購入するシステムを作り上げようとしているし、秋野地区では約三〇アールの試栽培を始めた。またサッポロビールの生い立ちからして北海道には当初から強い関心を持ちつづけてきた。富良野市ではホップの栽培畑の一部にワイン用ブドウを植えてもらい、北海道農業試験所に協力を仰いで北海道に向くワイン専用品種の開発を続けてきた。その成果のひとつが国産ワインコンクールで連続受賞をしているケルナーである。また、余市がワイン用ブドウ栽培の適地として台頭してくるとＪＡよいちの協力を得てワイン用ブドウを栽培する農家が増えることを期待しているが、そうした中で五九年から余市で六軒のワイン用ブドウ栽培農家と栽培契約を結んだ。その成果が第一回国産ワインコンクールで金賞を勝ち取った「グランポレール北海道余市貴腐1994」（弘津敏栽培）である。それを別とすると、第四回は「北海道余市貴腐」が金賞、「北海道余市ケルナー遅摘み」「長野古里ぶどう園メルロー」「長野古里ぶどう園シャルドネ」「山梨甲州樽発酵」が銀賞。「北海道余市ケルナー遅摘み・芳醇」「北海道ケルナー房選り」「北海道ツヴァイゲルトレーベ」「岡山マスカットベリーA樽熟成」「長野メルロー・カベルネ」「山梨甲州辛口穂坂収穫」「山梨甲州フリーラン」「山梨甲斐ノワール」「山梨甲州辛口シュール・リー」など多くが銅賞を取った。一気に開花したような受賞だが、やっと実力を発揮しだしたといえる。銀賞で示唆的なのは、山梨の甲州と長野のシャルドネ以外は北海道のものだということである。北海道での取り組みが軌道に乗ったのであろう。

大企業だから日常消費用の低価格帯ワインを大量に生産するという使命があるわけで、一〇〇〇円以下のものを低価格ワイン、一〇〇〇円以上のものを中・上級ワインとしてその販売量の比率でみると大体後者が二割を切っているようである。そのこと自体は悪い話でないのだが過去にはどうしてもビール会社の体質が出るきらいがあった。ネーミングと宣伝合戦が勝敗を決する激烈な販売合戦をするビールと、農業生産物であるワインとは違うものなのである。幸いこの数年明らかに社内方針が変わってきたようで、それが第四回の大量受賞にも表れたのであろう。ことに新方針がはっきり出たのは「甲州」である。第五回国産ワインコンクールで、「プティ グランポレール山梨甲州樽発酵2005」が金賞・最優秀カテゴリー賞、「プティ グランポレール山梨甲州フリーラン2006」が銀賞・最優秀カテゴリー賞を取ったことは喝采を送りたい。甲州の通常仕込みのようなアイテムに真っ向から取り組むのが大手の王道である。技術力のある大手がこうしたアイテムに新開発、新成功をしてこそ、他の中小ワイナリーがついていけるし業界における大手の役割を果たしたといえるのだろう。

また、現在このワイナリーが国産ブドウだけを使ったワイン造りを重視していて、同社の目玉商品になっている「グランポレール」シリーズは国産ブドウ一〇〇パーセントで造り上げたワインであることを特筆しておこう。ことに重視しなければならないのは、平成二〇年代に入ってからのワイン生産体制の根本的改革である。この会社は岡山県にも立派なワイナリーを持っていて長年ユニークなワインを出しつづけてきた。ところが日本のワイン市場と将来を見越し岡山ワイナリーで日常用低価格ワインの量産を行ない、勝沼では「グランポレール」を中核とした国産上級ワインに専念する方針をたてたのである。それに伴い勝沼工場全体のリニューアルを行ない醸造設備（小型ステンレスタンクを導入するなど）も一新した。レセプションも新しいものになり、裏庭には見学者用に各種のブドウを植えた。

本書の旧版と新版の間でサッポロワインは完全に脱皮した。大きなワイナリーの中で、アサヒの脱落によってサッポロは堂々と文字どおり大手の地位の一角を担うことになった。さらなる前進を期待するや切である。

アサヒビール

ビールで躍進を続けるアサヒビールは、なにしろ巨大企業で、ニッカウヰスキーもその系列下に入っていることはあまり知られていないだろう。ニッカウヰスキーは、小会社のジャパン・インターナショナル・リカーを使って、かなり輸入ワインを扱っていた。それが引き継がれて、現在アサヒビールは、フランスでは、ボルドーの有名な「ジネステ社」や「シーラー社」、ブルゴーニュでは「ブシャール・エイネ社」、ロワールでは「レミー・パニエ社」、ローヌでは「ガブリエル社」。ラングドッグは「タイヤン社」、イタリアでは「ゾーニン社」、ドイツでは「ダインハード社」。スペインは「シェンク社」、ギリシャでは「ツァンタリ」と有名どころをおさえている。つまりアサヒビールのワイン・ビジネスは圧倒的に輸入ものだった。それも、総売上げが約九〇億円というのだからたいしたもの。ワインの売上げはアサヒビール全体の売上げの中で一パーセントにも達していないが、それでもワインの出荷量でいえば業界第一〇位に入っている。

アサヒビールも、一九八七年から他社にまけじとワイン生産の仲間入りをした。山梨一宮農協の直営工場だった「株式会社甲州ワイン醸造所」を買収し、八八年から生産を開始した。ワイナリーのある、町名は一宮だが、御坂町との町境に近い。ワイナリーは敷地面積が〇・八ヘクタール、建物は近代的なもので外観もいいし、内部の設備も立派なものだった。ところが業界を驚かしたのは平成一七年、アサヒビールはこの直営工場での国産ワイン生産を中止し、この新工場も売り渡してしまった（買ったのは勝沼醸造）。ただ傘下にあった協和発酵の「サントネージュ」はそのまま残したので現在アサヒビールの系列会社の中で国産ワインを生産しているのは「サントネージュ」ということになる。

サントネージュ（アサヒビール）

「聖なる雪《サントネージュ》」というワインは、かなりの量が全国規模で出されている。太平醸造株式会社がこの商標でワインを出していたが、同社は昭和三四年に協和発酵工業株式会社の傘下に入り、昭和四七年に社名をサントネージュワイン株式会社に変更した。しかし平成一四年に協和発酵工業はアサヒビールに買収された。その際、同社はワイン関係の事業もやめて医薬品・バイオ事業に集中することになったので、サントネージュは独立のワイン製造会社としてアサヒ・グループに入ることになった。

山梨市というのは、県外者からみると奇妙な名前の町で、甲府市と勝沼との中間にある。JRの駅で東京からみて石和温泉の二つ手前になる。この町の北側の丘に「笛吹川フルーツ公園」がある。この山梨市に、昭和二八年創業の「大平醸造株式会社」があった（前述のように昭和四七年から社名が「サントネージュワイン」になった）。在来品種によるぶどう酒を「大平スペシャルワイン」の商標で売っていたが、東京市場に出荷しはじめたのは昭和二八年のことである。

この会社が県内で一躍注目を浴びたのは、昭和三二年に天皇陛下が山梨県にお出ましになった際、天覧を仰いだからである。会社ではこれを機会にワイン事業をより発展させることとし、記念事業として、延べ二〇〇〇平方メートルの半地下式ぶどう酒貯蔵庫を建設し、ワインの本格的製造・貯蔵を始めたのである。商標も、サントネージュに変えた。会社から見える富士山や白根連峰の白雪をイメージに使ったもの（サントは聖、ネージュは雪の意味）。

この会社は、もともと自社畑を持たず、原料を広く一般果樹栽培農家に求め、契約栽培方式で原料を確保している。昭和三〇年代に入って、ヨーロッパ種の重要性を認識、農家を説いて育成させている。ことにボルドー品種、白はセミヨン、赤はカベルネ・ソーヴィニヨン、カベルネ・フラン、メルローなどに力を入れている。

もともと大平醸造の時代から売り出している酒類の品種と銘柄が多かった（胡蝶印大平ポート・ワイン、ナルシス印ヴェルモット、ナルシス・ブランデー、キュラソー、ペパミント、ラム、ウォッカ、ウイスキーまで）。現在は製品を整理している。ワインについては、日本のブドウを使った付加価値の高いワイン、外国産バルク・ワインとのブレンド・ワイン、外国産ブドウをサントネージュの技術で造る海外生産シリーズ、の三つに絞って事業展開を図っている。

輸入ワインを扱ってきたキャリアは長いが一九九〇年代に入って、フランスではボルドーの「アレクシス・リシーヌ」、ブルゴーニュの「ライオネル・J・ブリュック」だけでなく、チリをはじめカリフォルニア、ドイツ、オーストラリアなど、外国ワインの輸入にも力を入れるようになった。ことに「サントネージュ・カリフォルニア」は、ご自慢のもの。一九八九年から始めた低価格帯の「エスノ」は、ヒットしてかなりの成績をあげているし、ブレンドものの「クラス・ドール」もコスト・パフォーマンスのあるワインである。

サントネージュは、協和発酵が医薬品を製造しているくらいだから、もともと技術重視のメーカーで、栽培・醸造の両面で新製品の研究開発にあたるというユニークな社風を持っている。山梨市に独自のワイン研究所を持っていて、優れたバイオ技術で新クローンの開発や、ワイン酵母の研究を行なっている。中心になった技師は松田甲子男、松井賢実である。

国産ワインでいえば、同社が開発した「ヴェルデレー」は、「セイベル九一一〇」と呼ばれるハイブリッド・ダイレクト・プロデューサー（アメリカ種を接ぎ木をしたものでなく、交配によって直接苗を植えて栽培する技術）である。現在市販されている「コンコード」ワインは、アメリカ土着の品種コンコードを使ったもの。このブドウから造ったワインは、アメリカではワイン・ブームの初期の頃、日本の赤玉ポートのような甘口ワインで大ヒットした。この品種を日本に移植して、フルーティな赤の甘口ワインを造っているのは現在サントネージュくらいだろう。白はコロンバール種を使った変わり種も造っている。今、勝沼だけでなく全国に広がりつつある「氷果仕込み」も最初に軌道に乗せたのは同社である。

最近では、有機栽培のブドウ一〇〇%を使って酸化防止剤無添加の「無添加有機ワイン」も出している。また、「特醸甲州」は山梨県産甲州種一〇〇%のフリーラン・ワインで仕込んだ甘口。現在サントネージュが力を入れている「シュバリエ・シリーズ」は同社の高級品だが、この赤は山形県蔵王山麓で栽培したカベルネ・ソーヴィニヨンとメルローを混醸したボルドー・スタイルのワイン。「特醸カベルネ」は国産ワインに輸入ワインをブレンドしたものだが、一九八五年にリュブリアーナ国際ワインコンクールで金賞をとっている。白は同じく山形産のシャルドネとリースリングを混醸した異色のもの。

二〇〇二年九月から、「聖なる雪」のブランドに恥じないワインを造ろうと目指してきたこの伝統あるワイナリーも、アサヒビールに統合された。これからどのように発展していくか、今のところよくわからない。

雪印乳業（シャトレーゼ・ベルフォーレ・ワイナリー）

雪印乳業も昭和五九年からワイン事業に参入を企画し山梨市小原の「シャトー・グロア醸造」を買収。昭和五九年に現住所の双葉町に工場を新設して移転、山梨県でも勝沼から西に離れたところ、J

R塩崎駅の近くである。昭和六〇年に「雪印ベルフォーレ株式会社」に社名を変更した。「ベルフォーレ」は、美しい森の意味である。ワイナリー自体は、中規模（といっても工場の敷地面積約三五〇〇ヘクタール、自社畑約一・五ヘクタール）、建物も小綺麗で一応整っている。

雪印乳業がワイン・ビジネスに進出するに当たって、加熱処理をしない「生」のワインを造ろうというコンセプトがあったようである。雪印の乳製品工場に準じた衛生設備を整えた上で、「低温精密濾過」や「低温無菌瓶詰（不活性ガス置換）」などの技術を使って加熱処理を行なわない「コールド・ボトリング」製法でワイン本来の風味を消さないワイン造りをしていた。

ワインは白の甘口の「リースリング」と、赤の「無添加甘口赤ワイン」や極甘口の「北巨峰の貴婦人」も造っていた。地元双葉町の農家二二軒と提携して原料を確保、年間一〇万本近い生産をしていた。ただ、平成一四年雪印乳業自体が製品の不正管理で経営が悪化し、ここを手放すことになった。買収したのが山梨県の有力菓子メーカー「シャトレーゼ」である。目下同社の管理下で体勢の建てなおしをはかっている。

もっと知りたい人のために

サントリー社については、鳥井信治郎の業績を書いた杉森久英『美酒一代』（毎日新聞社、新潮文庫）。佐治敬三については、自分の旅行記『洋酒天国——世界の酒の探訪記』（文藝春秋新社）。今では古くなったが、この本が出された昭和三五年頃には、ワインについて実にフレッシュなニュースを紹介した本だった。

岩の原葡萄園と川上善兵衛の偉業については木島章『川上善兵衛伝』（サントリー博物館文庫、ＴＢＳブリタニカ）という貴重な本があり、登美葡萄園については、上野晴朗『日本ワイン文化の源流』（サントリー博文館文庫、ＴＢＳブリタニカ）という好著がある。なお登美葡萄園の再建に功があった醸造長大井一郎の『貴腐ワイン誕生す』（東洋経済新報社）がある。

メルシャン社については、直接紹介した本がないが（社内資料の「葡萄そしてワイン——メルシャンワインづくり小史」があるが、一般発売はしていない）、ワイン担当技術部長小阪田嘉昭『ワイン醸造士のパリ駐在記』（出窓社）がある。前述した麻井宇介は、この会社の勝沼ワイナリーの技術責任者だったから、その著書を読むといろいろなことがわかる。

マンズワイン社については風土のワイン研究会の『風土のワイン読本』がある。この本はマンズワイン株式会社が刊行したものだから、同社のワイン造りにいろいろ触れているが、昭和五七年の本だから、今は入手困難だろう。

五章　山梨県

山梨とブドウとワイン

「山があっても山ナシ県」こと甲斐の国は、源頼朝の頃からブドウを栽培していたらしい。信玄公も食べただろうし、江戸時代には名産地になっていた。もっとも、「勝沼や馬子も葡萄を喰いながら」という蓮之の句にあるように、すべて食べるブドウで、ワインを造っていたわけではない。

日本列島の中央、山が深い甲斐の国で、なぜ早くからブドウが特産品になっていたかということについて、地元に二つの伝説があって、それぞれ本家争いをしている。ひとつが「大善寺伝説」。勝沼の東端、秩父から続いた山脈が突然とぎれ、甲府盆地が広がって見えだすところのはずれの山の裾に大善寺がある。由緒によると、養老二年（七一八年）甲斐国内を遍歴中だった僧行基が、柏尾村の日川渓谷の大盤石で静座修業していたところ、満願成就の日、忽然《こつぜん》として薬師如来が霊夢に現われたが、そのときの如来様は右手にブドウの房をお持ちになっていた。行基はその霊威に感激し、法薬であるブドウの作り方を村人に教え、それが広がって今日の勝沼の隆盛の基になったというのである。行基

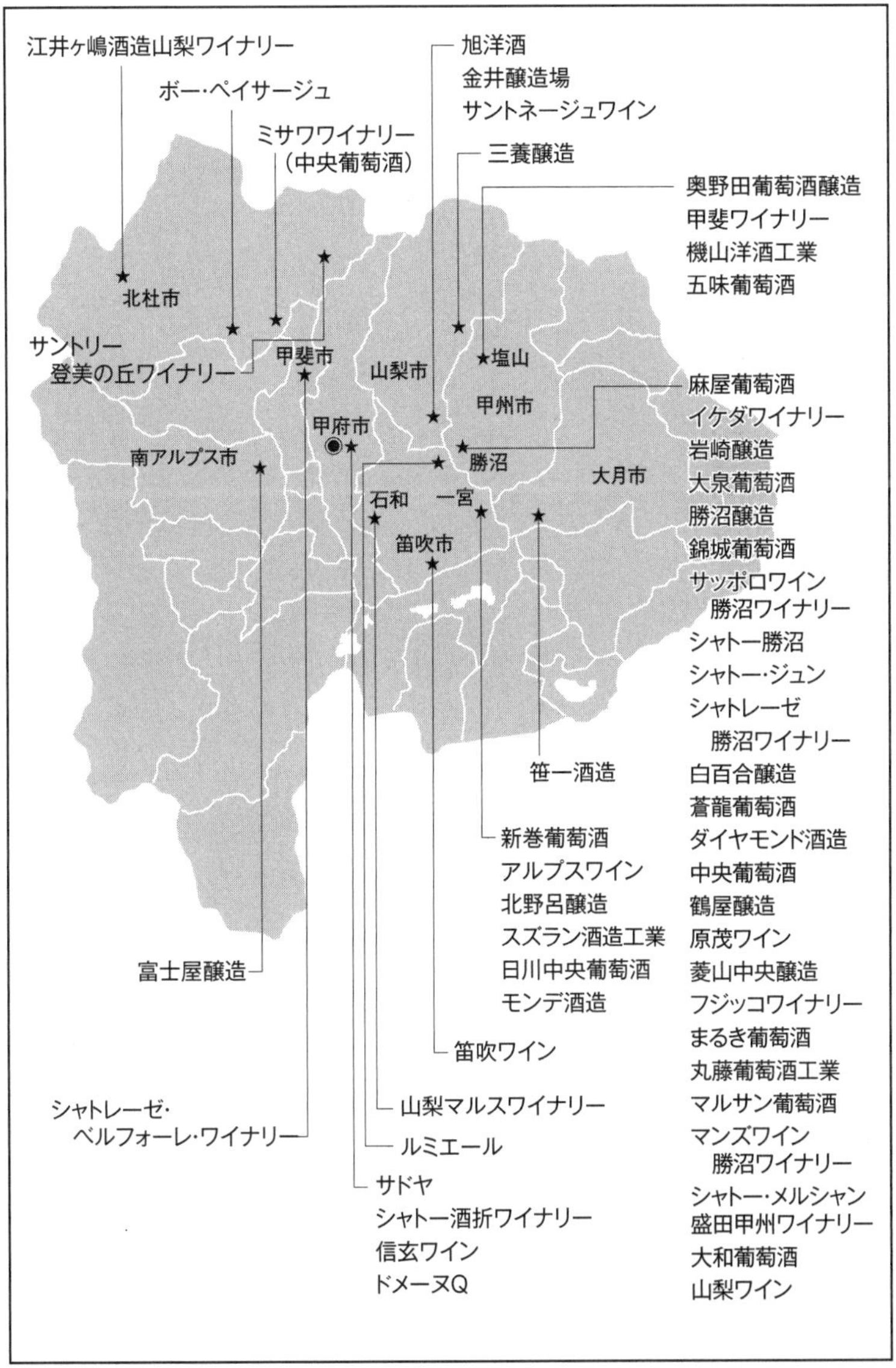
江井ヶ嶋酒造山梨ワイナリー
ボー・ペイサージュ
ミサワワイナリー
（中央葡萄酒）
旭洋酒
金井醸造場
サントネージュワイン
三養醸造
奥野田葡萄酒醸造
甲斐ワイナリー
機山洋酒工業
五味葡萄酒
北杜市
サントリー
登美の丘ワイナリー
甲斐市
山梨市
塩山
甲州市
甲府市
勝沼
南アルプス市
大月市
石和
一宮
笛吹市
麻屋葡萄酒
イケダワイナリー
岩崎醸造
大泉葡萄酒
勝沼醸造
錦城葡萄酒
サッポロワイン
勝沼ワイナリー
シャトー勝沼
シャトー・ジュン
シャトレーゼ
勝沼ワイナリー
白百合醸造
蒼龍葡萄酒
ダイヤモンド酒造
中央葡萄酒
鶴屋醸造
原茂ワイン
菱山中央醸造
フジッコワイナリー
まるき葡萄酒
丸藤葡萄酒工業
マルサン葡萄酒
マンズワイン
勝沼ワイナリー
シャトー・メルシャン
盛田甲州ワイナリー
大和葡萄酒
山梨ワイン
笹一酒造
新巻葡萄酒
アルプスワイン
北野呂醸造
スズラン酒造工業
日川中央葡萄酒
モンデ酒造
笛吹ワイン
富士屋醸造
山梨マルスワイナリー
シャトレーゼ・
ベルフォーレ・ワイナリー
ルミエール
サドヤ
シャトー酒折ワイナリー
信玄ワイン
ドメーヌQ

が開設したとされるこの寺の薬師如来像は、昔は手にブドウを持っていたのだそうだ。はじめ異端の僧だった行基は諸国各地を行脚しているし、後に聖武天皇はその異能の才を認めて登用させ、大仏建立の勧進を託している。諸薬の集積所だった薬師寺と行基が縁があったとしても、はるばる甲斐まで来て、突然ここだけでブドウ栽培を教えたというのはどう考えてもおかしい。

もうひとつが「雨宮勘解由《あめみやかげゆ》伝説」。上岩崎の住人雨宮勘解由は文治二年（一一八六年）石尊寺の祭りの日に、「城の平」に行ったとき道端に変わったヤマブドウを見つけ、これを持ち帰って育て立派な実をみのらせた。村人にも苗を分けて広め、善光寺参りにきた源頼朝に献上し、お誉めの言葉をいただいた。その子孫の雨宮織部正《おりべのしょう》は、武田信玄にブドウを献上、褒状と大刀一腰を拝領したともいわれている。

雨宮伝説の方が、どうやら信用できそうだが、これにもいろいろ反論がある。伝説は別として、それ以来ずっと栽培されているとされるのが、現在の「甲州」種のブドウである。ただ、驚くべきことは、この「甲州」はヴィティス・ヴィニフェラ種なのである。酒類総合研究所（旧国立醸造試験所）の後藤奈美研究員がDNA解析の方法をつかってブドウの系譜をたどったところ、「甲州」はヴィティス・ヴィニフェラの東洋品種群のグループに入ることがわかった。ヨーロッパ系のワイン用ブドウが、はるか離れた東洋の、しかも山梨県の山奥にどうして一本ぽつんと育っていたのか、ミステリアスである。その経路について、いろいろ想いをめぐらせば、まさにグレート・ロマンである。現在勝沼の人たちが、このハンディを持つ品種に執着をもって、なんとか優れたワインを造ろうと苦闘しているのは大和民族の血が燃えているからかもしれない。

ブドウ由来伝説はさておいて、山梨県では明治維新後、いちはやくワイン造りをスタート、二人の若い俊才《エース》高野正誠、土屋助次郎をヨーロッパへワイン修業にいかせた。また、日本国産ワイン第一号は、明治七年甲府市八日町の清酒蔵で誕生した。そうした意味で、山梨は日本のブドウとワインの故郷なのである。しかし、戦前は先駆者たちの苦闘と挫折の連続だった。

第二次大戦中、全国の果樹園はつぶされて食糧増産に駆りたてられた。しかし、山梨のブドウ園は運よく生き延びた。軍の秘密電波兵器に酒石酸が必要で、それがブドウの葉や実やワインからとれたからだ。戦後、ワイン造りは復活し、東京オリンピックの後の第一次ワイン・ブームのときは、チャンスとばかりワイン造りに転向する農家が増えた。ただ、問題はその質だった。ワイン醸造の基礎知識もなく、ただ造ればいいと思ってひどい代物を平気で出していた人もいた。

ワイン用のブドウと違うことも知らん顔をして——よく知らなかったのかも——昔から育てていた生食ブドウでワインを造った。ことにひどいのは、生食用で売れなかったいわゆるクズブドウから造ったワインを、日本酒と同じ一升瓶で売ったりした（この古いスタイルのいわゆるブドー酒の一升瓶ワインは、今でも地元に消費者層がある。ワイン嗜好の慣習性を示すものとして面白い）。そうしたことが一時期山梨のワインの評判を落とし、その後遺症がまだ残っている。今でも、ワイン用ブドウは種類もいろいろあるし、栽培の仕方も違うのを無視して、生食用ブドウで——全部でなくても——ワインを造っているところがある。

ブドウの故郷山梨と威張っても、ワイン造りに関していえば、その最大のガンは、中心地勝沼が生食用ブドウの主産地だったことだ。とはいっても、ブドウの植え替えには大変な費用がかかるし、生で売った方が高く売れるし、効率がいい。食べるブドウを売れば、そのまま手をかけずに一箱ナン円かで売れるが、ワインにするとなると、それを搾って取れた果汁だけを手間ひまをかけて発酵させなければならない。その上、瓶代を払って瓶に詰めて売っても、そう高く売れるものでない。つまり、ワインというものは原価がかかり、大変な手間もかかるものなのだ。

昭和四六年に貿易が自由化され、外国のワインが日本市場にあふれ、誰でも自由に買えるようになった。関税や従価税制度などでガードされた国産ワインの聖域が破られ、ぬくぬくとぬるま湯づかりをしていられなくなった。それにバブル崩壊が追いうちをかけ、ことに安くて良質な外国産ワインがどっと入ってきた。山梨ワインはまさに危急存亡の窮地に陥っている。ところがまだこの危機を痛感していない人が多い。現在も、外国勢の攻勢は変わらないだけでなく、日本国内でもほかの県でのワイン生産が伸びてきた。ほかの県では山梨と違って、はじめからワイン造りをめざし、ワイン用ブドウを植えているところが多い。最近では、山梨以外の県でのワイン用ブドウの栽培総面積が、山梨を抜いてしまった。生食ブドウ県山梨では、そう身軽に転作できない。

そうした危機感が、勝沼を中心とするワイン造りを本気に考える人たちを奮い立たせた。幸いに、バブル崩壊のおかげで誰もがワインを飲むようになり、低価格帯のワインに対する消費が劇的《ドラスティック》に増えた。それに「フレンチ・パラドックス」シンドロームのおかげで、赤ワインのポリフェノールが健康にいいとマスコミがはやしたて、赤ワインの爆発的ブームが起きた。外国ものと太刀打ちできる良いワインを造りさえすれば、なんとか生き延びていける。日本人の嗜好に合うワインをどうやって造りだすかだ、ということになった。

現在、山梨県には九〇軒に近い醸造元があり、直接・間接それにかかわっている人はかなりの数になる。また、日本最大の大手、サントリー、メルシャンをはじめとして、マンズとサッポロも、山梨県に本拠があって牽引車的存在になっている。

品質向上でいえばワイン用ブドウへの植え替えや、栽培方式（垣根仕立て）の切り替えもメルシャン社の浅井昭吾の献身的な指導と努力によって広まりつつある。秋の多雨対策には、マンズ社が「レイン・カット方式」というビニールでおおいをする方式を考案した。山梨原産種で、中心かつもっとも多く栽培されている「甲州」ブドウは、ワインにすると口当たりはソフトだが、酒肉がうすっぺらで、酸味が弱いからきりっとしないフラットなものになり、しかも後味にかすかに苦みが残るものになってしまう傾向がある。『美味《おい》しんぼ』の主人公山岡君は（雁屋哲作・花咲アキラ画「日本全県味巡り・山梨編」〈小学館〉の中で）、この「甲州」ブドウから造ったワインが日本食によく合うと絶讃している。たしかに「甲州」ワインのニュートラルな性格が日本食になじむという面がないわけではない。しかし日本食の味わいを引きたてるといえるかどうか。もっとも、美食の純粋性を追究する山岡君が、外国産のワインを調合しない勝沼ワイナリーズクラブの甲州ワインに惚れこむというのは、わからないわけではない。

この「甲州」ブドウの欠点を克服しようとメルシャン社が「シュール・リー」方式（シュール・リーとはフランスのミュスカデ地方がやっている白ワインの醸造法で、発酵後、ワインと澱《おり》を長く接触させておいて澱から風味をひきだす方法）を開発して、風味がよく出るワインを造りあげて、皆を元気づけた。今のところ、このブドウの持つ変わった香りをどう克服するかが課題だろう。また、「逆浸透膜法」という技術をワイン造りに実用化して「甲州」の欠点を克服しようと研究したのは山梨大学やメルシャン、マンズの技術陣である。化学利用技術ではさまざまな高分子素材が開発されたが、その中のひとつが逆浸透膜である。この膜を使ってブドウ果汁を処理すると、濃厚な果汁になる。もっとも、この技術はたしかにワインを濃厚なものにするが、良い面だけでなく悪い面も強調されてしまうという難点がある。「甲州」種に多く含まれている苦みや渋みのもとになるポリフェノール成分が濃縮されてしまうからだ。

品種との関係をいえば、サントリー社の大井一郎技師がセミヨン種とリースリング種を使って日本でも「貴腐ワイン」ができることを実証して、ワイン関係者を驚かせた（実はその少し前にマンズ社が実験的に成功していた）。またサントリー社が造りあげたボルドー・スタイル（カベルネ・ソーヴィニヨンとメルローとをブレンドしたもの）の「シャトー・リオン」も、日本でも到達できるひとつのサンプルとして地元のワイン造り屋たちが追いつき追い越そうとする指標になった。

赤ワイン用の「マスカット・ベリーA」は、川上善兵衛が苦心の末生みだした日本の風土に合う生食兼ワイン用ブドウで、これを栽培しているブドウ園は多い。しかし、いろいろ難点があってまだ問題があるようである。また山梨県果樹試験場が一九六九年にマスカット・ベリーAに変わるものとして作った新品種「甲斐ノワール」（ブラック・クイーンにカベルネ・ソーヴィニヨンを交配）で、商品化したものが出はじめている。最近ではヨーロッパ品種の栽培と、棚仕立てをやめて垣根仕立てを始めたところが大手、中小にかかわらず増えだしている。白のシャルドネはなかなかいい線をいっているが、カベルネ・ソーヴィニヨンはまだまだといったところである。むしろ、メルローの方が、日本人の嗜好を考えるとうまくいくようである。そのほかのヨーロッパ系ワイン用ブドウは、今のところ未知数である。醸造方法をいろいろ工夫したり、上級ものを樽熟成をするところが増えているが、成功している醸造元もあるし、樽を使ったから良いとはいえないところもある。

勝沼のワインが、農家の自己勝手流仕込みの「ブドー酒」から、近代的でグローバルなスタンダードのものへと脱皮していく上で、重要な基礎造りをした陰の存在がある。ひとつは、山梨大学である。

その設立と環境から、早くからブドウの栽培とワイン醸造を専門にする学部が設けられていて、小原巌、横塚勇教授を中心に多くの若い学徒を育てていた。昭和二六年、坂口謹一郎教授の命令で、東大農学部卒業後山梨大学に勤務するようになったのが村木弘行教授。以来四十有余年、村木教授は醸造科学・技術の研究と指導に取り組まれることになる。勝沼の酒造り手たちが「醸造」という技術について、前近代的・我流なやり方から最新科学的知識を身につけるようになるために、同教授の指導が大きかったのである（同時期に赴任した後藤昭二教授も発酵の分野で活躍した。村木教授の後を横塚弘毅教授が継ぐ）。

もうひとつは「栽培」技術で、この面で指導的役割を果たしたのが勝沼の中心に本拠を置くメルシャン社である。同社は、サントリー社と違って自社畑を持たなかったから、原料とするブドウを勝沼の農家から買った。ワイン用ブドウは、手当たり次第、そこらにあるものを買うというわけにはいかない。そのためワイン造りに理解をもってくれる農家と契約し、契約栽培で原料を確保した。その農家をまわって、ワイン用の良いブドウを実らせるために一生を賭したのが浅井昭吾だった。あるときはいやがり、あるときは旧弊墨守に頑固な親爺たちを説得して、生食用ブドウとワイン用ブドウの違いを説得してまわった。勝沼の醸造元たちが、まともなワインを造るためには原料のブドウからワイン向きに切り替えていかなければならないと悟るようになったのは、その努力と影響が大きかったのである。平成一三年に、浅井は麻井宇介のペンネームで永年の持論のまとめともいえる『ワインづくりの思想』という本を書き、革命的ともいえる宣言をして、地元のワイン造り手たちを叱咤激励した。ヨーロッパの名産地でないかぎり優れたワインができないという迷信的思いこみである「宿命的風土論」から脱却すべきだ、優れたワインを造ろうと志す者はすべからく「高い志」を持つべきだ、というのである。同書の公刊後、まもなく亡くなった浅井のこの世紀的挑戦に、地元のワイン造り手たちが応えるかどうかが、これからの山梨の将来にかかっている。

ブドウの樹を植え替えるには、苗木がいる。ヨーロッパ種のワイン用ブドウの供給に奮闘したのは、甲府で二代がかりで苗木の研究をしていた「植原葡萄研究所」の植原宣紘。秋のブドウ畑で真っ赤に美しく紅葉する樹があった。見た目はきれいだが、実はこれはウイルスに冒され「リーフロール」という病気にかかった樹である。昭和三六年頃から甲州ブドウが「味無果《あじなしか》」という奇病にかかり、県果樹試験場がその対策に取り組んでいるうちに病気の原因がウイルスによるものであることに気がついた。同試験場は、この病気の対策研究に取り組んでいた関係者の世界会議の報告やカリフォルニア大学デーヴィス校の研究成果を検討し、農林省植物防疫所の指導を仰いでウイルス対策に本腰を入れるようになった。ブドウに被害をもたらす主なウイルス病には四種類ほどあり、リーフロールもそのひとつだが、その対策としてはいくつかの方法が考えられた。そのうちのひとつがバイオテクノロジーを使った「成長点組織培養法」で、県果樹試験場からマンズ社に移った田崎三男がこの方法を奨励した。この技術を実用化のために働いたのが植原で、株式会社ミヨシに委嘱して実用化を進め、その普及にも尽力した。

勝沼町（後に甲州市）も、ワイン振興会を作り「認証ワイン」制度を作った。勝沼産甲州ブドウ一〇〇％で造ったワインで、一定の基準を設け、審査会をパスしたものだけを認証ワインとするシステムである。いわば日本の「ＡＯＣ」（原産地呼称規制）制度のはしりになるだろう。日本には「ワイン法」がない。文明国といわれる国でワイン法がないのは日本くらいのものである。この甲州市の制度は現状ではまだ問題が多く、「トレーサビリティ」といってブドウの出所を明らかにする方法を採用したり、市職員が健闘しているから、今後のさらなる充実が期待される。

それとは別に、一九八七年、一二社ほどの醸造家の若手が集まって勝沼ワイナリーズクラブを結成し「勝沼ボトル」システムを創案した（現在九社）。特製デザインの統一ボトルを使った勝沼産「甲州種」一〇〇％のワインを対象にしているが、ことにねらっているのは早飲みでなく熟成タイプの研究と開発である。こうした取り組みは、ひとつ甲州種の開発に限らず、必ず多方面に良い展望をもたらすだろう。

素直にいわせてもらえば、山梨県でも勝沼を中心とする地区はあまりにも長い生食用ブドウ栽培の歴史があるため、それに安住し、または縛られすぎているようだ。そう苦労しなくても造ったワインは地酒ものとして一応売れる。いってしまえば全体は「ぬるま湯」に入っているような状態である。いつまでもこのままではいられないと思っても出れば風邪をひく。東京のワイン市場で売られている輸入ワインと同じ価格帯のものを比べてみたら、多くが勝負にならないというのが現状である。よほど地域ぐるみで発奮しないと、全体としては将来の展望はない。山梨県の利点は、一般にやせていて、肥沃な土地でなく（土壌孔隙《こうげき》率も比較的高い）、日本としては比較的降水量が少なくて晴天日数が多く、日照時間が長くて（二二四六時間）、成熟積算温度も高いこと。しかし勝沼をはじめ都市化の進んだ地域には地球の温暖化の波が押しよせている。このままでは近い将来に外国ものはおろか、長野県にすら遅れをとることになるだろう。

山梨ワイナリーの現状

このような歴史と特殊な環境におかれた山梨県は、たしかに群雄割拠、多士済々の観がある。一〇〇年以上の歴史をもつ醸造元から、新入りほやほやのワイナリーまであり、かなり大規模のところから、文字どおりのミニ・ワイナリーまである。

世界の名著中の名著、ヒュー・ジョンソン他の『地図で見る　世界のワイン』（第五版産調出版・二〇〇二年）は、その中の日本の頁で、山梨のリーディング・ワイナリーとして一八軒を載せていた。その中に大手（サントリー、メルシャン、マンズ、アサヒ、サッポロ、サントネージュ）を除くと、中央葡萄酒（グレイス）、本坊酒造（マルス）、勝沼醸造、甲州葡萄酒本舗（シャンモリ）、甲州園（ルミエール）、丸藤葡萄酒（ルバイヤート）、奥野田、サドヤ、笹一酒造（オリファン）、白百合醸造、山梨ワイン醸造が入っている。この本は「リーディング・ワイナリー」と書いているが、なにをもってリーディングというか（質とか量とか規模とか）選択基準に問題があるし、またワイン名と醸造所名を混乱したりしているが、どうやら情報の不足もあるようだ。これには、日本側にも責任がある。ブランド名とメーカー名を、もっときちんとわかるように表示しなければいけない。われわれ日本人でも間違えるくらいなのである。それに公正で信用のできる情報源がなさすぎる。本書の旧版以前は日本のワインについて誰でもわかるような本すら日本は出していなかったのだ。このリストに、歴史でいえばまるき葡萄酒と岩崎醸造（ホンジョー・ワイン）、売上げと生産量でいえば蒼龍葡萄酒とシャトー勝沼、雪印ベルフォーレ（シャトレーゼ）、盛田甲州ワイナリー（シャンモリ）、シャトー酒折、品質でいえば機山洋酒とイケダワイナリーを加えないのは不公平というものだろう（第六版で翻訳に当たった山本博が訂正した）。

数多い山梨のワイナリーを整理して理解するために、「勝沼」、「塩山」、「一宮」というように小地区別に分類する方法もある（平成の市町村大合併で他県の者にわかりにくくなった）。しかし、フランスのボルドーやブルゴーニュ地方と違って、この地区・村という地理的な区分をしてワイナリーを列挙しただけでは、その実態を立体的にとらえにくい。フランスのように地区や村によって土質や地勢・微気象の違いで生まれるワインが違うということが今のところないからである。むしろ現状では、まずワイナリーのあり方、つまり経営形態で見た方が大きくとらえられる。つまり「共同経営形態」「単独経営」「特殊＝スポンサー経営」というように分けてみることである。その上でさらに村・小地区別に整理してみると、その全体像が浮かび上がってくる。

共同経営ワイナリー

山梨は生食用ブドウの産地だから、そうしたブドウを栽培している農家が集落単位、地区単位にグループを作ってワインを造っているところが多い。

例えばワイン醸造の先駆者土屋龍憲と前田文太郎が地元の有志に呼びかけて創業したのが「大泉葡萄酒」。甲州ブドウの発祥地とされる祝村の栽培家一三〇名が共同で設立した歴史が古い「岩崎醸造」。小佐手地区の一七〇軒が出資して生まれたのが「錦城葡萄酒」。勝沼第八地区の約二〇名が設立した「勝沼第八葡萄酒」。甲府盆地北東の奥地、牛奥村で奥野田村生まれの雨宮竹輔翁のワイン造りを六〇人の農家が引き継いだのが「牛奥第一葡萄酒」。塩山市（現在は甲州市塩山）の大藤地区のブドウ生産農家が設立したのが「大藤葡萄酒」、山梨市日川地区の果樹農家が集まったのが「東晨《とうしん》洋酒」。少し離れた南の東八代地区の八代町で数軒がやっている「八代醸造」。御坂町の農業協同組合が経営する「ニュー山梨ワイン醸造」などである。力を合わせてというのは悪い話でないし、必要もあったのだろう。しかし「みんなでやればこわくない」ということではいつまでも長続きがしないだろう。ことに、仲間が育てたブドウを厳密に選果するという困難な作業を克服しないかぎり、品質は向上しない。同じ地区内でも畑によってブドウの出来が違ってくるのだ。ということより、ワイン造りは、やはり個性の強い個人、強烈なキャラクターをもつリーダーがいないかぎり、ユニークな存在にはなりにくいようだ。もっとも、「岩崎醸造」の三科隆や、「錦城葡萄酒」の高埜一明のように代表者の個性が豊かで、一風変わった面白いワインを出しているところがないわけではない。大泉葡萄酒も役員が研究熱心で誠実である。

単独経営ワイナリー

ワイン造りに魅せられたからだろう、単独で、のんびり、またはこつこつせっせとやっているところもある。

勝沼町でいうと、勝沼ぶどう郷駅から下ったブドウ畑の中に、庭中がブドウ棚の下になっている「原茂ワイン」はこの町の老舗的存在（後述）。観光ブドウ園だったが、ワイン造りも始めた若尾輝彦夫婦の「マルサン葡萄酒」。自分の手でワインを造りたいという夢から自宅に併設した小さな工場の「イケダワイナリー」（後述）。かなりの歴史を持ち、別に酒の小売店も経営している雨宮清春の「麻屋葡萄酒」は、外見は民家風だが二階にちょっとしたレセプション・ルームもある。等々力の交差点の横に蔦におおわれた建物が人目を引くのが「中央葡萄酒」（後述）。人目を引くモダンな建物を持ち、かなりの規模の企業で量もかなり出しているのが「デリアンワイン」銘柄の「大和葡萄酒」。白が主力だが、いろいろ手をだしていて、樹齢一〇〇年の樹から採ったという「甲龍百年樹」を売っていた。勝沼で個人の力でワイン・ビジネスで成功している点ではなんといっても「蒼龍葡萄酒」。今でも以前の日本風建物とその裏の大きな醸造所は残っているが、表通りにプロヴァンス風の洒落た売店を建てた。当主の鈴木卓偉はワイン造りはそれだけで企業として成り立たないと生き長らえていけないという信念の持ち主で、それだけにワイン造りは多彩で売店には実に数多くのワインが並んでいる。下岩崎には外見は地味な日本家屋だが実力派の「勝沼醸造」（後述）があり、その近くに、気鋭の「山梨ワイン」と「ダイヤモンド酒造」がある（後述）。なお、メルシャン社の近くに東京電力を退職してワイン造りを始めた高野英一のワイナリー「東夢《とうむ》」が新しく仲間入りをした。バイパスを渡った藤井地区に、これも実力派の「丸藤葡萄酒工業」（後述）と、オレンジ色の目を引く「まるき葡萄酒」がある。

一宮町は桃で有名で、春の花盛りにはあたり一面ピンクの絨毯《じゅうたん》を敷きつめたようで美しく、まさに絶景。その一宮町で、ダントツの存在は「ルミエール」（後述）。ブドウ栽培三代目中村仁造が事務所の裏に醸造所を設けてワインを造りだした「新巻《あらまき》葡萄酒」。同じく一宮町で堀内孝夫婦が電話やインターネットの注文販売に力を入れている「日川《ひかわ》中央葡萄酒」。北野呂地区では隆矢家が二代目忠夫を中心に家族四人でがんばっている「北野呂醸造」。同じく一宮町の上矢作で、通りに面した白壁のお蔵のような建物と、裏には大きなタンクが目立つ向山健次の「矢作《やはぎ》洋酒」。もともとは日本酒の蔵元だが、明治三八年からワイン造りも始め、戦前宮内省御用達にもなったことがある小池律男の「スズラン酒造工業」。狐新居という変わった地名の地区で、ワイン造り三十数年のキャリアを持つ前島了が、息子たちと一流品をめざしている「アルプスワイン」（同名のワインが長野県塩尻にあるが、まったく別）。最近は立派なウイングショップを建てた。

勝沼町の北、ＪＲでいえば勝沼ぶどう郷駅の次になるのが塩山市だが、ここもワイナリーは多い。奥手の恵林寺に行ったら寄っていいミニ・ワイナリーがある。放光寺の裏手に小さいがきちんと手入れをした畑を持ち、醸造試験所で修業した経験できちんとしたワインを出す五味一彦の「五味葡萄酒」。小粋なレセプションがあって、ブランデーまで飲ませてくれるし、若い醸造技師の土屋幸三夫婦が親切にワイン造りを説明してくれる「機山洋酒工業」（後述）。駅からちょっと離れた通り沿いに倉庫しかないが、二階がかわいいレセプション・ルームになっている中村雅量夫婦の「奥野田葡萄酒醸造」（後述）。塩山駅のすぐ近く、通り沿いに築一五〇年という立派な日本建築が目立つ中に試飲所や土蔵のカフェもある風間敬夫夫婦の「甲斐ワイナリー」（後述）。

恵林寺から国道一四〇号線をもっと奥へ行くと牧丘町になり、ここは黒いダイヤと呼ばれる巨峰の生産地。ここで巨峰ワイン造りをしているのが山田武雄の「三養《さんよう》醸造」である。

ＪＲ塩山駅と温泉町石和駅との間にあるのが他国者が面喰らうＪＲ山梨市駅。そのやや北手にあるのが「キャネーワイン」の「金井醸造場」。もともと養蚕家だった金井家の和彦が、ミュンヘンの世界絹業大会に出席しワインの将来性に着目して、桑畑をブドウに植え替えた。現在三代目一郎が経営に加わり、ビオディナミ農法も一部採用してシャルドネとメルローで頭角を現わしつつある。また、山梨市に文字どおりミニ・ワイナリーだが、他県出身者の鈴木剛夫妻ががんばっている旭洋酒（ソレイユ）がある。なお前述の「サントネージュワイン」もここにある。

御坂町は、甲府からいえば河口湖へ抜ける途中の御坂峠があるところ。河野東洋男が経営している「笛吹ワイン」は観光農園を兼ねていて、ブドウ狩りから破砕までやらせてくれるワイン造り体験コースが人気を呼んでいる。

案外なようだが、甲府市内にもワイナリーがある。駅の裏口から五分ほどの「サドヤ醸造場」（後述）は庭も醸造所も立派なら、庭の中のレストランはフランス料理も立派。市役所の横を入る大通りに面した市川英明の「信玄ワイン」は外見は素っ気もないが、中に入ると落ち着いた雰囲気のワイン・ショップを持っている。

山梨県といっても広いし、勝沼だけがワインを造っているわけでない。山梨県西北部には孤峰茅ヶ岳があり、その山麓周辺は東部とまったく異なったエリアになっている。その中のひとつサントリー社の「登美の丘ワイナリー」は、甲府市の西から昇仙峡へ行く途中にある。そのもっと奥の敷島町へ行くと、保延実の「敷島醸造」がある。急傾斜の畑は立派だし、ログハウス造りの売店もある。

もっと西へ行ってJR塩崎駅近くに「シャトレーゼ・ベルフォーレワイナリー」（前出の雪印ベルフォーレ・ワイナリー）がある。韮崎市の南になる白根町の名執斉一が興した「富士屋醸造」は自分のワインに「百姓のワイン」と名づけている。JR韮崎駅の正面にそびえる茅ヶ丘の南斜面に「ミサワワイナリー」（後述）があり、少し西の須玉には垣根仕立ての立派なブドウ畑を誇る岡本英史の「ボー・ペイサージュ」がある。山梨の最北西端サントリーのウイスキー工場がある白州には「江井ヶ嶋酒造・山梨ワイナリー」（後述）がある。

なお勝沼よりはるか手前の東、JR笹子駅のそばに孤立した「笹一酒造」がある（後述）。

特殊経営――スポンサー企業の経営

さて、話をはじめに戻すと、いくつかの特異なワイナリーがある。スポンサー付きというか、副業的というか、ほかに事業を持っているところがやっているもの。ワイン・プロパーで資金を調達しているのでなく、ほかに出資源があるため立派な設備を持っているし、経営もワインだけに頼らなくてすむから、ワインひと筋のところと変わった経営形態になっている。

勝沼町の中心部、日川を渡るところの河岸に大手「メルシャン」のワイナリーがある。その対岸に、広い駐車場があって華やかな赤屋根がひときわ目立つ大きなワイナリーが「盛田甲州ワイナリー」の「シャンモリ」。立派なレストラン「フレンチテーブル・シャンモリ」も別棟で建っている。大規模なのも当たり前で、ソニーの盛田さんの実家の「ねのひ酒造」が関係しているもの。盛田家は江戸時代から日本酒、味噌、醤油、油の醸造業を営んでいたが同家の一一代目久左ェ門はワインの将来に目をつけ明治一四年に勝沼に進出したが、フィロキセラ害虫（ブドウネアブラムシ）に襲われて畑が全滅、かなり長い間、ワイン造りは休眠状態だった。久左ェ門の次男和昭は、父の夢を継いで昭和四八年に本格醸造所を再興し、平成九年に新しいワイナリーを復興した（企業的にも独立した）。

通りをはさんでその真向かいに、もう一軒赤屋根の小さな建物があるが、これは甲府を中心にお菓子で大成功したシャトレーゼの主人がワインもやろうと始めた「シャトレーゼ勝沼ワイナリー」。ここは売店と小醸造所施設があるだけだが所長の戸澤一幸がしっかりしたワインを造っている。

中央高速沿い、釈迦堂の近くにあるのが「フジッコワイナリー」。ここは、つくだ煮、煮豆、塩こんぶなどで誰にも知られている一部上場企業の「フジッコ」が食卓の演出の一環にしようとワイン生産を始めたもの。工場からの展望はよく、工場見学の後で広いレセプション・ルームへ行くと食品製造工程まで見せてくれる。ここは進出した当時、地元の人たちから他業種の素人になにができるかと白い目で見られたが、本格的ワイン用ブドウの栽培と現代的醸造技術で高品質のワインを造りあげた。現在社名に恥じないワインを出している。もうひとつは、洋装品アパレル産業で有名なファッション・メーカー、ジュンの創業者佐々木忠がワイン好きのあまり、造る方にまで手をのばした「シャトー・ジュン」。勝沼町営ぶどうの丘から少し下ったところの道路沿いにある。小さいけれどファッショナブルで、テラスで試飲が楽しめる。以前は醸造を委託していたが仁林欣也が醸造責任者になってからきらりと光るワインを出すようになった。

万事が地味で、これといって派手なところがない勝沼町でひときわ人目を引くのは、JR勝沼ぶどう郷駅より下りてきたところの左手にある「シャトー勝沼」である。お隣りに近代的な建物でどくだみワインなどを製造している山梨薬研の経営である。会長の今村英勇氏は事業経営の名手らしく、広い売店は観光バスで押しよせる客でごった返している。ここでは会長令嬢の今村英香が少量の良心的な高級ワインも造っているが、多数の客が買って帰るのはこのワインではないだろう。

旧名モロゾフ酒造だったモンデ酒造は、石和町に「モンデ酒造ワイナリー」を建てたが、温泉客の見学できる工場をねらったものだから、レセプション・ホールは観光客で賑わっている。ここは昭和四八年頃から農林中央金庫が実質的オーナーになっていたから、金庫から派遣された者が役員になり、ぱっとしないワインを造っていた。それに活を入れたのが飯島達成社長。若手醸造技師たちに責任を持たせて励まし、見違えるようなワインを出すようになり、コンクールで金賞も取るようになった。

鹿児島の焼酎の大メーカー本坊酒造は、ワイン産業にも進出するため昭和三五年石和町に「本坊酒造・山梨マルスワイナリー」を建てた。ここはまさに山梨県のダークホース的存在。平成二年、工場の隣接地に試験農場を作り、カベルネ・ソーヴィニヨンやシャルドネを栽培し、ワインを造ったがどうしても満足できるものができなかった。そのため取締役工場長の橘勝士は思い切って新しい畑を求める決断をした。勝沼から西にかなり離れた茅ヶ丘の山麓穂坂町日之城に二・二ヘクタールの土地を購入。土地を掘って石灰岩礫を埋めて土壌改良、暗渠《あんきょ》排水設備を整えた上で石和工場隣接畑の一〇年生のカベルネ・ソーヴィニヨンとシャルドネを移植した（全体で約七〇〇〇本の苗を植えたが、その中にはメルロー、ピノ・ノワールも含まれている）。その結果生まれたのが「シャトーマルス・カベルネ・ベリーA穂坂収穫年号表示」ワインである。これは山梨でも出色のレベルのもの。また「アンフィニー貴腐混」年号表示の濃甘口高級ワインも造っている。いずれも親会社本坊の名を恥ずかしめないもの。なお、この売店も立派で観光客で賑わっている。ちなみに本坊酒造は、山形県の「高畠ワイナリー」と九州の「熊本ワイナリー」でも大成功している。

甲府市といっても、ＪＲでは酒折駅になる酒折町には、変わったワイナリーが二つある。ひとつは、高台に輝くステンレスの塔と赤レンガ造りの立派な建物がＪＲ線の車窓からも見える「シャトー酒折ワイナリー」。あまり知られていないが、本格派ワイナリーである。建物、ことに屋根のルーフのデザインは鮮やかなもので、中の醸造設備は近代的に完備したもの。レセプション・ルームから南アルプスが眺望できる。ここは洋酒の輸入の老舗、木下商事が国産ワインの将来性を考えて投資したもの。自社畑は広くないが、ワイン造りは真面目でマスカット・ベリーAの品質改良に新機軸を打ち出している。もう一軒は甲府の駅裏から勝沼のインターへ抜けられる国道一四〇号線沿いにある株式会社甲府ワインポートの「勝沼ドメーヌＱ」。ワイナリーというより、ここはレストラン「ボルドー」で、内装も立派なら、料理も本格派、外国の一流ワインのストックもすごい。経営者の久保寺孝男がレストラン業の片手間に始めたワイナリーでまだほんの小規模だが、現在は山梨大工学部発酵研究所で研修した息子の慎史が本格的ピノ・ノワールの赤ワイン造りに挑戦中。デラウェアを早摘みした「青デラ」というユニークな新開発のワインも出している。

甲斐駒ヶ岳のふもと、サントリーの白州工場がありミネラル・ウォーターでも有名な白州町白須にある「シャトー・シャルマン」。兵庫県の日本酒メーカー江井ヶ嶋酒造が昭和三八年に建てたワイナリー。この白須という地名は花崗岩の白い砂を意味していて、その土質からここに目をつけたらしい。ここが特異なのは経営を任されている山本彦仁・公彦親子がカベルネ・フランに人生を賭けたワイン造りをしていることである。垣根仕立ての畑も立派で、日本ではあまり重視されていないが成功の可能性がある品種であり、山本親子の献身的取り組みが是非成功して欲しいところ。同じく日本酒の蔵元だがJR中央線笹子駅のそばにあるのが「笹一酒造」。もともと地元の老舗だが、ワインにも進出した。甲州街道沿いという利点を生かして広い売店を建て、バスの観光客のお陰でこの方は活気があり、年間一億円もの売上げ。ワインは「オリファン・シリーズ」が主力で甘口が多い。甲州やマスカット・ベリーAの熟成古酒も売っている。

森永製菓グループで九州に本拠をもつ福徳長酒類が平成五年に韮崎市の北、穂坂にモダンな工場を建てたのが「モリエール・ワイナリー」。醸造設備も立派で関係者の期待も高かったが、平成一四年からワインの生産を中止してしまった。

山梨県でスポンサー付きワイナリーとしては、このほか「サントネージュワイン」がある（前述）。いずれにしても開発のための資金に不自由しないためか個人のミニ・ワイナリーより立派だが、造っているワインで言わせてもらえば覇気がない。苦労して造るハングリー精神がないからだろう。その点、やる気があれば優れたワインを造れることを示しているのが、「本坊酒造」と「モンデ酒造」である。社長がワイン好きだから、下の者も活気がある。

なお塩山には日本酒の「風林火山」の醸造元でもある「富士発酵工業」があったが、平成一二年に倒産閉業した。

山梨ワインの新動向

さて、山梨県はこのようにワイン造り手がひしめく日本のワインの最大の量産地だが、その品質はどうだろうか？　過去の多くは土産物屋向きワインか、地酒を売り物にする類のものだった。県外に出されるものも、低価格帯のものがほとんどで、安値で輸入物と勝負をしてきたといってよい。高品質のものは少なく、あっても品質に見合わない高価だった。一軒のワイナリーで、一〇種から二〇種くらいのワインを造っているのがざらで、ワイナリーによっては、梅ワインとか、キウイ・ワインまで出している。生き延びていくための営業政策としてやむをえないのだろうが、そうしたことが本格的ワイン造りの足を引っぱっていたのは事実である。

考えてみれば、無理もない。いくら現代の醸造技術が進んだからといって、肝心のブドウが優れていなければ、優れたワインは生まれないのだ。また、ボルドーの極上ワインを生む高級シャトーは「金食い虫」と言われるほどメンテナンスに経費がかかる。畑ひとつにしても、維持にちょっと手を抜くとたちまち品質に影響する。桃栗三年、柿八年ではないが、ブドウの樹は植えてから少なくとも五年以上たたないとその果実からまともなワインができない（良いワインは一〇年以上の木）。しかも高級ワインは新酒ができてから少なくとも二年は熟成させないと市場に出せない。つまり、高級ワインを造ろうとして優れたブドウの苗木を植えたとしても、七年から一〇年近く待たないと評価されるようなワインは生まれないのだ。その間の手入れのコストは馬鹿にならない。それでもそのワインがすごい高価で売れるなら、資本が寝るだけの話ですむ。ボルドーのシャトーはそうである。

　やっかいなことに、山梨県でワインに使えるブドウは絶対量が少なく、しかもコストが高い。その上、ワインに仕込んでみると、貧弱で平坦なものになってしまうものが多い。そのため、ワインが売れるようになったからといっても少し量を生産しようとすると、たちまち壁にぶつかる。だから、量はいくらでもあって、原価が安く、しかもしっかりした骨格と酒肉を持つ外国産ワインの樽買《バルク》いと調合《ブレンド》に頼らざるを得なかった。ブドウの名産地と言われる山梨県でも、そうだったのである。また、ただでさえ狭い甲府盆地の土地は、ほとんどの農家が昔から植えている果樹園やブドウ園、あるいは野菜畑で占められている。ワイン造りのために畑を買おうとしても、農家はなかなか畑を売りたがらない。良い畑が売りにでるのは、相続か何か特殊な事情がある場合だけである。日本で多大な投資を必要とするワイン産業が発達できないひとつのガンは農地法で、会社が農地を所有できない。つまり農業経営を法人化して資金を導入するのが難しい（最近は農業法人制度や特区制度でやや緩和されつつある）。その意味で契約栽培農家に頼って原料ブドウを確保することは――その提携をしっかりして、良いブドウを造ってもらえるなら――恥ずかしいことでない。外国の著名ワイン生産地のように、自社畑の保有面積を誇らなくてもいい。

　それだけでなく、新しくワイン用ブドウの畑を開くには時間がかかる。外国品種、ことにヨーロッパのワイン用の高貴種のブドウの苗を買って植えたからといって、必ずしも優れたワインが生まれるとはかぎらない。ワイン新興国日本では試行錯誤が不可欠なのだ。勝沼産一〇〇％というカベルネ・ソーヴィニヨンのワインなるものを試飲したことがあるが、およそカベルネらしき香りと味のまったくないものだった。要するに、山梨県――というよりことに勝沼周辺地区――はなまじっか食用ブドウの中心産地であるために、良いワイン造りを志す者は、二重、三重のハンディを背負わされているのである。

そうした苦しい状況の中にあって、なんとかその厚い壁を破ろうと苦労している人たちがいないわけではない。それはワイン造り屋としての執念でもあり、自尊心でもあり、夢でもあるのだ。というより、ワインというものは、いったんその魅力にとりつかれると逃げられない魅力、魔力をもっているのだ。

山梨における本格的ワイン造りの老舗が「サドヤ醸造場」である。ほかのところが、わけのわからないブドー酒なるものを造っていた時代から先代の今井友之助は、国際的評価に耐えられる本格的ワイン造りに苦闘してきた。昭和二五年に売りだした「シャトーブリヤン」は、大手に負けない小メーカー産上級ワインの嚆矢《こうし》だった。そうしたものを造って売るというのは容易な時代ではなかったのだ。やたらに数多くの種類を出したり、あまり権威のない外国品評会の金賞をふりまわしたりしないで、黙々かつ地味にシャトーブリヤン単品だけを守りつづけてきたのは尋常でない。一〇年くらい前までは日本が外国に誇れる本格派ワインとして唯一のものだった。ただ、最近大手のメルシャンの「桔梗ヶ原メルロー」をはじめ、熱心なミニ・ワイナリーが素晴らしいワインを造りだすようになった中で、ひとつ精彩を欠いているように見える。伝統的な銘柄を守りつづけなければならないのがひとつのハンディになっているようだ。今は、モンペリエ大学で栽培学を学んだ三代目裕久が父のあとを継いで苦闘してきたようだが、残念ながら平成二五年に所有者が変わった。新所有者古名屋旅館は従前どおりワイン造りを続けるそうだが将来のことはよくわからない。「シャトー・ルミエール」の銘柄を出している「甲州園」の主人塚本俊彦は、自他共に許す論客だった。ワインは数多くの国際賞を誇り、塚本俊彦は国際的にも顔が広く、ワイン造りの議論をさせるとなかなかうるさいので、地元ではいささか煙たがられていた。現在養子の木田茂樹が後を継ぎつつ、栽培担当の小山田幸紀、醸造担当の岩間茂貴とともに国産種の甲州、マスカット・ベリーAだけでなくカベルネ・ソーヴィニヨン、カベルネ・フラン、メルローなど国際種のワイン造りに取り組んでいる。地味だが誠実で研究熱心な人たちだから、短期間のうちに酒質が見違えるように向上、現在勝沼でも上位クラスのワインを出しはじめている。

注目に値する何軒かのワイナリーのうち、四軒までが、派手なコンクリート造りの建物を建てず、古い日本建築の建物を守りつづけてくれているのは嬉しい。一軒が「原茂ワイン」で、古屋学而のあとを継いだ若い古屋真太郎夫婦が立派な日本建築の二階を改装して、小粋なカフェにしたので、その洒落た雰囲気の中でゆっくり試飲できる。ここの「甲州」は、よくできた甲州の見本のような出来栄え。現在は欧州品種に着実に挑戦中。

「山梨ワイン」は、名前は大規模風だが小さなワイナリー。築一〇〇年の古い日本建築の中を改装して売店と古い栽培醸造用具のミニ資料館にしている。広い日本座敷は大人数の試飲に開放。地下に立派な地下蔵があってオーナー・ワインの貯蔵庫になっている。買って頼むと保存してもらえる。また、いろんなオリジナル・ラベルも作ってもらえる。自社畑と地元の契約栽培農家で、甲州、カベルネ・ソーヴィニヨン、シャルドネも造っている。人格温和な二代目野沢貞彦が、日本人は甘いワインが好きなはずだというワイン造りの信念を持っていてピオーネ、ナイアガラ、特殊なアジロンダックを使って三種ほどの甘口《スイート》ワインを造っている。幸い、世の中はドライな人ばかりでないのでお客の三分の二はこの甘口を買ってくれるそうだ。三代目尊彦《たかひこ》はこれにあきたらず、「甲州貯蔵」の白の辛口、赤の「カベルネソービニヨン七俵畑」に挑戦して新分野を開拓しようとしている。この七俵地のカルベネ・ソーヴィニヨンはコンクールで金賞に輝いた。

もう一軒が「勝沼醸造」。外見は、何でもない民家のようだ。一歩、中に入るとレトロ風の椅子テーブルが置いてある土間と京都風の格式のある内玄関になっている。見学者を接待するのに狭いと思ったか別棟を改装して洒落たテイスティング・ルームを造った。それだけでは足りなくて近くの丘の上にドイツ風高天井インテリアを持ったレストラン「風《ヴァン》」を建てた。勝沼のワインが県外にそう売れなかった時代に、まだ健在の有賀清弘は日本各地にルートを作って直販形式で売りこみ、ここの荷が駅に山と積まれた時代もあった。今でも数多くの個人客を持っている。現在は有賀清弘の長男雄二が社長、次男弘和が常務。雄二が栽培と醸造の責任に当たっているが、エネルギッシュで研究熱心。果実氷結方法で濃縮した「甲州特醸樽発酵」。シュール・リー方式の「勝沼ブラン樽熟成」ものもあるし、自社畑「番匠田」のブドウ、カベルネ・ソーヴィニヨンとシャルドネ一〇〇％のワインなども造っている。そこへ舞いこんだのがアサヒビールの新鋭工場の売却。幸運にもこれを買い取れた勝沼醸造は山梨県で大手に次ぐ大メーカーになった。大工場を運営するために元メルシャンの平山繁之を専務取締役に迎えた。もともと数多くの銘柄を出していたが、新出発に当たり雄二は有能なスタッフたちとともに品質の点でもワイン造りの原点にもどってやりなおす決心をしている。後述の中央葡萄酒と丸藤葡萄酒工業に一歩遅れをとったが、将来は追いつけるかもしれない。

塩山の駅近く、駅から旧街道（県道四一一号線）に合流する道に面したのが「甲斐ワイナリー」。立派な日本建築があって高い天井の土間が売店になっているが、お蔵《くら》を改装したかわいい試飲室が別にある。ここで東京農大卒業後しばらくマンズワインで修業していた風間敬夫が、量は少なく、ひかえめなスタイルだが、けじめのついたワインを造っている。風間家は戦国時代黒川金山の奉行職を務めていた名門で、一四代目の敬一は日本酒醸造元でありながら東京の醸造試験所を出た後、山梨県醸造研究所に勤め、戦後の混乱期かつ物資の少なかった時代に飲料に値しない粗悪なワインを全量廃棄するという英断を断行した。そのかわり酸敗を除くメタ加里の使用許可を大蔵省が許可するように努力したり、山梨大学・県醸造研・業界技術者をまとめる中心人物となって山梨ワインの酒質向上に努めた。現在の山梨勝沼のワイン・センターを設立したのも敬一の尽力である。敬夫の長男聡一郎が三代目としてワイン造りに参加するようになって酒質が変わりつつある。

この四軒のほかに、ユニークな存在になっている中堅どころが三軒ある。

勝沼町でもやや西のはずれ等々力地区で、国道四一一号線沿いに、広い駐車場とモダンな平屋建ての建物が目立つのが「白百合醸造」。中に入ると広いホールがあり勝沼ワインをもっとよく知ってもらいたいという内田夫婦のねがいからいろいろ工夫をこらした展示場（オリジナル・ラベルもある）になっているし、一隅が有料試飲コーナーになっている。外の倉庫にはガラス工房まである。芸術家的風貌の内田多加夫（ワイン造りは二代目）が丹精こめてワインを造っている。ロリアン銘柄のうち、白の「リス・ブラン」は、甲州の逆浸透膜製法。白の甲州と、赤のマスカット・ベリーAはどちらも貯蔵をしたもので、それぞれ原料ブドウの欠点をなんとか克服しようとした努力が見える。インターナショナル・ワインチャレンジで賞を取ったり、『美味しんぼ』で紹介されたりしている。目下、カベルネ・ソーヴィニヨンやシャルドネにも挑戦中。もう一軒は「山梨ワイン」のすぐ近くの「ダイヤモンド酒造」。もともと近隣農家が集まって始めた事業だったが、昭和三八年雨宮正次が他の組合員の株を買って独立した。三代目吉男は優れたワイン造りには専門的知識が必要であることを痛感してボルドー大学とブルゴーニュの農業技術職業訓練所へ行って学んだ。才気煥発、理論家でその点が他のところと比べると異色。自社畑と親しい農家から買ったブドウで現在約六万五〇〇〇本強のワインを出している。向こう受けをねらったようなワイン造りをつつしみたいと考える理性と誠実さを合わせ持っている。すでにその実力を発揮した「甲州樽発酵」は国産ワインコンクールで銀賞と金賞を勝ち取っている。

別の異色ワイナリーは勝沼町下岩崎の「まるき葡萄酒」。白屋根、オレンジ・カラーのモダンなデザインの建物がまず目立つ。二階はアート・センターになっていて、テラスから周囲の畑が見える。創業は一八七七年と古く、昭和三四年までは地域の農家の共同事業的経営だった。当主の雨宮義人は、ワイン造りに一家言を持つ論客で、勝沼のワイン造りに詳しい。「昔は、どこも軒下につららが下がったものだ。今はない」と地球の暖温化、自動車交通網の発達による温度（ことに夜の気温）の上昇が勝沼を襲っていることを心配している。腕利きの製造部長の和田春夫とともに甲州の熟成ものやマスカット・ベリーAの品質向上に苦労しているが、山梨大学の山川教授が開発した「山ソーヴィニヨン」（ヤマブドウとカベルネ・ソーヴィニヨンとの交配種）、アリカントAを使った「甲州あかね」などをなんとか実用化できるように挑戦している（平成二五年に後継者がいないため、地元の建設業者清川浩志が譲り受けた）。

文字どおりのミニ・ミニ・ワイナリーで、量こそ少ないが、ミニでなければできない手塩にかけたワインできらりと光っているところが勝沼で一軒、塩山市に二軒ある。勝沼は「イケダワイナリー」。池田俊和は法政大学経済学部卒だが、自分のワインを造りたくて自宅の裏の小さな小屋を改装してワイン造りを始めた。規模は小さいが設備は最近のもの。まるき葡萄酒で働いたときの経験を生かしていて、樽のあつかいに習熟している。今まで生産わずか年間二万五〇〇〇本ほどだったが、「樽熟甲州」と「セレクト」の白は出色の出来栄え。甲州遅摘みの甘口、カベルネとマスカット・ベリーAのブレンドものの「セレクト」赤は酒躯が整っている。長男の秀俊も手伝って親子でやりだしたが岩崎に中規模の新醸造所を建てることができた。酒造りの腕は確かなのだから将来が楽しみ。塩山の方の一軒は地名をワイン名にした「奥野田葡萄酒醸造」。通り沿いに小さな町工場のようなワイナリーと思えない地味な建物がある。しかし、二階がアット・ホーム的なミニ・ワイン試飲室になっている。勝沼の人に尋ねても知らない人が多い新入り。もともとは大正時代、地元の農家が集まって地元消費ワインを造っていたところだが、東京農大醸造科を卒業し、中央葡萄酒でワイン造りを修業した中村雅量が平成元年に独立してここを引き継いだもの。年間わずか四万本程度の量である。赤の「夢郷奥野田」は、山梨のワインとしては珍しく色も濃く、かなり量感としっかりしたタンニンがある。同じ銘柄の白の「甲州」は香りも感じがよく、ソフトな口当たりでクリーンな味。メルローは、まだまだその良さが発揮されていない。ただこのあたりは畑の土質が良いのと、栽培方法をいろいろ工夫しているから将来はなかなかのものになる可能性をひめている。

もう一軒は塩山の奥、快川《かいせん》和尚が「心頭滅却すれば火もまた自ずから涼し」と喝破して火あぶりになった有名な恵林寺《えりんじ》の近くの「機山洋酒工業」。小ぎれいな民家の庭に小さなレセプション・ルームが設けてあって、若いが温和な人柄の土屋幸三夫妻が親切に応対してくれる。創業は昭和五年だからそう古くはないが、三代目幸三は大阪大学工学部発酵科学科卒。夫人はオーストラリアのアデレード大学で醸造学を学んできている。生産量は年間わずか三万本。使うブドウはすべて地元で栽培されたもので、外国産のものは使わない。白の「キザン」は甲州種一〇〇%、バランスがよくソフトで甲州ワインが日本食に合うという話を裏づけるような仕上がり。「キザンセレクション・シャルドネ」は自社畑、棚仕立てのもの。ここの笛吹川川岸の畑は一文字単梢でシャルドネを育てるというような工夫をこらしたもの。セレクションの赤は、ブラック・クイーン八〇%にマスカット・ベリーA二〇%という変わり種。ほかにボルドー・スタイルの赤もあるし、少量だが発泡《スパークリング》ワインやマール（粕とりブランデー）も造っている。実験的ワイナリーの感があるが、こうしたミニ・ワイナリーが、近い将来に新しいワインを創りだすかもしれない。

勝沼ワインの真打ちというか、それを無視して勝沼ワインを語れないワイナリーが、二軒ある。本格的国際レベルのワイン造りに努力し、ほかより一歩先んじているという意味で注目に値する。本当に優れたワインを生みだすためには、浅井昭吾が喝破したように高い志が要る。単においしいワインや変わったものを造ろうという動機から、現代醸造技術を使ってみるという小手先のワインいじりでできるものではない。まず自分が創りだしたいというワインについてきちんとしたコンセプトと理解力（舌も）をもつこと。そしてその目的に到達するための長期の展望をもち、長い試行錯誤のくり返しにくじけない意志をもって地道に品質を磨きあげる努力を積み重ねなければならない。そうしたスタンスを持っているのが「丸藤葡萄酒工業」と「中央葡萄酒」である。「ルバイヤート」の銘柄を出す丸藤は、明治二三年に大村治作がブドウ園と醸造所を興したという老舗。明治以来、四つの共同醸造事業に参加。多額の出資をしたがいずれも倒産。そのため、村の共同事業に手をだすなという家訓がある。昭和二三年に三代目忠雄が設立した現在の会社は、始めから独立独歩の一匹狼だった。このイランの有名な詩集の名前をとった「ルバイヤート」の銘柄名は詩人日夏耿之介《ひなつこうのすけ》が命名してくれたもの。『惜みなく愛は奪ふ』を書いた有島武郎、画家の有島生馬、白樺派の里見弴の三兄弟は、ルバイヤートのファンだった。現在ニュー・ウェーブのワイン造りに情熱を燃やしているのが社長の大村春夫。とにかく研究熱心で、失敗にめげず試行錯誤を重ねている。栽培でいえば、畑にヴィジョンがある。一ヘクタール弱の自社畑にシャルドネ、ソーヴィニヨン・ブラン、メルロー、カベルネ・ソーヴィニヨン、プティ・ヴェルドーを垣根仕立てで栽培。甲州種が一・三ヘクタールくらい。別に赤の主力になるメルローは三・六ヘクタールほど契約栽培で確保している。とにかく一〇年先を見越した長期展望で、まずブドウ造りから始めている。醸造についても、いろいろな発酵槽を使ったりして実験的プロセスを重ねている。日本人では早い時期にボルドー大学で学んできた大村春夫はボルドースタイルのワイン造りに熟達しているがその経験を生かしてプティ・ヴェルドーの量を増やすという手法で、山梨のワイン造りのクリーン・ヒットといえる傑作をつくりあげている。ワインは金儲けの手段ではないし、飲み手と作り手が手をとって品質向上に取り組まなければならないという発想から、「Rクラブ」の組織を作った。「蔵見学」を公開しただけでなくイベントの「蔵コン」ことルバイヤート・ワイナリーコンサートも年に一回開き、すでに一五回を重ねている。平成一四年は渡辺真知子が歌手のモダン・ジャズ。ここのワインを飲んでみたかったら、東京は神楽坂で春夫の弟の郁夫が経営している「ルバイヤート」というワイン・バーへ行けば、良い条件のものが飲める。

「中央葡萄酒」は街道沿いにある蔦の茂った建物。中に入ると外見とはまったく異なったシックなレセプション・ルーム。テイスティングも立派なテーブルとグラス。それだけでなくて、常時四名のプロの解説者を用意していて、見学者に畑の栽培状況から醸造所、そして立派な樽の熟成庫まで見せてきちんと説明してくれる。大手でないミニ醸造元でこうしたことをするのはそう容易なことでない。それをやっているのは、自分のワイン造りに自信と誇りを持っているからだ。ここも創業大正一二年の古い醸造元だが、東京工業大学理工研究科応用科学専攻卒の当主三澤茂計が現在家業を継いで二〇年目になる。その片腕になって支えているのが酒井正弘。勝沼町柏尾山の麓の鳥居平と菱山にある見事な畑にヨーロッパ種ブドウ（シャルドネ、メルロー、カベルネ・ソーヴィニヨンなど）を垣根仕立てで密植栽培している。日本での一般的な棚栽培なら、樹は五〇本もあればいいところである。それだけでも大変だが、さらに一本の樹につける房数も制限している。しかし、日本の風土になじむ国際種を探しあてるために、現在このワイナリーではヨーロッパ系ブドウを実験と挑戦を兼ねて栽培している。しかし外国種ばかりでなく地元種の「甲州」から国際的に評価されるワインを造ろうと執念を燃やしている。ここの銘柄は「グレイス」で、一九九九年には日本初の国際ワインコンクールで国産白ワイン部門で最優秀賞を獲得した。平成一五年から始まってすでに一〇回になる国産ワインコンクールでは、ここが丸藤葡萄酒と並んで上位の賞を取り続ける常連的存在になっている。

この中央葡萄酒に大変革が生じた。平成九年から北巨摩郡明野村、茅ヶ丘の、標高約七〇〇メートルのところにある南斜面に約九ヘクタールの畑を確保できたのだ。それだけでなく、畑の近くに灘の名門「多門」が持っていた「明野ワイナリー」の醸造所を買収することができたので畑と醸造所を合体して「ミサワワイナリー」と名づけた、甲斐駒ヶ岳を目の前に見る素晴らしいワイナリーが誕生したのである。植えたブドウは赤はメルロー、カベルネ・ソーヴィニヨン、カルベネ・フランなど四種、白はシャルドネだけ。ここは長い日照時間、少ない降雨量などを考えて選んだもので、火山灰系土壌

（黒ボク）に溝を掘り石灰岩の小石を埋め、別に排水管も埋めて、樹間には草を生やしている。苗木は二年間、トリップ式灌漑で根付きをはかっている。仕立ては垣根式でギュイヨー。さらに三澤茂計は畑を三ヘクタール増やし「甲州」の垣根仕立て栽培（ダブル・コンドン仕立て）に社運を賭けている。要するに一〇年サイクルの展望で、国産ワインの品質向上をねらっているので、こういう夢とそれを実現する熱気がないかぎり、日本のワインは国際競争のリングに上れないだろう。

中央葡萄酒は、いわば王道派であり、丸藤葡萄酒工業は野性・野心派である。この二軒のこれからの競争は見物だが、これに追いつき追い越そうというミニ・ワイナリーが生まれだしたのは心強い。注意深く見守ることと、激励と喝采を贈るのが、見物席にいる消費者ができることだろう。自分のところだけでなく勝沼のワインの知名度向上に公私ともに大奮闘している茂計に有力な助っ人ができた。フランスのボルドーとブルゴーニュ大学で学び、醸造学の資格を取った彩奈がミサワワイナリーのワイン造りに加わった。現にその知識がここのワインに磨きをかけている。

ワイナリー見学としては、勝沼はやっぱり抜群。JR中央線の塩山か勝沼ぶどう郷駅まで、都心新宿から二時間足らず。町営の見晴らしのいい「ぶどうの丘」にはイベント・ホールや、直売所には地元ワインが勢揃いしているし、地元出身の橋田雄二が腕を振るっているレストランもある。食べる方でいえば、勝沼ぶどう郷駅の前に大月の酒販店の店主でワインアドバイザーの長谷部賢が経営している「勝沼食堂パパソロッテ」があり、二〇号線勝沼バイパス沿いには銀座レカンのソムリエだった五味丈美が開いた「ビストロ・ミル・プランタン」がある。またルミエール・ワイナリーの中にオープンしたフレンチレストラン「ゼルコバ」は本格派で味もなかなかのもの。下岩崎の丘にはドイツ風レストラン「風《ヴァン》」がある。ちょっと足を伸ばして甲府の方へ行けば、国道一四〇号沿いに粋なフランス料理を出す「キャセロール」と、立派なレストラン「ボルドー」もある。また甲府市内にはフランス料理の老舗ボンマルシェが健在で、娘さんの吉田真弓がソムリエ。

ブドウ狩りなら九月だが、ワイナリー見学なら車と人がラッシュになるこのシーズンは避けた方がいい。冬でも、葉が落ちた畑で剪定や管理がよくわかる。ワインも新酒が利き酒できる。また勝沼の隣は一宮で春に桃の花が丘一面にピンクの絨毯を敷きつめ、その美しさは桜見物より素晴らしい。芽吹きの春と新緑のブドウ畑も決して悪くない。

もっと知りたい人のために

山梨のワインについては、上野晴朗『山梨のワイン発達史』（勝沼町・一九七七年）が詳しい。同書は山梨県だけでなく、全国のワインの歴史にも触れている。本書は各県の歴史についてはほとんどこの本を活用させていただいた。また、前に紹介した麻井宇介『日本のワイン・誕生と揺籃時代』（日本経済評論社・一九九二年）は、起源と初期について、もっと突っ込んだ追究をしている。二〇〇一年になって、やっと山梨日日新聞社から『山梨のワイン』が出された。これがいちばん詳しくて正確だったがすでに絶版。

なお、麻井宇介（浅井昭吾）は、メルシャン社の技術陣として勝沼のワイン造りに大きな影響を与えた。一九八六年に『ブドウ畑と食卓のあいだ』（日本経済評論社）、一九九二年に『ワインづくりの四季』（東京書籍選書）、二〇〇一年に『ワインづくりの思想』（中公新書）を書いた。この最後の本はまさしく警世の書で、ワインに関心を持つ人の必読の本。

なお、見逃せない本として、村木弘行『えのろじかる・のおと』（ヴィノテーク、一九九〇年）があり現代醸造学の基本をやさしく説いたもので、もし、山梨（というより全国）のワイナリーを見学するなら、前述の『ワインづくりの四季』とこの本を読んでから行けばワインについての知識がもっと深くなるだろう。同じように栽培と醸造について、もう少し知識が欲しかったら山梨大学後藤昭二名誉教授の『ブドウがブドウ酒にかわるとき』（中央法規出版・一九九七年）も、わかりやすい本である。醸造のメカニズムについては大塚謙一博士の『ワイン博士の本』（地球社・一九七三年）が実に良い本だが、残念ながら現在絶版。

なお、雁屋哲作・花咲アキラ画の『美味しんぼ』（小学館）第八〇巻が「日本全県味巡り・山梨編」になっている。国産ワインが日本食に合うというテーマを扱ってなかなか面白い。

六章　長野県

長野県は南北に長く伸びている県で、西は飛騨山脈（北アルプス）、南西は木曽山脈（中央アルプス）、南は赤石山脈（南アルプス）、東北は三国山脈、東南は八ヶ岳、中央には筑摩山地があり、全県これ山である。千曲川と高瀬川沿いに狭い盆地があり、その各山稜沿いの傾斜面はブドウの栽培に絶好の場所を供している。いうまでもなく、標高が高く寒冷で、場所によっては乾燥し（冬の積雪はあるが）、昼夜の温度差は大きい。いろいろな面でワイン向きなのであって、今までこの県でワインの生産が主要産業にならなかったのが不思議なくらいである。長野県は全国第四位の大果樹生産県で、ワインの生産量では大手ワイナリーがある山梨、北海道に負けて全国第六位だが、ワイン用ブドウの生産量は山梨を抜いて全国第一位である。

長野県はワイン造りの歴史も古く、はやくも明治五年、松本市の百瀬二郎がヤマブドウを原料とするワイン製造を許可されている。山梨県甲府市の山田宥教《ひろのり》と詫間憲久が国産ワイン第一号を誕生させたのと同じ年である。この人は県下独占販売権を握ろうとして成功せず、その後どうなったか資料的にはっきりしない。

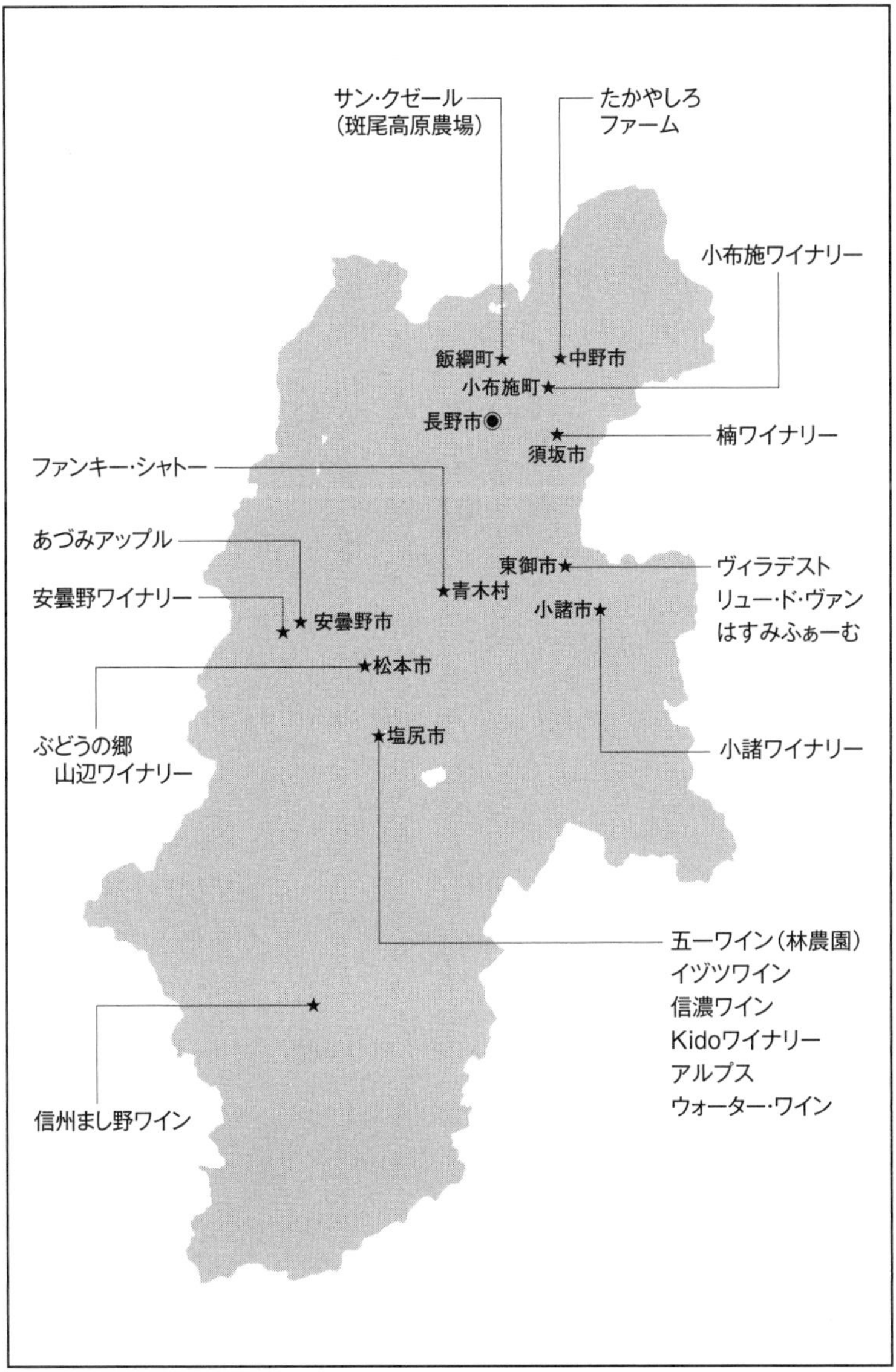
サン・クゼール
（斑尾高原農場）
たかやしろ
ファーム
小布施ワイナリー
飯綱町
中野市
小布施町
長野市
楠ワイナリー
須坂市
ファンキー・シャトー
あづみアップル
東御市
ヴィラデスト
リュー・ド・ヴァン
はすみふぁーむ
安曇野ワイナリー
青木村
小諸市
安曇野市
松本市
ぶどうの郷
山辺ワイナリー
塩尻市
小諸ワイナリー
五一ワイン（林農園）
イヅツワイン
信濃ワイン
Kidoワイナリー
アルプス
ウォーター・ワイン
信州まし野ワイン

明治七年に東京の政府勧業寮から長野県にブドウの苗木が配布されている。明治一二年、県勧業課から苗の配布を受けた松本市出身の山辺村の豊島新三郎が栽培を始めたのが民間では初めらしい。新三郎の孫の理喜司は祖父以上に熱心で、群馬県妙義山麓の小沢善平のブドウ園で研修生として西洋種のブドウ栽培とワイン醸造法を学んだ。帰省したときコンコード、ジンファンデル、ナイアガラ、ハートフォード、イザベラ、ムーアスデイアモンドなど二六品種三〇〇本を持ち帰って植えた。そのうちコンコードが風土に適していることから、農家が主力品種として受け入れるようになった。明治三六年に理喜司は独立の経営が難しくなったため、会社組織の信濃殖産株式会社を設立して資本を募り、畑も一五町歩にまで拡張したが、赤字経営になって解散した。明治四一年になって、塩尻村の大和寿雄がこれを買収しぶどう酒の醸造を始めた。成績も良好、内務省衛生試験所の分析結果もよく、「巴印葡萄酒」の商標で生ぶどう酒と甘味ぶどう酒を造り、信越方面にかなりの販路を持っていた。なお大正元年、台風のために多くの裂果や落果が出たが、これに小泉八百蔵が目をつけ、「酒精含有飲料」という名目でワインを造って成功している。この小泉の事業が桔梗ヶ原ワイン造りの再開の役を果たした。

また、小県《ちいさがた》郡傍陽村では、三ツ井庄次郎が「三ツ井醸造所」を興した。はじめはヤマブドウを原料にして「固印純粋葡萄酒」として売りに出していた。川上善兵衛の指導を受けて、チャンピオンほか米国種五十余株を譲り受け、二町歩のブドウ園を開いた。約八石のぶどう酒の生産をあげたが、害虫や疫病に傷められ、醸造法も稚拙《ちせつ》だったためか不良品が続出、明治三六年には閉園している。

以後、長い暗黒時代が続く。しかし桔梗ヶ原では、昭和に入ってナシだけでなくブドウの栽培も進む。県農試験所を誘致し、さらには林五一の主導で地元農家が栽培と販売を一貫して行なう出荷団体を結成。ジュースを出荷するだけでなく、大手甘味ブドウ酒製造会社に交渉し、寿屋や大黒葡萄酒の加工用原料ブドウの産地へと育っていった。戦時中は、ここも軍用の酒石酸を供給することでブドウ畑が生き残った。

第二次大戦後は、食糧事情の好転につれてデラウェアなどの生食用品種の栽培が始まり、更埴、須坂と千曲川沿いの雨量の少ない地域に広がっていった。昭和二五年に山形県から巨峰の苗木が導入され、気候が向いていたことと県の技術指導もあって生産が飛躍的に拡大、この種では日本一になっている。戦後の何回かのワイン・ブームの中で、桔梗ヶ原で一部の栽培家が本格的ワイン造りを企図するが、全体として必ずしも軌道に乗ったわけではなかった。ドラスティックな変化が起きるのは昭和五〇年になってからで、この地にメルローが向くことを察知したメルシャン社の呼びかけに、地元農家が結束してからである。農家の意識の切り替えには、浅井昭吾の説得と地元農家の組合長上野広市の努力が大きかった（その間の経緯は「塩尻分場五十五年のあゆみ」が詳しい。このパンフは桔梗ヶ原のブドウ栽培の沿革にもふれている）。メルシャン社の「桔梗ヶ原メルロー」の成功で、ここが一躍脚光を浴びることになる。

同じくシャルドネ種の将来性に目をつけたメルシャン社は、北信・中越地区の小県郡、須坂市、豊野町、高山村などの農家に呼びかけ、栽培契約を締結した。この地区のブドウを使った「メルシャン北信シャルドネ」は同社の目玉商品になりつつある。現在、世界はシャルドネ・ブームになっている。ブルゴーニュの辛口白ワインを生むこのブドウは、ほかの地方でも順応性があるからである。日本人は基本的に白ワインが好きだが、国産ブドウの「甲州」は甘口にするとうまく造れるが、辛口にするのは難しい。いまのところ、勝沼は甲州が主流だが、辛口白ワイン用にシャルドネを栽培する醸造元が増えつつある。しかし地勢や気候・気温の関係では、どうも長野県の方が向きそうである。現に、メルシャンの成功に刺激され、多くのワイナリーが、シャルドネに挑戦して成功しつつある。平成一四年、長野県は長野県ワインの振興と消費者の信頼確保を目的に「原産地呼称管理」制度を制定した。この制度は審査委員会が定めた一定の基準と官能検査にパスしたものに県が定めた呼称とシールを貼ることを許可するもの。この制定は完全に定着し長野県産ワインの品質向上に成果をあげている。ブドウの生産についても、生食用の巨峰の増産に加え、醸造用ブドウ産地の計画的な育成を行ないつつある(「長野県の園芸特産」という報告書がある)。県の指導の下で栽培家たちの努力がまとまれば、長野県が「シャルドネ王国」になることも夢ではない。

長野県でも、東信地区は新現象が生じている。現にそうした環境が形成されつつある。マンズ社の「小諸ワイナリー」が牽引車的役割を果たし、玉村豊男の「ヴィラデスト」が商業的ベースでないが、大成功している。加えてメルシャン社のマリコ・ヴィインヤードのブドウ畑が順調に軌道に乗りつつある。玉村の成功を見てその周辺にミニ・ワイナリーが誕生しはじめた。「千曲川ワインバレー」として長野県内に新しいワイン生産地区が形成しはじめたのだ。

南信地区では木曾郡木曾福島町で、(株)中西屋酒店が「木曾ワイン」を造っているが、塚本恵介がヤマブドウを使ったワインを造ろうと思いたって三五年になる。今はシャルドネとセミヨン、メルローも手がけている。同じく南信の下伊那郡松川町ではリンゴジュースを造ってきた宮沢喜好が「信州まし野ワイン」を興してメルローやシャルドネのワインを出している。また、同社は果樹農家の塩沢義男が野生のヤマブドウ(サンカクヅル)の栽培をしているのに目をつけ、このブドウを使って「行者の水」と名づけたワインにしている。いずれも成果はまだ未知数だが、注目する必要がある。

現在、長野県下で存在感を主張しだしているワイナリーとしては、桔梗ヶ原では「五一ワイン」、「イヅツワイン」で、「信濃ワイン」がそれを追っている。中信地区では、「斑尾《まだらお》高原農場」と「小布施ワイナリー」が確固たる地位を築きあげているし、中野市の新しい「たかやしろファーム」が頭角を現しだした。

県西では「安曇野ワイナリー」が存在感を誇っていた。経営難で一時休業したが新出資者を得て装いも新たに新スタートをした。穂高町ではあづみ農業協同組合の直営総合レジャー施設の中で、「株式会社あづみアップル」が誕生。ジュースで大成功し、ワイン造りも始めた。最近は本格的ワイン専用ブドウ（シャルドネ、メルローなど）を使ったワインを出している。

塩尻市の少しはずれ旧塩尻峠街道沿いに立派な工場をもつのが「アルプス」である（山梨県の同名のワイナリーとは、まったく別）。もともとジュースの製造販売の実績を持っていた。現在、低価格帯ワインを中心にして、営業政策が上手なためか、全国第七位の出荷量を出しているのには驚かされる（長野県下四〇〇軒の農家でアルプス出荷組合を結成し、原料供給を確保している）。

長野県は現在ワイン県としてまさに躍進中である。将来の展望を考えて、いくつかのワイナリーを紹介しなければならない。

五一ワイン（林農園）

「四爺さんの奮闘」の章で書いたように、ここは長野県ワインの草分け的存在。大正八年に植えた長野県最古のメルローが一本、まだ生き残っている。今でもワイナリーというより蔵元といいたいような外観だが、売上げは県内で第三位。なかなか野心的。

当主の林幹雄もすでに八四歳。栽培が本領の幹雄を醸造長の猪狩信次が醸造面で支えてきた。その猪狩も現在は引退して顧問。東京農大出の菊池敬がワイン造りの全責任を負ってがんばっている。

現在自社畑は、一二ヘクタール。契約栽培農家八〇軒が、五一ワイン加工ブドウ生産組合を結成して、品質維持に努めている。生産量は、瓶に換算で六〇万本だからちょっとしたもの。価格帯でみると、低価格帯が赤白ほぼ半分ずつで、全体の約五〇％。中価格帯のゴールド、シルバーが赤・白（甘口と辛口）・ロゼで、全体の約三〇％。上級品が赤・白で約二〇％。この比率は日本のワイナリーとしては経営上健全なところで、むしろ上級ものの層が厚いといえる。

原料ブドウとしては、赤はメルロー、カベルネ・ソーヴィニヨン、カベルネ・フラン、ピノ・ノワール。白はシャルドネ、セミヨン、ケルナー、セイベル九一一〇、リースリング。最近は白でソーヴィニヨン・ブランも始めたし、赤はピノに挑戦している（現在三〇〇〇本に増やし、四〇アールに厳選したクローンを植えている）。カベルネ・ソーヴィニヨンはここでは完熟しないきらいがあり、やはり桔梗ヶ原だからとメルローを増やしている。

桔梗ヶ原は、海抜約七〇〇メートル。年間降雨量は少ない（八三三〜一八九五ミリ、平均一二〇〇ミリくらい）。気温は、最高三六・五度、最低マイナス一五・八度（冬は厳しい）。ただ夏秋の一日は平均して昼中三〇度、夜は二〇〜一五度というように朝夕の温度差は大きい。土質でいうと、六〇万年くらい前に松本盆地の形成が始まり盆地の沈降によって周辺山地の浸食が進み、盆地に向かって砂礫層が堆積した。つまり、表土はローム層が一〜三メートル、その下部は粘土質になり、さらに下部に砂礫層が堆積されている（礫は硬砂岩と粘板岩）。ブドウが地中深くに根を伸ばしてくれれば、ワイン造りに最適である。林農園では、ローム層は酸性が強いため、焼牡蠣殻粉、石灰などを使って土壌改良を行なっている。また、全体として長年にわたる果樹栽培のための施肥で土壌が窒素過剰になっているので、施肥は避ける方針（たまに牛糞を使う程度で化学肥料は使わない）。林幹雄は、果樹栽培に深い知識と経験を持っているので、キュービテナーを使うポット式垣根仕立てを考案したり、草生栽培も活用している。ここで特に注目してよいのはブドウの仕立て法。植栽の一部にオーストラリアのスマート・マイヨルガー仕立て法を導入している。これは棚仕立てだが、従来のやり方とまったく違っていて、特有の新梢誘引で主枝を四方に整然と伸ばし、結果母枝を風下に伸ばすように配置する方法である。通風が良く、果実への日照は抜群である（この畑は見る価値がある）。

収穫量を抑えた上級ワインが悪くない。「ヴィンテージ」、「シャトー」、「スペリオール」（赤は、メルロー一〇〇％）、そして最高の「ロイヤル」（いずれも赤と白）など、日本のワインとして国際市場に出せるものが生まれつつある。

特筆がある。一九九三年は冷害の年で、ブドウが完熟しなかったので、摘み取りを二〜三週間ほど延ばした。するとある日、畑が真っ白になっていた。シャルドネ畑である。リースリングやセミヨンの貴腐化のことは知っていたが、まさかと思って一カ月半そのままで見守った。まぎれもなく貴腐だった。粒よりに摘んで仕込んだが、糖度が六〇前後という異常なものだったから、なかなか発酵が終わらない。二年たって発酵が終わり世界で稀なシャルドネの「貴腐ワイン」が誕生した。一九九八年に試飲させてもらったときは、ただすごく甘く濃厚というだけの印象だった。同じ年の瓶を二〇〇二年になって再び試飲する機会があったが驚くほど変貌していた。現在このワインを「貴腐郷四〇」として出している（シャルドネ七〇％、セミヨン約三〇％、年間約二七〇〇本）。フランスのソーテルヌとはまったく別の香りと味のもので、ワイン愛好家だったら、一度試してみたらいい。

イヅツワイン

桔梗ヶ原は、外見はどうということのない場所で、塩尻インターで降りて木曾街道へ向かうと、市街地が終わりかけたところにある。ゴチャゴチャしていて無味乾燥の街道沿いにブドウ畑がちらほら始まるあたりで、突然スマートな建物が目に入る。物腰おだやかで紳士風の当主塚原嘉章《よしあき》にぴったりのデザインで、内装も野暮ったい装飾過剰なものとは違って、落ち着いた雰囲気の売店と試飲コーナーになっている。ワインも、造り手の人柄を反映した誠実なものだし、醸造設備もととのっている。

祖父が神谷ブドー酒のために周辺農家のブドウを集めて出荷していて、昭和四年から八年にかけて現在のところに「イヅツ農園」を興した。昭和一二年頃の不況のときでも、年間四〇〇トンというかなりの量を出すようになった。東京や地元に一升瓶で売るほか、戦時中は軍用ワインで大繁盛だったこともある。昭和一二年、嘉章は東京に留学中で三五歳だったが、家を継ぐべく父に呼び戻された。山梨大発酵研究所に研究生として入所、栽培・醸造学の基礎を学ぶ。後に山梨大名誉教授になる後藤昭二博士がそのときの兄弟子。当時は、まだ桔梗ヶ原も、コンコード、ナイアガラ、デラウェア、カトーバなどのワインを造っている時代だった。

平成に入った頃から、「甲州」以外のブドウで本格的ワインを造ってみたいと考えるようになった。まず、社内に栽培部を作り、専門大学出の若い新進気鋭技師を四人雇った（斉藤伝《つとう》、西浦隆知《たかとし》、野田森《しん》はその後長く勤め、このワイナリーの技術陣の中核をになっている）。五種のワイン用ヨーロッパ種を植えた。一〇〇％国内栽培ブドウで、一〇〇〇円台で売れるワインを造るのが目的だった（結局当時一二〇〇円台になった）。低価格帯を維持しつつも高品質のものを造るというのが現在まで続くこのワイナリーの基本的ポリシー、ワイン造りを貫くひとつの信念になっている。マスコミ受けがするような高級ワインを、ほんの少しばかり造りあげて知名度をあげようという野心はない。それより一人でも多くの人が、手軽に飲めるレベルのワインの分野で、しっかりと筋が通っていて、けじめのついたワインを手堅く造りつづける。そして、少しずつでもこの分野のワインの品質を向上しなければならないという発想である。そう高くないワインを安直な手法で造りあげてお茶を濁し、それを売りまくっているところが多かった日本の中で、なかなかできないことだった。

現在、自社畑が一一ヘクタール、二〇〇軒もの契約栽培農家から少しずつかき集めるようにして原料を確保しているが、それらの畑の面積を合わせてみると五五ヘクタールにもなる。年間生産量は瓶換算で約九〇万本だからたいしたもの。長野県内では第二位か第三位。売上げでいうと七〜八億円になる。

このワイナリーが主力商品としている「単一品種シリーズ」は、メルローを中心に、マスカット・ベリーA樽熟成、ケルナー、ピノ・ブラン、ツヴァイゲルトレーベなど。ケルナーは、ドイツのブドウ交配の大傑作とされているもので、日本でも現在北海道で大成功をみている。ピノ・ブランは、フランスをはじめ中央ヨーロッパで広く栽培されている品種で、ピノ・ノワール系の中で色の明るいピノ・グリの突然変種の白とされているが、シャルドネと並んで日本でも注目していい品種である。

なんといって桔梗ヶ原の中心的ワイナリーだからメルローを軽視していないし、上級ワインへの挑戦をしていないわけでない。日本国産ワインコンクールで金賞をはじめ数多くの賞を取る常連的存在になっているが、日本のワイナリーで（大手を除いて）ここほど多くの賞を取っているところは少ないだろう。技術重視の賜物である。

また、ここはコンコードやナイアガラを使ったいわゆる「無添加ワイン」を二〇年も前からやっているから、その点でも先駆者。ただ、無添加ワインは保存がきかないことをよく理解しているから、予約した分しか醸造しないし、短命のことをきちんと買い手に説明している。

現在、このワイナリーを特徴づけているのは、若い技術陣を重視していることである。カルベネ・ソーヴィニヨンは日本でよいワインに仕上げるのが難しいが、このワイナリーはメルロー中心でありながらこの種のワイン造りに挑戦。素直で品種特性を出すのに成功している。

ワインを売るには消費者、ことにそれを売ってくれる小売店との対話が大切だということを考えた嘉章は、東京に出張所を設け、専従の直販セールスマンを置き、通常の流通業者を通さずに売りこむ方法を始めた。これは当時長野県ではどこもやっていなかった（現在は消費流通状況が変わったので中止）。カルベネ・ソーヴィニヨン造りに現れているように、そうしたファイティング・スピリッツがこのワイナリーの一面でもある。

信濃ワイン

桔梗ヶ原には、もう一軒旧家の「信濃ワイン」がある。塩原兼一が大正五年、ブドウ栽培を始め、武雄、博太と続き、現社長悟文《のりふみ》は四代目になる。そのほか、歴代でブドウ栽培・ワイン醸造にかかわってきた敬計、孝則、義一は、いずれも塩原姓の親族である。武雄の代にブドウ畑を広げ、当時八〇軒くらいが参加している出荷協同組合に加入、コンコード種で関西にまで販路を広げていたが、流行のデラウェアや甲州におされるようになる。武雄の長男博太の回顧談によると、販路拡大に腐心しているうちに東京の神田市場に出荷したはずの荷が市場に並んでいない。追跡調査したところ荷の引取先が寿屋（現サントリー）であることを探しあてて折衝した結果、寿屋が塩尻に工場を進出してくれることになったそうである。その後一社だけでは買いたたかれることに気がつき、同業の塩原米蔵・百瀬富雄・塩原鷹一たちと協力してタカラ酒造の会社「大黒葡萄酒」（現メルシャン）の工場誘致にも成功した（このあたりの経緯は資料によって説明が異なる）。

博太は松本商業学校卒業後、召集され、終戦で帰って家業を継ぐ。戦後の混乱期に父とジュースやワインなど食品加工の研究を始める。昭和二六年「塩原食品研究所」、昭和三〇年に「日本果汁工業株式会社」、昭和三二年に「塩原物産株式会社」を興し、父武雄を社長に兄弟力を合わせて、ブドウやリンゴの濃縮果汁や、トマトやピーチの加工販売を始めた。生ぶどう酒製造の免許を取ったが、それより苦労したのは売る方だった。リュックを背負って行商したが、生ぶどう酒を買ってくれるところは長野県はおろか東京・大阪でもほとんどなかった。しかし次第に口コミでお客が来るようになり、昭和三九年の東京オリンピックの時代になってやっとホテルからの注文がきたり、売れ行きも拡大するようになった。

昭和四一年武雄の死後、昭和四五年に博太と兄弟三人は設立一五周年を迎えて工場の設備を一新、昭和四九年から「信濃ワイン」、「信濃ジュース」の商標登録をして販路の拡大をはかった。以後、博太は塩尻市果樹振興協会や中信ワイン組合、塩尻商工会議所の役員として長野県ワインの振興に努力する。

現在、博太の長男悟文が栽培責任者の義一と酒質の向上をはかっているが、これを助けているのは百瀬一登、萩下雅巳、平成大樹（東京農大出）である。平成一一年には念願の地下セラーを備えた新社屋が完成した。自社所有畑が三〇ヘクタール、契約栽培農家が約一〇〇軒、栽培品種は、コンコード、ナイアガラ、マスカット・ベリーA、キャンベル、竜眼、巨峰などの在来種に加え、メルロー、シャルドネも栽培するようになった。年間生産量が二五万本、売上げは約四億円になる。

「信濃ワイン」の銘柄には「スタンダード」、「熟成シャルドネ」、「丸ごと生ぶどう酒」（赤・白）などがあるが、「樽熟メルロー二〇〇四」は国産ワインコンクールで見事に金賞を勝ちとっている。

Ｋｉｄｏワイナリー

桔梗ヶ原に新ワイナリーが一軒仲間入りをした。愛知県豊田市のサラリーマンの息子城戸亜紀人は山梨大学発酵化学研究センターを卒業し、「五一ワイン」で働いている時、若いワイン造りの人たちと知合いになり浅井昭吾に激励されて独立を決心。妻の実家城戸家の畑でシャルドネを栽培することから始めて平成一八年にＫｉｄｏワイナリーを立ち上げた。畑も小さいし若夫婦二人だけのワイン造りだが、はっきりとしたコンセプトを持っているだけに、そのシャルドネとメルローはワイン関係者の注目を引くと同時にワイン愛好家の指示も受け、文字どおりのミニ・ワイナリーだがすでに立派に存在感を示す地位を確立するようになっている。

ヴィラデスト

毎日新聞日曜版に美しい野菜や野の花の淡彩画を描きつづけた玉村豊男は、農園「ヴィラデスト」を経営している。東御《とうみ》市にあって、千曲川北岸、国道一八号線の北側南斜面にある。マンズ社の「小諸ワイナリー」からいくらも離れていない。

一九八三年に軽井沢、一九九一年夏からここに住みついて、食生活をテーマにした多彩な著述活動をしている。上信越高原、というより浅間山の西山麓にあたり、スキー場の菅平の方へ登る途中の旧河岸段丘。西はアルプスから美ヶ原、南は千曲川沿岸を一望できる素晴らしい眺望のところである。東京生まれ東京育ちの都会っ子であり、エッセイストである玉村がここに住みついたのは、もとはといえば、妻がハーブを中心にした園芸に夢中だったからだ。火山灰系の硬い酸性粘土の荒地で、単身独力で農業を始めるというのは容易なことではなかったが、ここでワインを造ろうと思いたった。このあたりが巨峰の名産地だったこともあるが、自分が毎日飲むのに適当な、それほどひどくない赤のテーブル・ワインが欲しかった。当時——最近は少し変わったが——安い値段で手に入る赤ワインがどうしても我慢ができなかったからだ。

というのも理由があって、玉村は東大在学中パリ大学言語学研究所に留学した経験があり、卒業後もツアー・コンダクターや通訳としてヨーロッパの生活になじんでいた。玉村の書いた『パリ旅の雑学ノート』、『ロンドン旅の雑学ノート』（新潮文庫）を読んでみれば、ヨーロッパの人々の生活に対する観点と蘊蓄《うんちく》が尋常でないことがわかる。いうならば、ワイン漬けになった生活を過ごした経験がある。また、酒一般についても、ただの文筆家と違った造詣を持っていて、「ＴａＫａＲａ酒生活文化研究所」の所長も務めていた。

ワイン造りについてはズブの素人だが、ワインを飲む方にかけてはかなりのキャリアを持つ玉村が、ワインを造ろうと思いついたとき、まず計画《スケジュール》を立てた。ブドウ農家やワイン研究所を訪ね、実地の基礎を学びながら自分の畑に最初の苗を植えつけるまでに約三年、そのブドウが充分な量の実を結ぶようになるまでまた三年、そしてそのブドウから自家製のワインが造れるようになるまで三、四年。つまり順調にいって一〇年かかると見込んだ。肝心要のブドウについては、このあたりは巨峰の名産地だったが、どうしてもワイン用のヨーロッパ系のブドウを植える決心をした。甲府の植原研究所におしかけていって植原宣紘と膝詰め談判、ブドウについての基礎知識から日本における植栽の実地の問題点までを詳しく聞き込んだ後で、メルローとシャルドネを選んだ。この県でも、またシャルドネに取り組む人が少なかった時代である（カベルネ・ソーヴィニヨン、ピノ・ノワール、ドイツ種、甲州は避けた）。

東部村（現在は東御市）は標高が高く、日照度がよく、降雨量が少なく、寒暖の差が大きい。そこまではいいが問題は土壌だと考えた。地元の農業改良普及所で分析してもらい、土壌成分表ではＰＨ六・三。火山灰性の土壌だから酸性が強いはずだが、それほどではない。しかしＰＨは七から七・五くらいないと、と言われる。有効態燐酸と置換性石灰とやらが足りないそうだ。そこで考えついたのは牡蠣を埋めることだった（それに先行して農園全体に牛糞を入れてもらったが、それだけでトラック一〇〇台分以上、全額にして百数十万円かかった）。牡蠣殻自体は石巻市の漁協に頼んでトラック便で運んでもらった。牡蠣殻は無料だったが一〇トン積みダンプに満載三台分。運賃だけで四〇万円近くかかった。それより大型ダンプが入れないので殻を畑の上の農道に積み上げ、それを人力で畑に落とすのは大変だった。

フランスに、知る人ぞ知る *Les vins de l'impossible*（不可能のワイン）という本がある。世界各地の不可能と思われるような気候風土の下でブドウとワインをつくっている実例を克明にレポートした本である。その本を読みながら、挫けそうになる気持ちに鞭を打ってがんばった。マンズ社勝沼工場からやってきた志村技師の助けを借り、六〇〇坪に樹間一・五メートル、列間二・五メートル、一列二〇本で二五列、五〇〇本の苗木を植えた。メルロー七割、シャルドネ二割。ブルゴーニュ風の赤がどうしても飲みたかったので、ピノ・ノワールも一割植えてみた。仕立てはレイン・カット方式。乾くとカチンカチン、雨が降るとドロドロになる粘土質畑での耕作や支柱立て、芽かき、草刈り、とんでもない虫害、殺虫殺菌剤の散布、その苦闘の物語は『私のワイン畑』（扶桑社、のちに中公文庫）に生き生きと描かれている。素人でもやる気になればここまでできるという絶好の見本である。ブドウ畑の手入れは、その後、浅井昭吾が指導しにきてくれるようになったし、収穫したブドウの仕込みはマンズ社の小諸ワイナリーでやってくれた。〇・六ヘクタールだった畑を少しずつ増やし、二ヘクタールにして二四〇〇本まで生産するつもりだった。

ところが平成一二年、玉村の人生を一八〇度転換させるような事件が起きた。酒文化研究所で関係があった宝酒造がワイン事業に進出することになったので東部村を推奨し準備が進む中で突然会社の経営方針が変わって中止になった。開発に協力してくれた町の多くの関係者に迷惑をかけることは無論、玉村自身畑を買い足し数千本の苗木まで買っていたのが宙に浮くことになった。窮地に陥った玉村は熟慮の末、妻の反対を押し切っても自分でやろうと決断する。いうまでもなく多くの問題があったがとりわけ問題は二億円という必要資金だった。絶望的と思っていた農林漁業金融公庫から一億円の融資を受けることができたし、妻の持っていたマンションも売ったがまだ足りない。窮余の末考えついたことは会員を募ってお金を集めることだった。五〇万円預って、一〇年間で五〇万円分のワインを頒布するというプロジェクト。そんな虫のいい話で多くの金が集まるはずがないというのがおおかたの予想だった。玉村の人徳もあってわずか一カ月で八〇名が入会、一〇〇名の定員を超える一二〇名が集った。

かくて装い新たに建ち上った見晴らしのいい丘の上のワイナリーは、おいしい料理とパンを出すテラス・レストラン、玉村の水彩画を含むブティック風なギャラリー、規模こそ小さいがコンパクトに整った醸造室、ハーブガーデンを含む楽しいレジャーポイントになっている。シャルドネとメルローを主体として三ヘクタールの垣根仕立てのブドウ畑も見事なものである。加えて、わざわざノルマンディまで行って製法を学んできたシードル。玉村が考案した装置から生まれるグラッパ（粕とりブランデー）などここでなくては飲めないお酒までが客を待ち受けている。話を聞いて訪れる客が絶えず、休日などは昼食は二回転。単なるワイン製法所でなく、はるばる足を運んでも決して裏切られることがない生きとし生けるものが生命の讃歌を歌いあげている場所なのだ。今まで日本になかった新しい総合文化施設・カルチュラル・センターの誕生である。

サン・クゼール（斑尾高原農場）

長野県といっても北東部、長野市の北奥に芋川という面白い名前のところがある。ＪＲ信越線牟礼《むれ》駅からタクシーで入るか、上信越自動車道・信州中野インターで降りて一五分くらい。戸隠高原か野尻湖の東南といったらわかりやすいかもしれない。スキー好きなら知っている斑尾山の南山麓になる。冬は豪雪地帯になるこの辺鄙《へんぴ》なところに、このワイナリーがぽつんとある。

それにはわけがあった。東京は池袋に、食品関係業者なら知っている久世商会がある。ここの長男、久世良三は、慶応大学経済学部卒のスポーツマン。学生時代スキー部の選手だったから信州中のスキー場を夫婦で滑りまわっていた。縁があって昭和五〇年に、スキーのアジトにするために斑尾でペンションを開業した。そのうち妻が興味を持ちだして、地元のリンゴや杏を使ったジャムを造りだした。もともと食品問屋育ちだったから企業化に成功、「野尻湖フルーツジャム」は買った人もあるはずである。

夫婦でヨーロッパ旅行をしているうちに、美しい田園風景と綺麗な家々、辺鄙なところにある素敵なレストラン……。そうした農村と文化の結びつきに心を引かれるようになった。日本でもそうした農村文化が興せないかと考え、どこか山奥でワイナリーをやってみたくなった。スキー場巡りで土地カンがあった北信地区を選び、地区行政者に相談をもちかけたところ、三水《さみず》村が最適だろうと推薦された。同町の町長が話を聞いて共鳴、土地探しに一緒にまわってくれた。ある日ふと見かけた小高い丘が良三の心に呼びかけ、ここだと直感した。町営「ふれあいの里」の少し上だった。町長の説得で地主の農家三〇軒が土地買収に承諾。農場作りと併行してレストランを建てた。見晴らしのいい丘の頂上の店は、こんなところにこんな店がと驚かされるほど本格的で、内装もシックなら、食器類も東京の一流店なみである。名古屋から呼んだシェフが腕を振るう有機農法の自家栽培の野菜を使った料理は、都市のホテルの結婚式披露宴のように手を抜いていない。これが次第に知れわたり、久世が敬虔なクリスチャンだから小さなチャペルまで建てたため、はるばるここまで来て結婚式のパーティをする若者たちが少なくない。なお本書旧版以後二度にわたって大改装をした。建物も別棟を新築したので、現在はのんびり楽しめる素晴らしいレジャー・スポットになっている。日本で訪れて裏切られないワイナリーのひとつ。

農場の創設は昭和五四年だが、ワイン醸造の免許を取ったのはそれから八年後の昭和六二年。現在は、年産、瓶でいうと二〇万本にまでなった。自社畑は現在全部で一〇ヘクタールになる。レストランの周囲と急斜面にある垣根仕立てのカベルネとメルローの畑もよく整っていて感じがいい。しかし、自社畑の本体はここでなく、約三キロばかり離れたところにある。村が国から農業補助金をもらって開いたリンゴ園がうまくいかなくて廃園になっていたところを、一部は譲ってもらい一部は借りた。ゆるやかな傾斜の広々とした畑は、全部で八ヘクタール、そのうちの六ヘクタールが、現役のシャルドネ畑である。下の方はメルローとピノ・ノワールを植えつけた。当初、ある人に頼んだそうで、はじめの頃の育枝には問題があったようだが、その後浅井昭吾に依頼して整いなおした。整ったギュイヨー式の垣根仕立ての畑は見事な光景で、現在日本で、個人所有でこれだけ広いシャルドネ畑はそうはないだろう。醸造所も、小さいが、現代的設備が完備し、コンパクトで機能的。当主が素人だから、現在ワイン造りは池田健二郎が担当、これを助けているのが平尾潤一と三浦秀一。また栽培は神戸ぶどう果樹研究所長だった三田村雅《ただし》の指導を仰いでいた時期もある。また池田健二郎はブルゴーニュの名門ミシェル・グロ家へ修業に行ったが、それが縁になって毎年スタッフを約一カ月間仕込みの時期に派遣し修業させている。栽培上の悩みは、冬の豪雪対策。病虫害の被害は、今のところあまりない（平成二四年は初めてベト病にやられた）。現在栽培している主要品種は、シャルドネ、カベルネ・

フラン、メルローなど。主要銘柄は「サンクゼール・シャルドネ」、「長野メルロー」、「ケルナー」（マスカット・ベリーA）などである。サンクゼールの名前は、カリフォルニア、ナパヴァレーのワイナリーを醸造の範としたためと言われているが、実は久世をもじったもの。ネーミングは別として、ワイン造りは真面目である。「バレル・シャルドネ」二〇〇一年ものでみれば、収穫は一〇月二六日と遅摘み。適熟健全果のみを房選り摘みしている。公表された果汁分析値でいうと、糖度は二四・五度、PHが三・四四で総酸度は一二・二〇度となっている。糖分がかなり高いからアルコールは一三度近くなることがわかる。ただ酸度の比率が高すぎる気もする。このとおりなら、酸がしっかりしたバックボーンになるワインが生まれるはず。スキンコンタクト（破砕後の果皮と果汁の接触、果皮浸漬）は二時間、酸化防止剤の添加は一〇PPMに抑えてある。搾汁率は六五・四％。

発酵と熟成に使う樽はフランス、ヌベール地方のもので二空き樽（三回目ものから使うので新樽でない）、酵母はラルバン社製EC一一一八を使っている。発酵は低温発酵。発酵と熟成を同じ樽で行なうから、樽に入っている期間は一〇月三一日から翌年五月一日まで、つまり六カ月間。その間、週に一回バトナージュ（攪拌、澱《おり》起こし）を行なっている。マロラクティック発酵は自然のもの。濾過は最小限（一回・充填時）、瓶詰は五月二三日である。ここのワイン造りの哲学は「できるかぎり、いじりすぎない」である。

こうしたブルゴーニュの上級ワインと同じような仕込み方で生まれた「バレル・シャルドネ」ものは、確かにきちんとしたワインになっている。カリフォルニアのシャルドネのように濃厚というか、太りすぎというか、くどさや重みはなくてすっきりしている。しかし、国際的レベルに達しているシャルドネが、長野県の山奥で生まれるようになったのは嬉しい。ブルゴーニュ・ファンの久世は、ピノ・ノワールへの挑戦も夢みている。

小布施《おぶせ》ワイナリー

小布施は可愛らしい町で、古い民家も残り、民芸品や土産物など楽しい買物ができる店が目立つ。そうした町はずれの一隅に、民家にはさまって、一軒ワイナリーがある。以前はワイナリーと呼ぶにはちょっと恥ずかしいような外観だった。内部の醸造所も素直にいって中古で、見栄えはしない（現在は改装した）。狭い階段を昇った二階が事務所になっていて、親切な初老の御夫婦がお客の世話をやいていた。当主の父母の曾我義雄夫婦だった。こんなところと思われるような場所から、誰もが注目するようなワインが生まれているのだから、ワインはやはり人が造るものだということを痛感させる。

実は、ここは古い日本酒の蔵元で「泉滝」の銘柄で日本酒をだしていた。第二次大戦中、戦時統制で多くの日本酒の蔵元が廃業を強制されたとき、ここも日本酒造りをあきらめた。原料のお米を配給してくれなくなったからである。それでも曾我義雄は酒造りをあきらめず、地元でとれるリンゴから細々とお酒を造りつづけていた。ちなみに、今でも樽内発酵のリンゴ酒、つまり本格派シードルを造っている。

昭和四六年生まれの曾我彰彦は、子供の頃からワインに関心を持った。山梨大の発酵生産学科を卒業した後、新潟の「カーブドッチ」まではるばる修業にいった。落希一郎が、日本では数少ない本格的ドイツワイン造りに挑戦していたからである。しかし一年間の修業期間の中で、彰彦は自分の味覚がドイツワインになじまないことを悟り、フランスワインに熱い希望をいだくようになる。

思いつのって一九九七年、メルシャン社の阪田嘉昭の紹介でブルゴーニュのビショー社に雇ってもらうことができた。大ネゴシアンで、この十数年来急激に事業に成功、拡大路線を走っている。この社が買収したワイナリーのひとつに、「ドメーヌ・デュ・クロ・フランタン」がある。ナポレオン帝政時代に陸軍元帥だったラグラン将軍のもので、ビショー社が虎の子のように大切にしている。ロマネ・コンティのあるヴォーヌ・ロマネ村にある。ここで、フランス人の二倍以上働くのが認められて、同じくビショー社の傘下に入っているドメーヌ・ロン・ドパキに配転してくれた。シャブリでグラン・クリュ畑の一割近くも持ち、グラン・クリュ・ワイン造りでは賞讃されている名門。当時、ブルゴーニュの名門酒造家で実地に修業して帰ったのは、日本では彰彦ひとりだった。運がよかったといえるが、その運はファイトと努力がもたらしたものだ。

平成一〇年、日本に帰ってくるや、一路、ワイン造りに専念。若い彰彦の話を聞いて、キャリアと野心のあるスタッフが集まってきた。古い醸造設備をいろいろ工夫してだましだまし使いながら、安易に妥協しない国際的に通用するワイン造りを志向。何が役に立つか運命はわからないもので、クロ・フランタンもロン・ドパキも醸造設備は古いもので、酒造りは伝統的手法だった。幸いなことに、祖父英雄が高山村に植えたシャルドネが無事に育っていた。ここはもともと降雨量が少なく、風通しがよくて、旧河川敷だった関係で水はけのよい土地である。九カ所に分散している自社畑（全部で三ヘクタール、後に増やして五ヘクタール）を、土質と微気象《ミクロクリマ》をみて四グループ（ムラサキ第一から第八まで、シンタ、ＨＩＤＥＯ）に分け、それぞれに合う品種を育てている。いうまでもなく全部垣根仕立て。現在出している銘柄は「ドメイヌ・ソガ」シリーズでシャルドネ、メルロー、カベルネ・ソーヴィニヨン、カベルネ・フラン、ピノ・ノワールなど。そのうち、シャルドネとメルローは大体五〇〇〇本くらい。彰彦が造るシャルドネは、まだ完成の域に達したとはいえないが、それでもブルゴーニュ風で酸のきれがよく、現在の日本のレベルでは確かに頭角を現している。ワイン造りには教科書で学べないノウハウがあるようだ。なお、彰彦はフランスにいた時にシャンパンに開眼。日本に帰って造ろうと帰国時に中古の装置を持って帰ったくらいだから、早くから本格的発泡ワインも造っている。

安曇野ワイナリー

長野県でも西のはずれ、北アルプスは常念岳の山麓に、一軒ぽつんと孤立したワイナリーが三郷村にある。木造平家建てだが広くて立派な売店、レストランと、地ビールの工場まであった。醸造所も、イタリア製の瓶詰機械など一応整っていた。

ここでワイン造りが始まったのは、もとはといえば農村の振興に努力した玉井袈裟男を慕って集まった農家の青年たちの勉強会からだった。地元産の果実になんとか付加価値をつけて出す方法がないかと考えて免許を買って、昭和五六年にワイン造りを始めたのは、現在とは離れたところだった。県の税務当局からもっと場所のよいところで観光を兼ねた工場を新設したらと勧められ、開設する準備をしてみたら総工事予算が五億円にもなった。融資は、地元の松本信用金庫が請けおってくれたが、いざ借り入れになると何名かいたメンバーも脱落。残ったのは、酪農家の犬飼義人だけだった。平成二年にワイナリーをオープンするまでには、工場の醸造機械の購入など苦労は多かった。ブドウ畑用の針金を売っている名古屋電線の技師の教えも仰いだが、後にメルシャン社の浅井昭吾の世話になった。自社畑は約二・三ヘクタール、それでは足りないから松本農協と契約して地元農家約三〇軒から原料ブドウを買って確保している。最盛期には年に六〇万本の瓶を売ったが、現在は減少し三〇万本ほど出している。栽培品種はケルナー、ナイアガラ、巨峰、それに善光寺だったが、メルローとシャルドネを増やす取り組みに着手している。

平成一九年に資金難から会社再生法を申請、長野県佐久市の樫山《かしやま》工業が買収。ビール工場だったところに新醸造所を建設した（名称を「安曇野ワイナリー」と変更）。リニューアルされたこのワイナリーがこれからどんな新路線を見せるか期待すること大である。

アルプス

東京で業界一部でしか知られていないが、長野県に大ワイナリーがもうひとつある。「株式会社アルプス」で、塩尻市に立派な本社があり（敷地面積一万五〇〇〇平方メートル）、須坂に大工場があり（敷地面積一万二〇〇〇平方メートル）、桔梗ヶ原に貯蔵庫（敷地面積一万平方メートル）、岐阜県羽島市に中部営業所もある。現在年生産量は瓶で三〇〇万本。「北海道ワイン」に次ぐ日本第七位の生産量である。これだけの生産量があって知られていないのは従来低価格帯ワインが中心で流通ルートが特殊（大手食品卸売り会社の国分が扱っている）だったことと、いわゆる御当地ワインを長野県内の各観光地から依頼されて造ってきたからである。また、この会社は古くからジュースに力を入れているから、ジュース・メーカーとして有名である。年間総売上げ額は約四〇億円で、その五割がジュースである。原料のブドウを買いつける農家は約四〇〇軒、アルプス出荷組合を使っている。

この会社がジュース造りを始めたいきさつや、その後の大発展ぶりについては実に面白い話があるが、本書は日本のワインを紹介するのが目的なので割愛する。ただその発展ぶりは矢ヶ崎啓一郎という実にユニークな人物の活動にかかっているということだけは指摘しておこう。なお、現社長矢ヶ崎啓一郎の長男矢ヶ崎学が常務取締役・工場長である。平成一〇年以降、上級ワイン造りにも力を入れだしたので、国産ワイン・コンクールで銀賞・銅賞を取るようになった。将来この会社の路線次第では、長野県で無視できない存在になるだろう。

新興ワイナリー

県内の各ワイナリーの成功が果樹県長野の県民を刺激しないはずがない。県内各所で果樹栽培家がワイン造りに目を向けワイナリー建設に取り組みはじめた。まだ準備段階、ないしは生まれてほやほやというところもあるが、すでに一定の地盤を固めだしたところが数軒ある。

そのひとつが「たかやしろファーム」。長野市北東の中野市で四軒の武田家が共同して興した。自家畑六ヘクタールで三カ所に分散しているが、それぞれ土質が異なる。それに応じてシャルドネ・セイベル、ケルナー、メルロー、カベルネ・ソーヴィニヨンなどを植えている。現在ワイン生産量は年間三万五〇〇〇本くらい。安易な第三セクター方式でなく、農家が自発的に立ち上って自分たちのワイン造りをして行くという新しいタイプのワイナリー。ワイン造りも誠実で、すでに国産ワインコンクールでも賞を取っている。もう一軒が「あづみアップル」。南穂高のあづみ農業協同組合が興したリゾート・スポット、スイス村があるがその中にワイナリーを作った。自社畑は三〇アールほどだが、原料のブドウは農協経由で確保している。今はシャルドネとメルローに力を入れているがコンコードやナイアガラ、ブラック・クイーンを使ったワインもある。ここは上高地や大町方面に行くバスの拠点になっているので、年間訪問客は八万人にものぼる。ワインも現在年間七万本が売れている。

メルシャンの北信シャルドネを生んでいるのは小布施町の隣の高山村だが、ここで佐藤宗一がメルシャン技術陣の指導を受けて素晴らしいシャルドネを出すようになった。現在三ヘクタールの自家畑を持ち（小布施ワイナリーの畑もここにあり、その少し上）、白滝ヶ原地区の農家に呼びかけて共同して栽培し、行く行くはワイナリーの設立も考えている。長野市の東にある須坂市で、オーストラリアのアデレード大学でワイン造りを学んだ楠茂幸が二〇一〇年に「楠ワイナリー」を興した。ワイン造りの基礎をきちんと学んできているから、造ったワインは長野県原産地呼称認定委員会ですでに二回審査員奨励賞を取っている。

こうした新ワイナリーに加えて松本市に「ぶどうの郷山辺ワイナリー」が、またヴィラデストの隣の特区地区で「リュー・ド・ヴァン」（小山英明）と「はすみふぁーむ」（蓮見喜昭）が誕生している。長野県は、現在ワイン産業を重視してその振興をはかり、壮大な「信州ワインバレー」構想をたて、その具体化に踏み切っている。その資料によると青木村には「ファンキー・シャトー」、塩尻市には「ウォーター・ワイン」があるようである。

七章　北海道

北海道ワインの激変

本書の旧版を書いたわずか一〇年前、東京で北海道のワインとして知られていたのは「十勝ワイン」くらいだった。平成一八年になって本書の各論になる『日本ワインを造る人々シリーズ・北海道のワイン』（ワイン王国）を書いた時、その変貌ぶりに驚かされ、将来北海道が日本の大ワイン生産地区になると予言したが、それが裏づけられつつある。本書の旧版で取りあげたワイナリー数はわずか六軒だったが、『北海道ワイン』では一二軒になった。ところが平成二四年のシリーズの完結時には、さらに一〇軒増えている（シリーズ完結祝いパーティの際に、九軒分の追録パンフを刷った。希望の方はワイン王国社にお問合わせください）。北海道のワインの歴史は古い。明治八年、明治政府は北海道開拓使庁に命じ、札幌市苗穂村に四十余町歩のブドウ園を開き、外国種のコンコード、イザベラ、ダイアナ、ハートフォード、ボルドー・ノワール、ベーコン、マクロなどの試験栽培を行なった。明治一〇年、米国種がようやく結実するようになったので、開拓使庁直営のぶどう酒醸造業を興

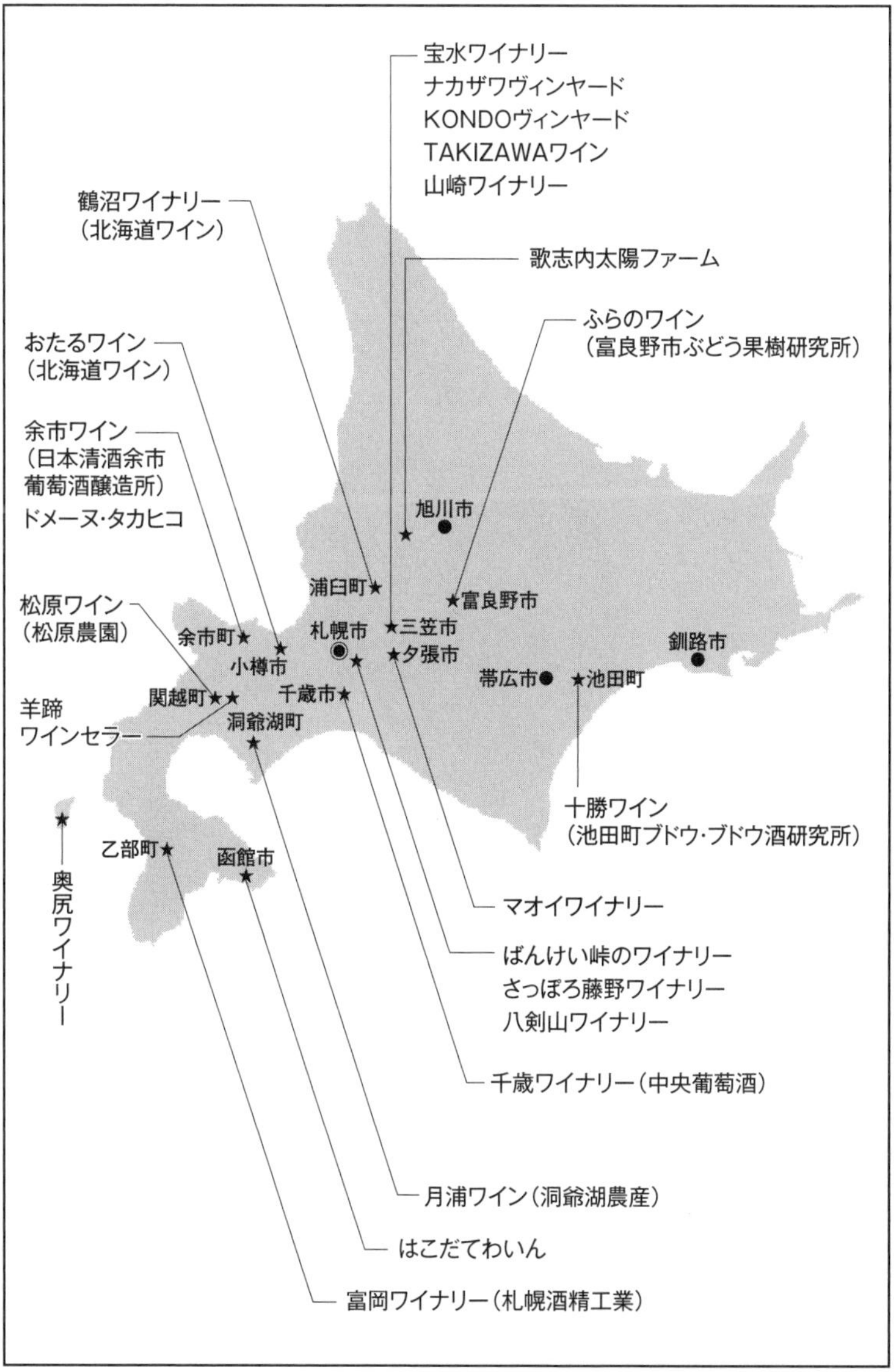

宝水ワイナリー
ナカザワヴィンヤード
KONDOヴィンヤード
TAKIZAWAワイン
山崎ワイナリー
鶴沼ワイナリー
（北海道ワイン）
歌志内太陽ファーム
ふらのワイン
（富良野市ぶどう果樹研究所）
おたるワイン
（北海道ワイン）
余市ワイン
（日本清酒余市
葡萄酒醸造所）
ドメーヌ・タカヒコ
旭川市
浦臼町
富良野市
松原ワイン
（松原農園）
札幌市
三笠市
余市町
小樽市
夕張市
釧路市
帯広市
池田町
関越町
千歳市
羊蹄
ワインセラー
洞爺湖町
十勝ワイン
（池田町ブドウ・ブドウ酒研究所）
乙部町
函館市
奥尻ワイナリー
マオイワイナリー
ばんけい峠のワイナリー
さっぽろ藤野ワイナリー
八剣山ワイナリー
千歳ワイナリー（中央葡萄酒）
月浦ワイン（洞爺湖農産）
はこだてわいん
富岡ワイナリー（札幌酒精工業）

した。その後、次第に欧州系のブドウに植え替え、ブドウ園は五〇ヘクタールまでに広げた。しかし明治一五年、開拓使庁は廃止され、総理大臣桂太郎の実弟で、山梨県勧業試験所にいた経歴をもつ桂二郎が、この醸造所の設備およびブドウ園の払い下げを受け、民間経営の「花菱葡萄酒醸造所」を興した。この会社は後に所有者が変わった。別に札幌葡萄酒製造業もできたが、当時の栽培醸造技術では北海道でのワイン造りは無理だったらしく、いずれも廃業した。

またそれとまったく別に、函館でプロシヤ人ガルトネルの開いた農場（ブドウを含む）を政府が買収して官園にしたが、それも姿を消した。以後大正、昭和と北海道にワインの闇黒時代が続く。これを破ったのが昭和三八年の「十勝ワイン」の誕生だったのである。

現在北海道に約二〇軒のワイナリーが散在しているが、大きくみて道東（十勝、ふらの）、道央（鶴沼、山崎、ナカザワ、宝水、10R、歌志内《うたしない》）、札幌周辺（おたる、余市、ドメーヌ・タカヒコ、千歳、マオイ、ばんけい峠、さっぽろ藤野、八剣山）、道西（月浦、松原、羊蹄ワインセラー、はこだて、富岡、奥尻）に分けることができる。最近、道央の中で空知《そらち》地区の発展が目立つ。これらの数多くのワイナリーをすべて説明するのは紙数との関係で無理なので特に重要なところを中心に紹介する。

十勝ワイン（池田町ブドウ・ブドウ酒研究所）

二〇世紀の後半、日本におけるワイン造りのサクセス・ストーリーといえば、池田町のワイナリーと、次に述べる北海道ワインになる。池田町は、北海道は十勝平野、帯広の近くである。エイのような形をした北海道を、大雪・日高山脈が南北に走って島を東西に分けている。札幌からは狩勝峠を越えていかないと十勝平野に入れないので、先進地帯の札幌からみれば「あちら側」、つまり小馬鹿にされた後進地・過疎地帯だった。

昭和二七年、丸谷金保青年が頭角を現わしたのは、士幌《しほろ》村の農民組合の専従職員としてだった。冷害農民の対税問題・借金策に駆けずりまわっているうちに、自衛隊演習地反対同盟の事務局長になり、二年間のねばりで基地闘争に成功する。ただ、現ナマ欲しさに土地を手放し離村した農家が多く、丸谷は農村の疲弊打破には新しい視点が必要であることを痛感する。昭和三二年、隣の池田町で町長が辞任する騒動が起こるが、その背景には誰にも救済できない赤字財政があった。町政の大刷新を切望する農村青年会の膝詰め談判に、丸谷は町長の立候補を決意する。保守党だけでなく社会党も対立候補の陣営に入るという挙町一致の敵地で、予想を破り僅差だが当選する。後に丸谷が常識破りの町営のワイン造りという事業に成功できたのも、実はこのヤングパワーの協力とエネルギーがあったからだ。町財政改革の中で、丸谷が考えたことは安易な工場誘致のような脱農村・都会化でなく、故郷の美しい自然を破壊しない新農村建設だった。秋にヤマブドウがたわわに実るのが池田町の風物詩だったことに気づき、ブドウ栽培が「町おこし」にならないかと考える。

昭和三五年、有志を募って「ブドウ愛好会」を発足させ、山梨から約四〇品種、五〇〇〇本を取り寄せた。ブドウはすくすくと育って、三七年には房が見事に色づいた。そのためブドウの苗木を欲しがる農家が続出。三八年には、町の産業課が窓口になって山梨から大量に苗木を導入、農家に分配し、町中でちょっとしたブドウブームが起きる。しかし、そうしたバラ色の夢は翌三九年に消し飛んでしまう。大冷害でブドウが全滅してしまったのである。

非難囂々《ごうごう》の嵐にさらされるが、丸谷は挫《くじ》けない。にわか勉強から始めたブドウについての研究を続ける。素人である職員を、国内留学として山梨・長野・東京へ派遣し、冷害対策を研究させるとともに、スタッフをプロへと育てていく。そうした中で、この町を変えさせることになる偶然の発見が起きる。現地指導に来ていた沢登晴雄が、ここのヤマブドウを見て「アムレンシス系」かもしれないと言いだす。この品種は、ソ連のアムール川流域が原産地の「ヴィティス・ヴィニフェラ系」、つまりワイン用ブドウだというのだ（コワニティ種ではないかと疑っている人もいる）。

これがきっかけになって、野生ヤマブドウを畑で本格的に栽培する作業が始まる。頭の堅い役人を口説き落として、営利を目的としない実験用として醸造許可の免許を取る。研究所の設置が許可条件といわれ、町長の自宅の片隅と上水道の地下の一室を学芸会のセットのようなにわか研究所に仕立て上げ、試験管やジューサーを持ちこんでオママゴトのような試醸を始める。このみすぼらしい一室から、日本のワイン史上画期的な出来事になる試醸第一号が誕生するのである。もっとも、このワインは飲めた代物でなかった。このヤマブドウから生まれた国産ワイン一号を、本格的ワインに仕立て上げていくのが岩野貞雄である。東京農大農芸化学科出身だが、イタリアのトリノ大学でブドウ栽培・醸造学を営んだ経験がある。毀誉褒貶《きよほうへん》の多かった人だったが、池田町でのこの成功と、戦後の日本の初期のワイン界での知識のレベルアップに貢献したことは確かである。昭和三八年、大塚謙一博士が、このヤマブドウ・ワインを国際ワインコンクールに出品することを薦めてくれる。誰もが半信半疑だったがブダペストのワインコンクールへ出品してみたところ、銅賞を獲得したのだ。この幸運のおかげで、町議会も町の事業としてワイン造りをすることを承認する。

十勝ワインは、ヤマブドウから造られていると思っている人が多いが、これは誤解である。昭和三九年の大冷害の時、多くのブドウ（一二〇種二万本）が枯死したが、わずか数種のブドウが生き残っていた。その中にセイベル系の赤があった（セイベルはフランスの数多くの交配種のひとつのグループで、番号で細分化されている）。三種の中の一三〇五三号に目をつけ、これを中心にブドウ畑の再興をはかったのである。現在約二ヘクタールもある町営の圃場（試験栽培畑）に約一〇〇〇本のセイベルをクローン別に栽培、優良品種の育成に努力しつづけた。現在約三万本のオリジナル交配種が育っている。その中の大ヒット作品が「清見」で、これがこのワイナリーの大黒柱になっている。ただ大冷害に遭うと、十勝は積雪がないため畑の土が凍り、根が枯死する。これを防ぐために畝間の土を掘りおこしてブドウの根のところに盛土をしてやらなければならない。それは重労働なので栽培農家が嫌った。盛土をしないですむように考えたのが、耐寒性のあるヤマブドウとの交配だった。これには気の遠くなるような手間が必要だった。約二万粒以上の交配を続けて生まれたのが「清舞」で、完成するのに二一年もかかっている。次に育てあげたのが「山幸」で清見にヤマブドウを交配したもの。なお別に「凋寒《セイオロサム》」というワインを出しているが、赤は清見とツヴァイゲルトレーベのブレンド、白はモリオ・マスカット、バッカス、などとのブレンドである。

現在、ＪＲ池田駅のホームに立つと、南の丘の上にそびえるコンクリート建ての異彩をはなつ建物が目につく。「ワイン城」こと「池田町ブドウ・ブドウ酒研究所」である。丘の上にコンクリートの船のように浮かぶワイナリーは総合施設で、名物の十勝牛料理がご自慢のレストランまである。働く従業員が九〇名（レストラン関係二〇名、栽培関係が一九名、醸造が二四名、その他が営業や事務）。年間生産量は一五〇〇キロリットル（二〇〇〇年度、出荷量は全国第九位）、売上げでいうと最盛期には一三億円に達し、東京の大手流通業者の国分や日酒販が扱っている。生産している酒類は多種多様で、本来のワインのほかに発泡《スパークリング》ワイン、酒精強化性《フォーティファイド》ワイン、リキュール、ブランデーにまで及んでいる。

肝心のワインでいうと、自社畑が約四〇ヘクタールだが、町内の契約栽培農家約一四戸、直営委託を含め、その総栽培面積は八三ヘクタールになる。そのほか、北海道南部、後志管内の仁木町農協との契約で三五ヘクタールの畑を確保している。それでもとても販売量を賄いきれず、輸入バルク・ワインにたよった時代もあった。しかし研究所による二〇〇種ほどの栽培・品質改良も進み、特有の栽培品種も生みだした。

初期に活躍した川口政憲、大井勝海、中林司の跡を継いで石橋弘、大石和也、望月宗明、横田益宏、有田富雄などの技術陣や人材が育ち、それを中心とする若い技術陣がさらなる改良品種に挑戦中である。「清見」、「清舞」、「山幸」と続くシリーズは、寒冷地産の赤ワインとして、現在、すでに日本が世界に存在を主張できるワインである。さらなる香りと味覚の洗練性が磨きあげられれば、誇りをもって国際的に通用できるワインとして主張することは不可能でないだろう。

北海道ワイン

社名が「北海道ワイン株式会社」だが、本社の所在地が小樽にある関係で、ワインのブランド名が「おたるワイン」。しかも主力畑が浦臼にあり、そこが別の「鶴沼ワイナリー」と名乗っているから、道外の人間は混乱する。しかし、知名度こそ劣るが、十勝ワインと並んで北海道を代表するワイナリーといえる。

昭和二年生まれの社長嶌村彰禧の実家は、山梨県塩山牛奥の果樹園業である。昭和二三年に、父とともに北海道へグルコースの買い集めに訪れたとき、集荷の責任者として小樽に残り、そのまま居ついた。旭化成の繊維部の代理店を担当していたこともあり、そのうちレーザー光線での布地の裁断と、コンピューターによるオーダーシステムの紳士服製造業の「紳装」という会社を設立して大成功した。後に事情があってこの会社を離れ、ワイン造りに専心するようになる。昭和四七年に、渡米した時、初めて、ヨーロッパのワインを飲み、甲州の地酒的ワインと違いすぎるのに驚かされる。さらにヨーロッパ視察旅行にいった際、ドイツのヴァイスベルグでワイン専攻教授が熱っぽくワインを語るのに触発され、ワイン造りをする決心をし、苗木（リースリング、シルヴァナー、ケルナー、ミュラー・トゥルガウなど）も買って帰った。帰日してワイナリー建設を準備するのと併行して、社員（現在の本間恒行専務）をドイツに研修にいかせ、そこで知り合ったドイツ人技師グスタフ・グリュンを招聘した。

小樽市の郊外、毛無山にワイナリーを建てたのが昭和四七年である。現在は増築されて立派な醸造設備を備えているが、使わなくなった電柱を廃物利用したログハウス、特殊なブドウ破砕・浸漬槽、二重構造のプレスを兼ねたステンレスタンク、摘んだブドウを運ぶ大きな金属製容器など、ユニークな装置と、見事なボトリング装置が共存している。当初、醸造を担当したドイツ人技師グスタフの影響である。また、このワイナリーのブドウ栽培を軌道に乗せたのは、鶴沼ワイナリーの総責任者の今村直である。

このワイナリーを量的・質的に大転換させたのは、昭和四九年の「鶴沼葡萄園」の開発だった。畑を拡大するために、小樽周辺では適当な土地がなかったので、道内をいろいろ物色中に、縁があって、浦臼町の町長と知り合いになり、町をあげての誘致にブドウ園の開発を決心する。浦臼は札幌の東北、岩見沢市の北になる。西に増毛《ましけ》連峰があって、日本海の厳しい冷風がさえぎられる、全体的に東に面した丘陵斜面である（小樽からは一〇〇キロ近く離れている）。

ここで、北海道ワインの子会社として「鶴沼台果樹生産組合」を設立し、耕作放棄地の約四一ヘクタールを購入。ヨーロッパ系ブドウの栽培を始めた。昭和四七年に農業生産法人、有限会社「鶴沼ワイナリー」を設立（醸造所はない）。北海道農業開発公社の資金援助によって（道庁が農地造成・土壌改良・植栽・管理施設など栽培管理条件を整備した上で農家に売り渡す、いわゆる建売果樹園方式）、昭和五四年に六〇ヘクタール、平成七年に一〇〇ヘクタールとブドウ畑を購入拡大していったのである。さらに、バッカスのお助けか、とんでもない幸運がとびこむ。自社畑の隣のゴルフ場付きリゾート計画が中止になり、二五〇ヘクタールという広大な土地を買うことができたのである。現在、耕作可能地として所有している土地が四四〇ヘクタール。そのうち、栽培現役地が一二〇ヘクタール、計画準備中が一〇〇ヘクタールである。ゆるやかな丘陵地に広大な垣根仕立てのブドウ畑が広がっている光景は、実に見事なもの。サントリーの登美農園を別にすれば、日本でこれだけの畑を持っているのはここだけだろう。日本一のブドウ畑といっても過言ではない。栽培品種は、試験栽培を含めると約五〇品種、そのうち一六品種にしぼりつつある。現在、中心になっているのは、セイベル、ミュラー・トゥルガウだが、ケルナー、バッカス、トラミーナー、ヴァイスブルグンダー、シュペートブルグンダーなどもあり、ピノ・ノワール、シャルドネやリースリングも栽培されている。

北海道ワインが飛躍する可能性を持ったのは、このすごい畑を持っているからだが、話はそれだけではない。小樽に本社があっても社名を「北海道ワイン」と名乗っているのは、北海道を日本一のワイン生産地方にしようという彰禧の夢があったからである。そのため、鶴沼の供給するブドウはこの会社が使うブドウの約三割にすぎない。全北海道の町村に散在する約五五〇軒の農家からブドウを買っているのである。これだけの広い各村のブドウを、収穫期に小樽に集めてきて醸造するというのは容易なことでない。それを見事になしとげているのである。さらに、ブドウの品質を向上するためワイン専用ブドウ栽培農家の育成にも力を入れている。

そうした中の契約栽培農家、藤本毅が家族ぐるみで手入れをしている畑は見事なものである。藤本は、単にブドウ栽培に経験と知識を持っているだけでなく、自分の栽培したブドウがワインに仕込まれたときにどうなるかという見通しを持っている。栽培だけでなく醸造にまで確固としたコンセプトを持つ契約農家を育てていくことは、日本のワインの品質向上のために不可欠で、それを実際にやっているところがこの会社の発展の基礎でもある。

現在、年間生産量は二〇〇〇キロリットル。年間売り上高を平成一六年でみても一八億円、全国第六位で、北海道ではトップになる。主力としているワインは、白のケルナー、ピノ・ブラン、トラミーナーだが、一三〇〇円クラスのワインで、これほどコスト・パフォーマンスのあるワイン（しかも輸入バルク・ワインを使わず）を出しているところは、日本にそうはない。

白の特醸物の「光芒ケルナー」も、日本の白ワインの平均値を抜いているが、「ミュラー・トゥルガウ完熟フリーラン」は出色。ドイツ生まれのブドウがはるか東洋の北海道でワインの花を咲かせたのだ。ただ、この品種は栽培が難しく、農家が嫌がるので、自社畑からしか造れないのがネックであろう。白の健闘ぶりだけでなく、赤もいろいろ研究しているようだが、この方はもう一息というところで、赤で頭角を現すにはまだ時間が必要なのだろう。

ふらのワイン

富良野市は、北海道を東西に分ける日高山脈を越す狩勝峠を通って少し東下したところになる。空知川をはさんだ盆地の南斜面、はるか帯広を臨む小高い丘の上に、モダンなワイナリーの建物が建っている。

ここは正式な名称が「富良野市ぶどう果樹研究所」になっていることからわかるように、町営で、もともとは農業振興の一環として、畑作ができないような場所での農家の新事業を助けるためにブドウや果樹の苗木を育成頒布するための施設だった。このいわば種苗センターといえる施設で、一万種以上の品種交配を試験栽培、現在は五〇〇種ほどにしぼっている。今でもバイオテクノロジーの技術で、ウイルス・フリーの苗木を育て、農家に売っているし、ハンガリーのイルシャイ・オリビア種を栽培したブドウジュースの試生産もしている。

昭和四七年にスタートした中で、ワインの醸造も考えるようになり、昭和五〇年に免許を取り、五二年からワイン生産に本腰を入れ、現在のワイナリーの建物の一部を新築した。音頭をとったのは当時の高松市長。お隣の池田町に頼んで技師を派遣してもらい、その技術指導下にワイナリーを完成させた。現在、清水山の山肌に二〇ヘクタールの直営ブドウ畑を開き、白はケルナーにミュラー・トゥルガウ、赤はセイベルが中心だったのをツヴァイゲルトレーベを増やしながら、ヨーロッパ種を栽培。それと別に、契約栽培農家が約四〇軒あり、その栽培面積が約四〇ヘクタール。年間四五〇トンの生産をあげている。ラベンダーの畑に囲まれたワイナリーは、その眺望と環境の美しさで観光客をひきつけ、年間二〇万人を超す人が訪れている。ワインの主力は、「ふらのワイン」の赤と白、それに特製のラベンダー・ボトルに入れたミュスカの甘口もものもある。ラベルのデザインが垢抜けしているので、訪れた客はよろこんで買っていくようだ。

上級品の白のうち、ケルナーは無難な造りで、ミュラー・トゥルガウはよくできていて国産ワインコンクールで特別賞を取っている。赤は、ツヴァイゲルトレーベを使ったもの。真面目に造られているが、このブドウは上級ワイン造りには本質的に限界があるようである。

面白い特醸ワインが二つある。ひとつは「羆《ひぐま》の晩酌」というラベルのもの。ここで開発したヤマブドウとセイベル一三〇五三との交配種のブドウを使ったもの。もしこの瓶をお土産にいただいて初めて飲んだとしたら、舌がショックを起こすだろう。もうひとつは「シャトー・ふらの」の赤で、これはヤマブドウとセイベル種を別々に仕込んでブレンドしたもの。この方はなかなか面白い味で、ブレンドの比率などをもっと工夫すれば、このシャトーの目玉商品になるかもしれない。いずれにしても、初版の時はまだ若い感じのするワイナリーだったが、今は北海道ワインの中堅的地位をしっかりと固めている。大川勝彦工場長の下、高橋克幸、橘信孝などの技師たちが、熱心に酒質向上に努めているから、町がこの二人にのびのびと仕事をさせたら優れたワインを出すようになることは確かである。

はこだてわいん

函館は、北海道でもひとつ雰囲気が違う街である。幕末から貿易港として西洋文化との関わりが深く、明治三年にプロシヤ人貿易商R・ガルトネルによって西洋式農業の試作が七飯村で行なわれ、米国より農機具や試験栽培として穀類、果樹類を輸入。その中にブドウもあった。明治政府の時代になると、北海道開拓使はガルトネルの農園を買収、「七飯《ななえ》官園」と名づけて、輸入したワイン用ブドウの研究栽培を試みている。時代はずっと下って昭和四年、北海道駒ヶ岳の大噴火後に森町でヤマブドウが勢いよく芽吹いたのを契機に、果樹園が設けられ、当時「小原商店」がヤマブドウを使用したスイートワインを「白熊ぶどう酒」「ホワイトベアー」の銘柄で、広くは道内をはじめ、千島樺太まで販売したそうである。戦後、小原商店株式会社は、高度成長期を機に本格的ワイン・ブームが起きる展望を見通し、昭和四八年に同社の果実酒醸造部門を分離して独立させ、現在の会社の前身である「駒ヶ岳酒造（株）」を創業した。昭和五九年に社名を「株式会社はこだてわいん」と改め、亀田郡七飯町に社屋と醸造所を新設。ブドウから造るワインだけでなく、さまざまなフルーツ（道内をはじめ日本各地の特産果実類）を原料にした酒類を数多く造りだしてきた。当初は「アッスル・ワイン」の銘柄で出していたが、その後「はこだてわいん」を商標名にした。本社は、国道五号線沿いにあり、広大な敷地に三角屋根がついたモダンな社屋と工場が建っている。内部は機能一本槍の工場然としているが、生産量が多いから設備は備っているし瓶詰めラインも立派。古い器具も大切にしていて新旧装置が同居している。ワインに悪いという考えから蛍光灯を使っていない。山をくりぬいた半地下状の貯蔵熟成庫は約四〇万本を収納できるという大規模なもの。

生産量は、日本全国で第八位。平成一三年度で一四四〇キロリットル、瓶換算で約二〇〇万本というから、たいしたもの。生産量でいえば北海道ワインに次ぐが、十勝ワインとほぼ同等。販路は道内はもちろん、全国に及んでいる。中には地方自治体などに委嘱され、その希望銘柄（オリジナル・オーダーラベル）で出すものもある。

自社畑は所有していないが、余市町周辺に契約栽培農家（面積約一五ヘクタール）がある。栽培品種はケルナー、セイベル（赤は一三〇五三、白は一〇〇七六）、ツヴァイゲルトレーベなどの在来種のほか、ミュラー・トゥルガウやピノ・ノワールも栽培している。

主力銘柄は、品種表示ワインのセイベル、ケルナー、ミュラー・トゥルガウ、ピノ・ロゼ（赤・白・ロゼ）（一二〇〇〜一四五〇円）、生産者証明ワインのケルナーとミュラー・トゥルガウ、ツヴァイケルトレーベなどだが、いくつかの「樽熟成」のものと「生産証明」向きの上級ものがある。

なおこの会社は、マスカット、リンゴ、マルメロ、プルーン、ザクロ、イチゴ、サクランボ、桃、洋梨、ブルーベリーなど、果実名を使ったフルーツワインを数多く出している。地元の農業振興のためにやめられないのかもしれない。

現在、代表取締役はこのワイナリーを立ちあげた宮田隆だが、このワイナリーのぬし的存在の製造部長浅利邦博ががんばっている。醸造上の問題としては、北海道のブドウは冷涼な気候の関係で、酸味が強いため、減酸が品質向上の重要な工程になっている。冷却処理によって慎重に除酸を行なっているが、こうした工程が今後も大きな課題になるだろう。

北海道としては、温暖な気候で、風光も美しい地方になる七飯町から、付加価値の高いワインを消費者にサービスするのが同社の抱負である。

余市ワイン

札幌に本社がある「日本清酒株式会社」は、余市に工場があって、「千歳鶴」銘柄の日本酒を出しているが、実は味噌のメーカーでもあって、札幌ラーメンを食べた人は、この味噌のお世話になっているはず。昭和一九年、軍需省の命令で、酒石酸を生産するため、小樽奥沢清酒工場の施設を利用し、塩谷、余市、仁木、銭函など、小樽市近郊の農業会からデラウェア、キャンベル・アーリー、ナイアガラ、コンコードなどのブドウを供出させてぶどう酒を造っていた。終戦とともに軍の需要目的は終了したが、アルコール飲料の不足時代だったことと、原料ブドウの入手が容易だったので、ぶどう酒の製造を続けたが、結局、昭和二五年にその生産を打ち切った。

昭和四七年、初期のワイン・ブームが起こったとき、北海道の日本酒メーカーの北の誉、男山、高砂、千歳鶴など数社が共同してワイン事業を始める話がまとまったが、それぞれ御家の事情などがあって、免許をとるまでに離脱し、地元の要請が強かった「日本清酒」だけが残ることになった。当時の社長は江守武雄。職員を東京の国税庁醸造試験所へ派遣し、戸塚昭のもとで研修させた。余市町黒川町にワイナリーを新設したのが昭和四九年、以後、今日にいたっている。ここは一時期評価が低退していたことがあった。というのも日本清酒は日本酒のメーカーだったが、流通部門に事業を拡大、北海道の大手ディストリビューターになっていた。近年の酒類流通業界の激変に対応するため新会社を設立し流通部門をそちらに移し、従業員も半分はそちらへ移った。そうした社内の構造改変の余波がワイン部門にしわよせされたのである。しかし、反面日本清酒としては、日本酒・味噌・ワインの製造に専念することができるようになった。現在新社長白髪良一の下、「日本酒とワインのコラボレーション」のスローガンの下で再スタートに取り組んでいる。余市工場に新ステンレスタンクが設置されたし、市内三条にある本社の前に「酒ミュージアム」を開設し、余市ワインのアンテナショップも新設した。

現在、年間生産量は約二〇万本。自社畑の地に八軒の半専従契約農家にワイン専用品種を栽培させている。また、余市の農協を通して原料確保をはかっている。

販売の主力は一〇〇〇円台の「エルム・ゴールド・シリーズ」で、赤・白・ロゼがあり、別にキャンベル・アーリーの甘口の赤もある。上級品としては、ケルナーと、バッカス、ミュラー・トゥルガウ（やや甘口の白）、ナイアガラ（甘口白）と、ツヴァイゲルトレーベの赤がある。特醸物としては余市産のケルナーの完熟ものと、ミュラー・トゥルガウの完熟ものがある。どのワインも真面目に造られているが、現在のところ、販路が道内に限られているため、販売に限界があるようである。

ワイナリー開設後、あまり新設設備投資をしていると見られなかった醸造所も設備が一新された。生産体制の改革や定年などで役員や技術陣も変わり、大島豪や佐々木裕司もやめて、現在は社長兼工場長佐藤和幸の下、園田稔が醸造責任者としてがんばっている。

富岡ワイナリー（旧称おとべワイン）

エイの形をした北海道の中で函館を中心とする尾ビレの部分は道南地方と呼ばれる。地形も山地が多く（主峰が標高一二七六メートルの遊楽部岳）、地質や植生も変わっている。その日本海側、「江差追分」で有名な江差から北へ二〇キロ、乙部町の海岸から約六キロ山の中に入ったところに「富岡ワイナリー」がある。ＪＲ線は江差までしかない。乙部町は海辺のレクリエーション地になっているが、そこから山に入った富岡はいわゆる過疎地。こうしたところで、独力でワイン造りを思いたったのが飯田清悦郎。産経新聞経済記者の後独立して経済ジャーナリストになった。四〇の後半になったとき、故郷帰りを考える。既存の作物体系以外の農業と、基礎的データの気象土質を調べているうちにこのあたりに植栽例のないブドウの栽培が浮かんできた。つてを求めて土地探しをしているうち、富岡の山の中に約三ヘクタールの用地を確保できるようになったのが昭和四九年だった。ブドウの栽培については、果樹専門家を訪ねたり、文献を集めた。

問題は資金だった。公庫の農業資金を借りるために奔走するが、官僚の弱い者いびりの厚い壁に歯軋りさせられる。結局、道の農業経済課が特例で近代化資金の融資をしてくれた。いざ畑づくりを始めると、文字どおり天災人災との苦闘の連続だった。

三ヘクタールの開墾地に植えたブドウは、ヤマブドウが二〇〇〇本、山梨から取り寄せたワイン専用品種が一五種五〇〇本。そのうち二五〇本が白のセイベルと生食用のブラック・ハンブルだった。世の中は悪いことばかりでない。昭和五三年の春、東京の新技術開発財団からの研究用の助成金が舞いこみ、涙がでるほど喜んだ。これは「リコー」の社長故市村清の資産を遺族が基金化したもので、名も知れない北海道の山奥の先駆的試みにこのような大金をプレゼントしてくれる民間機関と、融資の途を固く閉ざす官僚たちの系統金融機関とはまさに対照的であった。

昭和五四年五月に待望の果実酒試験醸造免許が下りた。ことによって、富岡農場が、やっと公に認知されることになった（飯田は農場に自分の名をつけなかった。村の中でも熱心に協力してくれた人たちもいたからである）。これを知った江差信用金庫乙部支店長は、試験醸造用の設備資金の融資をしてくれたし、乙部町長がとぼしい財政事情の中から金数十万円の産業奨励助成金を出してくれた。

醸造の実技については、「タケダワイナリー」の武田重信がわざわざ駆けつけてくれて指導に当たってくれた。原料ブドウを足でふみ潰し、布袋につめて人力の簡易搾汁機で果汁を搾りだし、函館近郊の清酒メーカーから払い下げてもらった中古タンク二基で仕込んだ。このようにして昭和五四年一二月、ついに幻の「山ブドウワイン」第一号が誕生した。そうした実績をみて、五五年に本免許が下りた。

本格的工場の建設には四〇〇〇万円以上の資金がいる。今までの資金集めでもやっとだった飯田にはとても無理な話だった。思いあぐねているところに幸運の神の手が伸ばされる。ひとつは当時の池田乙部町長が、町で工場を建てて貸してもいいと話をしてくれたこと。もうひとつは、農林漁業金融公庫の札幌支店長がてきぱきと資金融資を決めてくれたのである。結局、公庫資金導入の道を選び、自己負担の二割相当額を地元の信用金庫から借りることにした。

昭和五六年、二階建ての新工場建設が始まった。着工後二カ月半で寂寞とした山峡に異彩を放つ新工場が誕生したのである。昭和五一年開設当時、面積一ヘクタール、植栽数千本だったものから昭和五四年には面積三ヘクタール、植栽四〇〇〇本に増えた。竣工時の工場は醸造能力八〇キロリットル、年間四万本の瓶を出荷できるようになったのである。そのうち渡辺文雄が日本テレビの「遠くへ行きたい」で紹介してくれたりして、次第に知名度も上がってきた。

自己所有の耕作畑約一〇・五ヘクタール、年生産量が瓶で五～六万本、売上げで年間約五五〇〇万円くらい。栽培品種は、メルロー、カベルネ、シャルドネのほかハンガリー系のザラジェンジュ、セイベルの白と赤。それと原産種のヤマブドウ。出しているワインは「遊楽部」銘柄の白（ザラジェンジュが主体）、赤（メルロー主体）、シャルドネ表示の白とハーダム表示の赤（ハーダムはアイヌ語で「ヤマブドウの実」の意味）。それと「おとべワイン」銘柄の白（セイベル九一一〇と在来種）、赤（セイベル一三〇五三、ヤマブドウ交配種が主原料）や、甘口のロゼなどである。

飯田の長年にわたる孤軍奮闘にも拘らず資金難で経営が行きづまったか、飯田の老令化のためか、経営者が変わり、名称も「札幌酒精工業富岡ワイナリー」に変わった。

新ワイナリー

旧版が出された後、一六の新ワイナリーが出現している（正確にいうと千歳ワイナリー、山崎ワイナリー、月浦ワイン醸造所、松浦農園などは旧版以前から存在していたのだが、筆者が知らなかった）。これらのワイナリーを単に列記したのでは北海道全体との関連が把え難い。そのため地理的区分をした上で、それぞれを紹介する。

道東

北海道を南北に貫く日高山脈の東は、地勢・気象・文化的にも西とは異なっている。北海道の中心札幌と交通の点で隔てられていたという歴史的事情がある。道東には「十勝ワイン」（既述）と「ふらのワイン」（既述）しかない。「十勝ワイン」は気象（積雪がない）の点でも北海道の他のワイナリーと違っている。

道央

一口に道央といっても、その地勢気象はさまざまである。最近の顕著な現象は空知《そらち》川を中心として岩見沢市三笠市を含む空知地区に、いくつかのワイナリーが集中してブロックを形成したようになっていることである。これはいろいろな意味（相互研究・競争と、知名度の形成、共同流通）で関心を引く。「鶴沼ワイナリー」はこのブロックに入るが既述。

「山崎ワイナリー」酪農学園短大卒の山崎和幸が平成一〇年から始めた。コンパクトに設計された醸造所を持ち、家族ぐるみの経営（長男は東京農大応用生物醸造科卒）。四・五ヘクタールの畑にピノ・ノワール、ツヴァイゲルトレーベ、メルロー、バッカス、ケルナー、シャルドネなど約一万本。年産約一万五千円、売上三五〇〇万円。ピノ・ノワールが注目を引いている。

「宝水ワイナリー」地元の農家が集って平成一七年に農業生産法人宝水ワイナリーを設立。なだらかな東向き斜面の自社畑は六・五ヘクタール。栽培品種はケルナー、レンベルガー、シャルドネ、ピノ・ノワールで、生産が約三万本。ギャラリー風建物の醸造所。社長は農家三代目の倉内武美、醸造責任者は石塚創。ワインは整っている。

「歌志内太陽ファーム」は日本最北のワイナリー。もと炭鉱地帯で地元の炭鉱会社がブドウ栽培を始めたが倒産。札幌の太陽グループが、平成一三年に農業生産法人歌志内太陽ファームを設立して事業を引継ぐ。畑は標高一七〇〜二四〇メートル、五・五ヘクタール。年収穫は平均一六トン。栽培品種は赤はセイベル、ツヴァイゲルトレーベ、ドルフェンダー、白はソーヴィニヨン・ブラン、ピノ・グリなど。ここは畑がズリ山（石炭を選んで取った残りの岩石）の活用という特殊な地質。所有総面積一〇六ヘクタールもあり、ブドウ畑以外のところは野菜栽培をしている。平成二三年は鳥虫害のためブドウの収穫はゼロになったが、野菜（シイタケの栽培を含む）の売上げで総収入はゼロにならなかった。ワインは未知数。

「10Ｒワイナリー」栃木県の「ココ・ファーム・ワイナリー」を成功させたブルース・ガットラブが

独立して興した。ブルースはカリフォルニア大学デーヴィス校出身、ワインコンサルタントをしていたが招かれて来日。二年の約束が一〇年になった。日本各地を見廻った末、岩見沢市栗沢町に適地を買った。農地全体は一〇ヘクタールだが、そのうちとりあえず一・五ヘクタールをブドウ畑にした。畝《うね》は斜面を上下に縦断（通風をよくするため）、畝間二・三メートル、樹《じゅ》間は一メートル、植栽はヘクタール当たり四四〇〇本、仕立てはギヨー・ダブルの短梢（降雪対策）。植えたブドウはピノ・ノワールとソーヴィニヨン・ブラン。ピノについては後述するが、ソーヴィニヨン・ブランは現在世界でシャルドネに次ぐ辛口白ワイン用の人気品種。日本では多くのワイナリーがシャルドネに走っているがソーヴィニヨン・ブランに本格的に取り組んでいるところはメルシャン（マリコ・ヴィンヤード）を除いてまずない。そうした時流に抗してソーヴィニヨン造りに本腰を入れるのは尋常でない。一定の広さの自社畑を持ち、栽培品種を絞り、ブドウの栽培と醸造の方法に精通した者がワイン造りに専心するということは、優れたワイン造りを指向する中小ワイナリーにとって必須の要件である。ブルースは栽培と醸造の両方にわたってのベテラン。後述のドメーヌ・タカヒコと並んでここに日本でも本当の意味の「ヴィニェロン」が出現した。

「ナカザワヴィンヤード」三笠市に「北海道ワイン」の畑があり、そこで働いていた中沢一行が独立して、ここでブドウ栽培を始めた。買った土地は四・六ヘクタール。そのうち現在二・七ヘクタールを栽培中。他人を使わないで中沢夫妻だけですべてをまかなっている。醸造所はないからワイン造りはしない。ワイン専用品種のブドウの栽培に専念している。だからワイナリーと名づけず「ヴィンヤード」と自称している。こうした業務形態は日本ではまだ新しく、後述の「松原農園」と、三笠市で平成一六年滝沢信夫が始めた「TAKIZAWAワイン」、同じく三笠市で平成一八年に近藤良介が始めた「KONDOヴィンヤード」くらいである。同じワイン造りを目指すといっても自分の能力をよく自覚してブドウ造りの部分に専念するという考え方は現在の日本で非常に重要である。こうしたヴィンヤード経営に心から声援を送りたい。なお、ここはブドウをココ・ファームに供給しているが、できたワインの一部（年四五〇〇本）を自分のワインとして売り、生計を維持しているところは微笑えましい。

札幌周辺

ワイン造りは事業として行なうために造ったワインが売れなければならない。北海道の首都、大消費地札幌市周辺にワイナリーが生まれるというのはその意味では必然であろう。既述の「おたるワイン」と「余市ワイン」もこのブロックに含められるが、その外に五軒のワイナリーがある。

「千歳ワイナリー」山梨県勝沼の章でふれた「中央葡萄酒」の三澤茂計が、空港のある千歳市の農協に依嘱されて地元で採れるハスカップの実を使った酒造りを手伝いだしたのが昭和六三年。そのうちワイン造りも始めるようになった。山梨と遠く離れた北海道で三澤がワイン造りを決断したのは、地球の温暖化による勝沼の危機と、寒冷だが広大な北海道という地の将来性を考えたからである。良いブドウは千歳地帯では無理と考えた三澤は余市でワイン用ブドウ栽培を行なっている木村忠（約六ヘクタールの自家畑を所有）と提携してそれを使うことにした。ワインは現在白ワイン用のケルナーが約二〇トン（瓶換算で約二万本）、赤用のピノ・ノワールが約四トンである。すでにケルナーは国産ワインコンクールで銀賞を取っているが、三澤の本当のねらいはピノ・ノワールである。この難しいブドウを使ったワイン造りには長い期間をかけた試作が必要と考え、長男三澤計史を社長として自分の夢を託している。

「八剣山ワイナリー」札幌から定山渓温泉に行く途中に八剣山という奇岩の孤丘がある。その麓に平成二三年、地質調査企業の社長でもともと果樹園栽培にも縁があった亀和田俊一がワイナリーを建てた。変わったデザインの建物は小さいが、醸造設備はコンパクトに整っている本格派。現在自社畑は六・五ヘクタールだが、そのうち二ヘクタールを三つの圃場（試験畑）にして数十種の品種を試栽培している。シャルドネ、リースリング、ピノ・ブラン、ピノ・グリ、カベルネ・フラン、そしてセイベル一三〇五三など、北海道に向きそうな品種はほぼそろっている。この中からこの地に合う品種を選んで主力にして行く方針。一見遠大な構想だが、新開地でワイン造りを始める以上、単なる思いつきでなくこのような基礎作業が必要なのである。まだワインは未知数だが亀和田の努力が一〇年くらい積み重ねられれば、北海道で上位にランクされる地位を占める可能性をひめている。

「マオイワイナリー」札幌市の東、夕張との中間あたりに長沼町があるが、平成一八年電気関係の仕事をしていた向井隆が六〇歳を機に、ここで念願の自給自足の生活に踏み切った。実際に開墾を始めると岩と砂利が多く耕作が困難だったのでブドウを植えた。主力は寒さに強そうな山ソーヴィニヨン。栽培と醸造は独学で学んだが、困った時は「北海道ワイン」の古川準三が相談に乗ってくれた。年生産が約八三〇〇本と極小ワイナリー。ワインはコマーシャル・ベースでないが、隠居仕事でブドウの手入れをするというらやましい老後生活を送っている。

「さっぽろ藤野ワイナリー」札幌市藤野に、旭観光グループの伊與部淑恵と妹の佐藤與子が平成二一年にかわいらしいワイナリーを開いた。自社畑は近くにあるエルクの森の中にある。小さいながら小ぎれいなワインショップと醸造設備もあり、ワイン造りは「ＫＯＮＤＯヴィンヤード」の近藤良介の指導を受けている。ワインは約七種、生産量は最大で年一万二〇〇〇本。姉妹が楽しんで経営しているミニ・ワイナリーである。

「ばんけい峠のワイナリー」札幌市の南西に盤渓峠があり（近くにスキー場がある）、ここにもと北海道経済産業局に勤務していた田中修二がワイナリーを建てワイン造りをすべて夫婦でやっている。文句どおり手造りワインである。峠の茶屋を名乗るロッジ風のカフェ兼売店もあり、近くに畑もある。かなり以前から始めているが詳細なデータはわからない。

道西

北海道を道東と道西に大区分し、その間に中心の道央と札幌市周辺を入れた場合、どちらに入れたらよいか迷うのが「余市」である。余市は札幌から高速道路を使えばそう遠くないし、小樽の西隣である。昔からここは有力な果樹栽培地区で、北海道名物のリンゴもここから始まったくらい果実の生産に適している。地勢がいいからで、今は北海道でも最適のブドウ栽培地区になった。「余市ワイン」があるだけでなく、前述のワイン用ブドウ専門栽培家たちが藤本毅を中心にグループを形成している。

「ドメーヌ・タカヒコ」こうした状況を把握して、前述のブルースと共に「ココ・ファーム」から独立して、余市を本拠に定めたのが曾我貴彦。現在四・五ヘクタールの所有地のうち三ヘクタールをブドウ畑にしている。土質は灰色粘土質、畝間は二・四メートル、樹間は一・二メートル、栽培樹数はヘクタール当たり三五〇〇本、仕立はギヨー・サンブル、樹高は一・五メートル、収量はヘクタール当たり八～一〇トン……。こう書くと無味乾燥だが、特筆に値するのは、ブドウがピノ・ノワールだけということである。ピノ・ノワールはブルゴーニュの世界最高の赤ワインを生むブドウだが気難しい品種で、世界各地で挑戦しているがなかなか傑出したワインができない。日本にも向きそうなので、すでに多くのワイナリーがピノを植えてワインを出しているところも増えている。しかしワインにするとぱっとしないし、品種特性が出ない。それをあえてピノを選び、人生を賭してみようと決心したわけである。日本におけるヴィニュロンといえるブルースと貴彦がこれから北海道でどう競争していくか楽しみである。仕事はすべて貴彦夫婦でやって人手を借りていない。現在生産出荷できているのはまだ一万本位。売り上げが年二〇〇〇万円くらいになればよいと考えている。今のところ品質は至上の域に達していないが、樹齢が高まるのと貴彦の技術が向上するにつれて（我流に溺れないかぎり）、まだまだよくなるはずである。

道西には前述の「はこだてワイン」と「富岡ワイナリー」があるが、いくつかの注目してよいワイナリーがある。

「月浦ワイン醸造所」有名な洞爺湖のほとりで医療関係の事業をしていた岸本勝保が、地元の関係者から何か特産品ができないかと言われてブドウ栽培に着手したのが昭和六〇年、今から三〇年も前の話である。現実にワイナリーを建て免許がおりたのが平成一三年。現在の社長は勝保の息子の岸本雅直。ワイナリーは虻田《あぶた》町にあるが、畑は湖畔にあり約七ヘクタール。植えているブドウが特殊でドイツ系のミュラー・トゥルガウとドルフェンダーに絞っている（ケルナーも少し植えている）。生産量は瓶で約一万本。すべてこの自社畑だけで契約栽培農家はない。社長ほか従業員四名ですべてをやっている。ここが感心させられるのは科学的に観察したデータがきちんと記録整理されている点である。小さなワイナリーでこのようなことをきちんとやっているところはまず見かけない。樹齢は二〇年を超えているし、生産制限を厳格に守っているから、ワインは個性をもった特色あるものになっている。今後も品質がさらに向上するだろう。

「松原農園」北海道ワインで七年間働いた松原研二が、自分でやりたくて独立したのが平成六年。場所はニセコ連峰の羊蹄山山麓。苦労して手に入れた土地は僅か一ヘクタール、年生産が約七〇〇本、売上金額は約一〇〇〇万円。醸造はすべて北海道ワインで行なってもらっている。つまりブドウ栽培専門である。前に空知のところでふれた新しく増えつつあるヴィンヤードのはしりである。それだけでなく、ここが特筆できるのは、ドイツ系品種ミューラー・トゥガウの特質に惚れこみ、これで優れたワインを造ってみようと人生を賭したところが他と違っている。このブドウから日本で優れたワインが生まれる可能性のあることは「北海道ワイン」でも気がついていたが、栽培が難かしく農家が嫌って扱いたがらない。それだけに「北海道ワイン」も松原の努力を温かく見守り、醸造を引き受けているのである。こうしたコラボレーションは重要である。

すべてを松原夫妻が行ない、一般市販していないが、このワインの良さを知った全国各地のファンの注文でなんとか売り切っている。

「奥尻ワイナリー」函館の西、日本海に浮ぶ奥尻島にもワイナリーが生まれた。島最大の企業海老原グループ（主力は建築業）の代表海老原隆が、島の産業活性化のため平成一二年から始めた。畑は二五ヘクタールで広い。メルロー、シャルドネ、ピノ・グリ、ピノ・ノワールなど約六万本を植えた。現在醸造責任者は皆川仁、栽培責任者は村井千良。現在メルローは収量が安定して来たがシャルドネは不安定。ピノ・グリは将来性が高そうである。

このほか、ニセコで「羊蹄ワインセラー」、函館で「農楽蔵《のらくら》」ワイナリーができている。

八章　山形県

山形県は、江戸時代中期頃から「甲州」種のブドウを栽培していた。川樋金鉱山発掘の頃、甲州の金山関係者が苗を持ちこんだのかもしれないとか、出羽三山に参詣した行者がもたらしたとも伝えられている。とにかく山形の風土がブドウに向いていたからだろう。明治一〇年、東京の政府の勧業寮が全国にブドウ栽培の普及に努めたとき、有名な三島県令が山形にも西洋の新品種を持ちこみ、高畠に農業試験所を設けて地元民に栽培を奨励した（ちなみに洋梨二〇種も持ちこんだため、ラ・フランスの発祥地になったし、サクランボの名産地になったのも県令のおかげだそうである）。各地の篤農家がこれをもらって栽培したが、山形の寒冷な気候や、それを克服して栽培する技術・知識がなかったため、どこも失敗した。ヨーロッパ種は全滅状態だったが「ニギリ」と呼ばれたコンコード種は生き残ったらしい。また勧業寮の配った苗木のうち、レディ・ワシントンという種類が屋代町で育てられていたし、高畠町では黒と白の実をつける品種が栽培されつづけていたが、これは後に白はシャスラード・フォンテンブロー、黒はブラック・ハンブルグという種類だということがわかった。品種の知識がないまま、熱心な栽培家がその努力でブドウを守ったのだろう。山形でブドウ栽培の科学的知

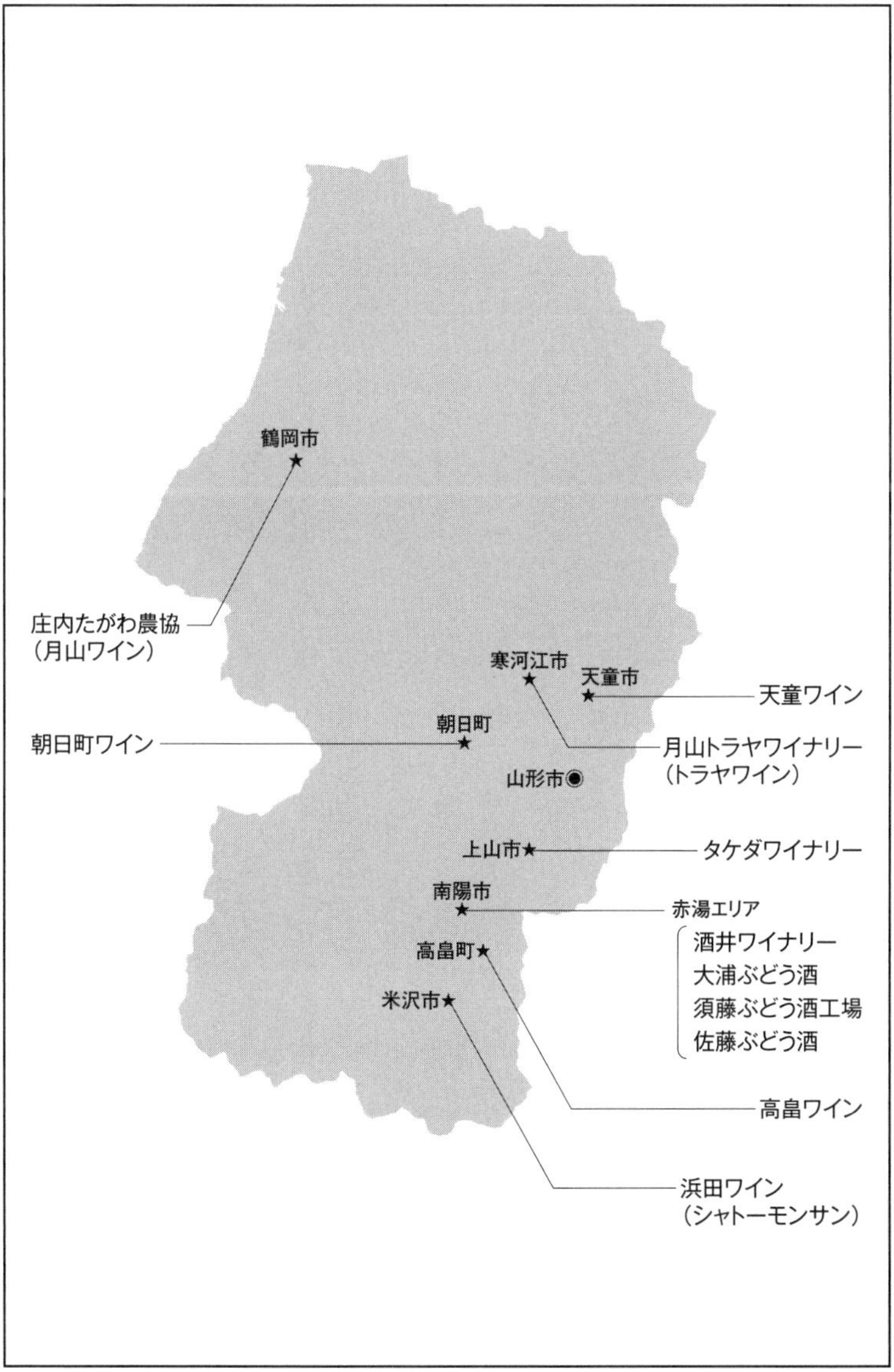

鶴岡市
庄内たがわ農協
（月山ワイン）
寒河江市
天童市
天童ワイン
朝日町
朝日町ワイン
月山トラヤワイナリー
（トラヤワイン）
山形市
上山市
タケダワイナリー
南陽市
赤湯エリア
酒井ワイナリー
大浦ぶどう酒
須藤ぶどう酒工場
佐藤ぶどう酒
高畠町
米沢市
高畠ワイン
浜田ワイン
（シャトーモンサン）

識が入るようになったのは、明治四一年に発刊された川上善兵衛の『葡萄提要』（実業之日本社）が読まれるようになってからである。

明治初期の政府のブドウの栽培の奨励は、西欧風食生活の導入という文明開化政策から始まったわけだが、次第に富国政策にのっとった荒蕪地の開墾による新産業の開発という風潮の流れになっていった。いずれにしても、ことの始めは生食用というよりワイン醸造がねらいだったから、いろいろなブドウを使って手さぐりのような状態でワイン造りが行なわれていたらしい。東置賜郡屋代村の高橋伝四郎、赤湯町の高橋利義、高橋良太郎、酒井輔惣、外山留五郎、斉藤次右衛門、木村倉蔵という人たちの名前が資料に残っている。そうした人たちが川上善兵衛を迎えて指導を仰ぎ、熱心にブドウ栽培と醸造に取り組むようになった。明治二五年頃、赤湯町の酒井輔惣は「蟻印葡萄酒」を出している し、明治三〇年代に斉藤次右衛門が「月印葡萄酒」を世に出している。いうまでもなく当時流行の甘味ブドー酒で、量的にはたいしたものでなかった。ところが縁があったというか、大正時代に入って「蜂ブドー酒」で大成功をおさめた神谷伝兵衛の養子の伝蔵の生家が山形市の栄王堂という菓子屋だった関係から、赤湯に神谷酒造の工場を建てた。そのため、一躍赤湯を中心に山形県南部がぶどう酒原料の供給地として脚光を浴びることになる。現在でも赤湯に四軒もの醸造元が残っているのも、そうした関係からである。

山形県は、実はかなりの果樹生産県で、平成一二年における果樹栽培面積は一万一八〇〇ヘクタール、果実生産高は五二七億円に達している（県農業に占める割合は面積では九・三％だが、生産高の金額でみると、二一・六％になっている）。山形といえばサクランボが有名だが、果樹面積でみるとリンゴがトップで二七八〇ヘクタール、サクランボは二位で一二二〇ヘクタール、第三位がブドウなので、作付面積も一九三〇ヘクタールになっている。

ブドウは、生果でみると、面積・収穫量ともに、山梨、長野に次いで全国第三位である。もっとも占めるシェアは全国の約九％だから、大分差をつけられている。しかもそのうちワイン用ブドウは面積・生産量ともに一割を切っている。ワインの生産量は、ピーク時の平成一〇年は二八三五キロリットルだったが、平成一三年になると一六七キロリットルに落ちこんでいる。つまり、ワインの生産量では現在全国第六位になってしまっている。

こうしたワイン産業の落ちこみぶりに憂慮した県や関係者は、県産ワインの知名度をあげ、品質向上を図ろうと、県と県ワイン酒造組合が官民一体になって、平成一四年には「山形県産ワイン認証委員会」を設立し、販売の促進を目指す「山形県ワイン研究会」も結成している。県レベルでの活動は熱心に行なっているかもしれないが、まだ県外にその成果が上がっているようには見えない。それというのも個々のワイナリーの自発的努力と一般的な山形ワインの品質が向上しないかぎり、いくら名称にてこ入れをしても、山形県ワインの知名度は上がらないのだ。その点、どうも長野県に遅れをとっているようである。

県内のワイン用ブドウ分布状況でみると、高畠町がトップで、それに上山市、山形市、南陽町が続いている。現在、県下に一一のワイナリーがある。老舗の「浜田株式会社」を別にすると、規模や品質の点で「高畠ワイン」と「タケダワイナリー」がほかを引きはなしている。

山形県内には町が経営する似たような名前のワイナリーが二つある。ひとつは朝日町の「朝日町ワイナリー」、ひとつは朝日村の庄内たかわ農協が経営する「月山ワイン山ぶどう研究所」である。また西村山郡西川町の虎屋西川工場の「月山トラヤワイナリー」も小さいながら存在感を示している。

県南部では、米沢市に近くなる南陽町の赤湯には、四つの醸造元がある。将棋の駒で有名な天童市にも「天童ワイン」がある。

高畠ワイン

あまり知られていないが、現在、単に生産量だけでなく、その規模や設備、技術陣、そしてワインの全体的な品質のレベルで、山形県のトップをいくのがこのワイナリーである。高畠は米沢市の北東、JR奥羽本線で米沢から二つ目に高畠駅がある。駅のすぐ近くに塔屋根のついた立派な建物があり、広くて美しい庭にはブドウの樹が植えられているし、観光団体客というよりレジャー・ライフを楽しむ個人客や家族連れが、のんびりとワイングラスをすすっているし、スキー帰りに立ち寄る人も多い。年間二五万人もの客が訪れている。

一九九〇年に工場が竣工、九一年からオープンした。現在、年間生産量で瓶で八〇万本、自社畑は三ヘクタールだが、山形県内の契約農家が六五軒、毎年三二〇トン前後のワイン専用品種のブドウを供給している。農協からも毎年一〇〇トン程度のブドウを買っている。どうしてこんなところに、こんな立派なワイナリーがあるかというと、ここにもあるキャラクターがいた。実は、ここもオーナーは鹿児島の焼酎メーカー「本坊酒造」である。本坊豊吉は、アルコール関連事業だけでなく、南九州コカ・コーラの出資者でもあるが、ワインが好きで造詣も深く、山梨県では石和町に「本坊酒造・山梨マルスワイナリー」を興した。後に、熊本県に「熊本ワイナリー」も建てたので、現在三つのワイナリーのオーナーである。しかし、いちはやく山梨の限界を見ぬき、ほかに場所を求めて長野県塩尻の太田葡萄酒を買収したが、工場は老朽化していたし敷地も狭かった。そのため、どこかほかに自分の理想のワイナリーを建てられる新天地がないかといろいろ物色した。その結果、気候や土壌が最適として目をつけたのが高畠である。その話に、観光拠点が欲しいと考えていた前町長、島津助蔵が共鳴、町ぐるみの協力で新工場の進出が可能になった。

現在、栽培品種は約五〇種。そのうちシャルドネを中心としてメルロー、カベルネ・ソーヴィニヨン、ピノ・ブラン、マスカット・ベリーAが主力だがそのほかデラウェア、ミュラー・トゥルガウ、ピノ・ノワール、カベルネ・フランなども栽培している。地球の温暖化が高畠でもこうした品種の栽培を可能にしている。一五〇〇円以下の価格帯のワインがだいたい半数近く、一五〇〇円～二〇〇〇円台が約三割、二五〇〇円～三〇〇〇円が二割弱という手堅い構成。主要銘柄は「バリック・シャルドネ年代入り」「バリック・メルロー年代入り」「バリック・カベルネ・ソーヴィニヨン年代入り」「クラシック・シャルドネ年代入り」と、「嘉《よし》」銘柄のスパークリング・ワイン。なお「まほろばの貴婦人」銘柄の極甘口の白がある。

ワイナリーの醸造施設は近代的で完備している。ここは技術力が高いのが特徴で、栽培は四釜伸一、醸造はナパヴァレーで醸造コンサルタントだった川邉久之を頂点として若い技術陣が充実している。大衆が飲めるワインを手堅く造ることと、ヨーロッパ種であろうと国産種であろうと日本で造ったワインとして存在感を主張できるワイン造りを目指している。現在のところは、シャルドネとメルローは一定のレベルに達しているし、若い技術陣のさらなる研鑽を期待したい。この会社の急成長の牽引車的存在だったのが奥山徹也社長。後継者村上健のさらなる活躍を期待したい。

タケダワイナリー

このワイナリーの生い立ちは、「四爺さん」の章で述べた。現在、年間生産量が約三〇万本。生産量の点では高畠ワインに一歩譲るが、品質の点では負けていない。主要銘柄が「蔵王スターワイン」、「シャトー・タケダ」、「キュベ・ヨシコ」になる。低価格帯ものが出荷本数の中で七〇%を占めるが、高級品は一五%になるから、バランスとしてはいい線をいっている。

所有畑は一五ヘクタールで、近辺農家と契約栽培こそはしていないが、毎年、必要量を同じ農家から買い付けるという方法で原料の品質維持をはかっている。栽培品種は、垣根仕立てのワイン専用品種がシャルドネの約五ヘクタール、カベルネ・ソーヴィニヨンとメルローはそれぞれ約三ヘクタールずつ、自慢のリースリングが一・五ヘクタール、それに珍しいヴィオニエにも挑戦している。在来品種を決して軽視しているわけでなく、平均樹齢が五〇年にもなるマスカット・ベリーA（約一・五ヘクタール）と、ブラック・クイーン（約一ヘクタール）を大切に育てている。これは昔ながらの棚仕立てにしてある。

武田重信の始めた土壌改良は今も続けている。一・五ヘクタールになる自社畑をAからXまでに細区分し、毎年冬に、それぞれ土壌分析を行なうが、この土壌サンプル採取はこのワイナリーの大事な仕事である。分析の結果、不足している成分は有機肥料を使って補う（現在、主にマグネシウムとカルシウムを四〜五年に一回のペース）。初期の段階ではこの比率を見つけだして調整するのが困難だったらしいが、現在は、分析の算出結果が長年累積されて、各畑の性質がわかる。前記二物質以外の物質は自然農法栽培という畑でリサイクルが成り立つという見方をしているし、実際にあまり補う必要がなくなっている。

重信が植えたワイン専用種のブドウも樹齢が平均三〇年近くになってきた。各区画の特徴も出てきたので、娘の岸平典子と夫の和寛夫婦がそれぞれの区画の特質を生かした栽培方法の改善、醸造面での改良などに取り組んでいる。現在シャルドネは全国で遜色を見せないレベルに達しているし、ここが日本で初めて出した本格的瓶内発酵の発砲ワイン「キュベ・ヨシコ」は名声を維持している。将来山形県からも国際的に通用する高品質のワインが生まれてくるにちがいない。

浜田ワイン（シャトーモンサン）

ここは米沢市にあって、東北の日本酒の名門「沖正宗」のワイナリーである。家系を伊達政宗時代にまでさかのぼれる。浜田家の二一代目浜田五左衛門は、あるとき考えさせられることがあった。小学校の給食を見ると、学童たちがごはんを食べていないのである。これでは将来必ず日本人の食生活が変わるだろうとワイン造りを考えた。当初は、まず日本酒の蔵元の中に小さな醸造試験所を建て、社員を研修させたり、ほかに見学にいかせたりしたが、どうもよくわからなかった。そこで期待を将来にかけるより仕方がないだろうと、二二代目になる長男浜田淳を慶応大学経済学部を卒業した後に、ボルドー大学に留学させた。淳は醸造学科の聴講生となって大学の寮に入り、修業を終える。当時、一緒に在籍したのが、後に大蔵省醸造試験所に勤め、現在、日本各地の酒造りの指導に当たっている戸塚昭である。

昭和五一年に帰国、この年からの仕込みを担当した。日本酒の蔵元としての社屋を新築するに当たって、構内の一部に醸造所を建てた。施設や設備は機能を中心にしてあるから、社屋自体は東北の蔵元に似合わないくらい近代的な立派なものだが、構内にあるワインの醸造所は地味で、観光客をよろこばせるというようにはなっていない。しかし、ノウハウがあっての設備（発酵槽は淳が開発した特殊なもの）だからワイン造りには充分である。主人の知識を、同社育ちの製造部長、新国治《にっくに》が実地に移している。

現在、年間生産は七〇キロリットルくらい。自社畑は一ヘクタールだが、契約農家が約二〇軒、総面積は多いときは四〇ヘクタールにもなったが、ワイン用ブドウ造りに真面目なところに絞って、現在一〇ヘクタールくらい。品種はメルロー主体で、シャルドネ、カベルネ・ソーヴィニヨン、ピノ・ブランなど。

ワイン造りのコンセプトとしては、値段の高い高級ものに力を入れるより、一〇〇〇円台のものの質の充実化と毎年の均質化に腐心している。土地柄から中・甘口の白が売れているが、赤を増やす努力をして、やっと赤が五五％を超すくらいになった。赤についていえば、地元のブドウだけではどうしても満足のいくものを造るのが無理なので、ブレンドで酒質を補強している。

現在出している赤の主体の「シャトーモンサン」の赤は、地元ブドウ一〇〇％で、カベルネ・ソーヴィニヨンとメルローが六対四の比率。自分が習ってきたオーソドックスなボルドー・スタイルのワインである。また樽熟成は一年二カ月で、ボルドーの場合を考えると、もう少し長くしたいところ。山形の場合、カベルネ・ソーヴィニヨンは年によってどうしても出来・不出来の差が大きく、その点、メルローの方が安定しているが、カベルネの良いものを確保するのに苦労している。

白の「シャトーモンサン」は地元のリースリング系のブドウをベースにしてほかのものをブレンドするとか、いろいろ研究中。なんとか山形ならではの個性を備えていて、自分の理念とするタイプの白を割りだしたいというのが、当主淳の夢。そうしたねらいから、シャルドネとピノ・ブランの栽培比率を増やしだしている。

ワインは造る人を反映するもので、「シャトーモンサン」は、温和な紳士の淳の性格をそのまま表わしている。手堅く、どちらかというと保守的で、新奇をてらわない。その点、山梨の「サドヤ」によく似ている。おっとりとして、あせったところがない。頼りがいがあって安心して飲めるワインだが、すごさとか、きらめきとは無縁。

山形県のワイナリーとしては、血筋がよく、本来トップになっていいはず。淳は、山形県ワイン酒造組合の理事長を務めていて、山形県産ワイン認証委員会の推進者でもある。東京のさるワイン専門家に言わせれば、「浜田ワインは実力を持っていながら、それをフルに発揮していない。環境と当主の性格がそうさせているのだろうが、もっとハングリー精神をもってやればすごいワインが造れるはず。浜田あたりが山形のトップになってほしいし、強力な推進者になって山形ワインここにありとほかの地方をあっと言わせてほしい」そうだ。「浜田ワイン、がんばれ！」と声援を送りたい。

朝日町ワイン

日本一のサクランボの里、寒河江市の近く、山伏修験者で有名な出羽三山、月山や朝日連峰大朝日岳に囲まれた場所というとロマンチックだが、朝日町は山形盆地の西手にあって、寒河江から車で二〇分もかかる。ＪＲを使ってちょっと歩いていくというわけにいかない。こんな交通不便な山奥、しかも町営のワイナリーというとどうせ野暮ったいところだろうと思うかもしれないが、行って驚かされる花いっぱいの立派でモダンなワイナリーである。

ここでもリンゴが基幹作物だが、ブドウ栽培自体は戦前から行なわれていた。戦時中は山梨県と同じように陸軍の保護があったので、多くのブドウ園が生き延びた。昭和一九年に、電波探知機に使うロッシェル塩を酒石酸から取る目的で政府が全国のブドウ産地に命じてワイン工場を作らせたひとつだった。そのため、発足時の名称は「山形果実酒製造有限会社」といういかめしいもの。戦後は大手ワイン・メーカーの下請として甘味ブドー酒の原料の委託加工をしていた。昭和四八年には自社ワインの製造を始め、「サンワイン」の銘柄で市場に出しはじめた。昭和五〇年、ワイン・ブームにのって販売量が伸びたので、朝日農協（大谷農協）と朝日町の共同出資で第三セクター方式の会社運営をすることになって、新しいワイン造りがスタートした（資本金四六〇〇万円、朝日町が六割、ＪＡさがえ西村山が四割）。

当初は町長が社長だったくらいだから、ある意味では素人の集まりだったが、昭和三二年生まれで、朝日農協の職員だった白田重明がこの会社に出向し、社命で東京滝野川の醸造試験所研究室に入所、一年間の研修をしてワイナリーに戻った。以後、工場長になった（現在は、池田秀和、鈴木智晃、安藤武が技術陣を担っている）。昭和五二年、マスカット・ベリーＡ、セイベル、リースリング種などを原料として新製品「朝日町ワイン」が誕生。平成二年には社名も「有限会社朝日町ワイン」に変更した。平成一二年には現在の新ワイナリーを建設。現在は年間生産量二三万本、売上げでいうと年間二億円に近い成長産業になった。

ワイナリーのまわりに一ヘクタールほどの自社畑があり、シャルドネ、ミュラー・トゥルガウ、メルロー、カベルネ・ソーヴィニヨン、ツヴァイゲルトレーベなどのヨーロッパ種のワイン用ブドウが垣根仕立てで植えられていて、定法に従ったきちんとした剪定がされている。現在、二八戸（栽培面積一五ヘクタール）になる地元契約農家のブドウを使っている。当初、造っていたワインの評判が悪かったのを反省し、原料ブドウの品質向上が不可欠であることを認識して、収穫制限・栽培管理の徹底、収穫時の糖度検査を厳格に行なうようにした。

現在「朝日町ワイン」銘柄のマスカット・ベリーAと、ひとランク上のプレミアム・ブランとルージュが主力になっている。そのほか「山形シャルドネ樽熟」と「リースリング・リヨン」の辛口の白も出している。ワインの酒質は、建物と違って驚かされるというものではないが、丁寧に手堅く造られていて、どこかの町営や農協ワイナリー造りというようないいかげんなものでない。その努力が報われて、ロゼとスパークリングワインは国産ワインコンクールで銀賞を勝ち取っている。

日本中のどこでも見られる現象だが、地方自治体の第三セクターで成功しているのはそう多くない。とにかく建物と設備だけを造って自慢しているところが多い。ハードにはお金をかけるが、ソフトにはお金をかけないし、知識もなければ努力もしない。その点朝日町ワイナリーは、単にワインを造ればいいというのでなく、各種のイベントをはじめ、「花と緑のワイナリー」のテーマをよく生かした活動をしている。腰掛け的な職員の配転でなく、職員にやる気を起こさせる環境と雰囲気があるのだろう。やはりワインは人が造るものなのである。いろいろな意味で考えさせられる自治体経営のワイナリーである。やり方次第でもっと良いワインを出せるにちがいない。ワイナリーの職員の意志と努力、それを支える自治体当局の意識にかかってくるだろう。

月山ワイン（庄内たがわ農協）

ここは朝日町とまったく別の朝日村にある。山形県でも西部の一隅、鶴岡市の南で日本海に近い。といっても金峰山、母狩山、湯ノ沢岳にへだてられ、東は羽黒山・月山・湯殿山がそびえる山奥である。交通の便は高速山形自動車道ができたから庄内あさひインターで降りるとすぐそばになったが、JRだと鶴岡駅からバスかタクシーになる。

いわゆる村おこし、国土庁・山村地域資源高度活用促進モデル事業としての国庫補助金やふるさと創生資金など、総事業費など二億円近い資金を投じて、観光リゾート・イベント施設を建てた。月山あさひ博物村、つまりアマゾン自然館、文化創造館など盛り沢山だが、テレビで話題になっているあのバンジー・ジャンプができるところといった方がわかりやすいかもしれない。

ここで観光目玉商品の一つになっているのが、「山ぶどう研究所」。旧国道の雪よけトンネルを利用した貯蔵庫が見物になっている。ここは農協が経営しているワイナリーだが、ワイナリーと呼ぶのがふさわしいかどうかは、言葉の使い方だろう。

こんなところでワインを造りだした、ひとりのキャラクターがいる。その昔、修験者たちが滋養強壮・疲労回復にヤマブドウから造った酒を飲んでいたという伝説からヒントを得た赤松博美が、北海道でもヤマブドウからワインを造っている話を聞き、「うちでもやってみようか」ということになった。昭和四〇年代後半から始めて、いろいろ試行錯誤の苦労を重ね、本格的ワイン醸造を始めたのが昭和五四年、免許を取るまでが大変だった。現在は「月山ワイン山ぶどう研究所」を建て、山から採ってきたヤマブドウの樹を育成して選別。一三〇軒ほどの農家に配って委託栽培している。毎年九月にそれを集めて仕込み、その後、木樽と瓶で三年間寝かせている。

現在、ヤマブドウ原液やヤマブドウ・シャーベットのほかに、ワインとしては「月山ワイン」のブランドで赤・白・ロゼの瓶を出し、年間一四万本もの売上げを誇るようになっている。ヤマブドウ一〇〇%の瓶もあるが、それだけでは限界があるので、ヤマブドウとの交配種や地元産の甲州やセイベルを使ったワインを増やしだしている。

ほかのところもそうだが、ヤマブドウからワインを造ることはできても、珍種のワインとして面白がったり、土産物にするだけの域をどうしても越えられない。良いワインを造るには、ワイン専用に育てられたブドウを使わないと無理がある。現在東京農大を卒業した阿部豊和が醸造責任者になりヤマ・ソーヴィニヨンの品質向上に努めると同時に、これにカベルネ・ソーヴィニヨンとブレンドした「ソレイユ・ルバン・ルージュ」を造り出した。また「カベルネ・ソーヴィニヨン」だけと、長くからこの地でも栽培されてきた「甲州」を使ったワインに挑戦中である。

月山トラヤワイナリー（トラヤワイン）

ここは寒河江市の日本酒の蔵元「千代寿とらや酒造」が経営しているワイナリーである。山形市から鶴岡に向かう山形自動車道を寒河江インターで降り、国道沿いに寒河江川をはさんで走る県道のほとりにある。日本の民家の面影をそのまま残す日本酒の蔵元の建物が、そのままワイン造りに使われている。もともとは、地元寒河江のサクランボで特産品を作れないかという地元関係者からの依頼があり、工業技術センターや醸造関係者からの助言でチェリーワインの試醸を始めた。苦労してチェリーワインの製品化に成功したが、そのうち本格的ワインを造れないかとブドウを原料に切り替えていって、ワイン造りが中心になった。

山形県産ブドウ一〇〇%のワイン造りが社の使命で、現在の生産高は約一〇〇キロリットル。原料を供給するのは、西川、左沢、寒河江、天童の四地区一一軒のブドウ栽培農家。ワイン造りを担当しているのは虎屋西川工場の専務大沼寿洋（カリフォルニア大学デーヴィス校で研修）と、社長の長女大沼奈緒子。これを栽培で助けるのが県園芸試験所の元場長の春山武司、醸造は須藤健吉。

現在主力としているのは、「月山山麓」ブランドの山形県産ブドウだけを使ったシリーズ。白の甘口と辛口はデラウェアとセイベルを使い、赤とロゼはマスカット・ベリーAとメルロー。上級品としてカベルネ・ソーヴィニヨンの「特醸月山」、契約栽培農家のメルローを使った「メルロー樽熟成」、自社畑シャルドネの「シャルドネ辛口」。限定生産のセイベル・マスカット・ベリーAを使った「氷果の雫」の白とロゼもある。

南陽市赤湯のワイナリー

この温泉町には四つの醸造元がある。「酒井ワイナリー」は明治二〇年から酒井家の弥惣が赤湯の鳥上坂の斜面にブドウ畑を開いてぶどう酒の醸造を始め、三〇年には「蟻印」で免許をとった老舗。東北最古のワイナリーである。現在は当主の酒井又平が赤湯温泉の街中に可愛らしいミニ・ブティック調の売店をだしている。銘柄は「バーダップ」で、リースリング、メルローの樽熟もの、カベルネ

・ソーヴィニヨンの特醸物を造っている。自社畑約二ヘクタール、契約栽培が五軒で、生産量は年二五キロリットル。この地でしか生まれない個性的ワインを造るのが念願。「山形ワイン」の銘柄でワインを出すのが大浦晃の「大浦ぶどう酒」。規模は四軒の中で一番大きい。創立は昭和一四年。創立者大浦九一郎が町会議員を長く務め、特産品のブドウを地場生産として活かそうと議会で話し合い、加工業を引き受けたのが始まり。現在所有畑がないが（以前はあった）、契約栽培農家二〇軒が生産するブドウをワイン化している。年間生産量は六〇キロリットル。農家が栽培しているブドウは、甲州、マスカット・ベリーA、ブラック・クイーン、セイベル九一一〇が主だが、メルロー、リースリング、デラウェアもある。自社が独自に出す主力銘柄は「山形ワイン」、「バレルエージング・ブラントルージュ」、「ヴィンテージ・メルロー」など。企業コンセプトをしっかり持ち、風土を生かしたワイン造りを行なうのが社の方針。

「桜水《おうすい》ワイン」を出しているのが赤湯北町の「須藤ぶどう酒工場」。ここは、大正元年から山の斜面にブドウを植えだした。ワイン造りもその少し後から始めたが、免許を取ったのは昭和一四年。三代目の孝司が東北地方で初めて観光ブドウ園を始めた。当主孝一は四代目、自家畑は約一ヘクタール強で年産七キロの生産量。栽培品種は甲州、マスカット・ベリーA、ブラック・クイーンの在来酒のほかリースリング、メルロー、カベルネ・ソーヴィニヨンも植えだした。今のところ白の甲州と赤のメルローが売り物。もう一軒が「金渓ワイン」銘柄で出す佐藤佳夫の「佐藤ぶどう酒」である。先代はブドウつくりの名手だったそうだ。

四軒ともそれぞれ売店をもっているが、ワインそのものはひとつ顔が見えなかった。しかし、長い伝統があるのだから赤湯の四軒が団結して酒質向上とアピールに努力すれば山形県ワインのひとつとしてその存在を認知されるはずである。ただ、最近「大浦ぶどう酒」は、街道沿いにひときわ目立つワイナリーの建物を建て、三代目晃と酒類総研で修業して来た四代宏夫が品質向上に取り組み、国産ワインコンクールで数多くの賞を取って山形ワインの存在を世に知らしめた。また、「佐藤ぶどう酒」のマスカット・ベリーAは《ワイン王国》のブラインド・テイスティングで二〇点の五つ星超特選ベストワインに選ばれた。それぞれ歴史で培われた実力を持っているのだから現代醸造学の導入をもっと熱心に取り組めば山形県を代表できる存在になることも単なる夢ではない。

天童ワイン

山形県天童市は、将棋の駒造りで有名である。ここの日本酒造りの蔵元の佐藤政宏がワイン造りを思いたって免許を取ったのが昭和五九年。地元の果樹専業農家伊藤忠浩の助けを借りて原料ブドウの確保した。現在天童市、山形市、上山市の契約農家からシャルドネ、メルロー、カベルネ・ソーヴィニヨンの供給を受け、農協からデラウェア、マスカット・ベリーA、キャンベル、オリンピア、ナイアガラから買い取って、年生産五〇キロリットルと、年売上高約六〇〇〇万円の実績をあげている。栽培・醸造の実態はよくわからないが、ナイアガラは二〇〇九年の国産ワインコンクールで銅賞を取っている。

九章　東北地方

東北各県の動向

東北地方は、山形県だけがダントツで、ほかの県は振るわない。厳しい気候のもとでブドウ栽培が難しかったのかもしれないが、寒さの点では北海道の方が厳しいから、多湿というのが障害になったのかもしれない。それと、ワインは、やはり消費者が多い都市が周辺にあるとか、ワインを飲む文化圏との結びつきがないと無理だということを物語っている。だが最近は東北地方でも少しずつ状況が変わってきつつある。

「青森県」は、明治時代に北海道開拓使庁から各種の果樹苗が配布されているが、成功したのはリンゴだった。弘前市の藤田半左衛門、久次郎が明治八年、弘前市に寄留していた外国人、アルヘーの教えで本格的にワイン醸造を始めた。しかし結果が思わしくなかったので、明治一六年、札幌の勧業試験所を引き受けた桂二郎のもとに久次郎が赴き、ブドウ栽培とワイン醸造所を本格的に学んで弘前に戻っている。しかしその後、どうなったか資料が見あたらない。南津軽郡尾上町で、日本酒の蔵元、

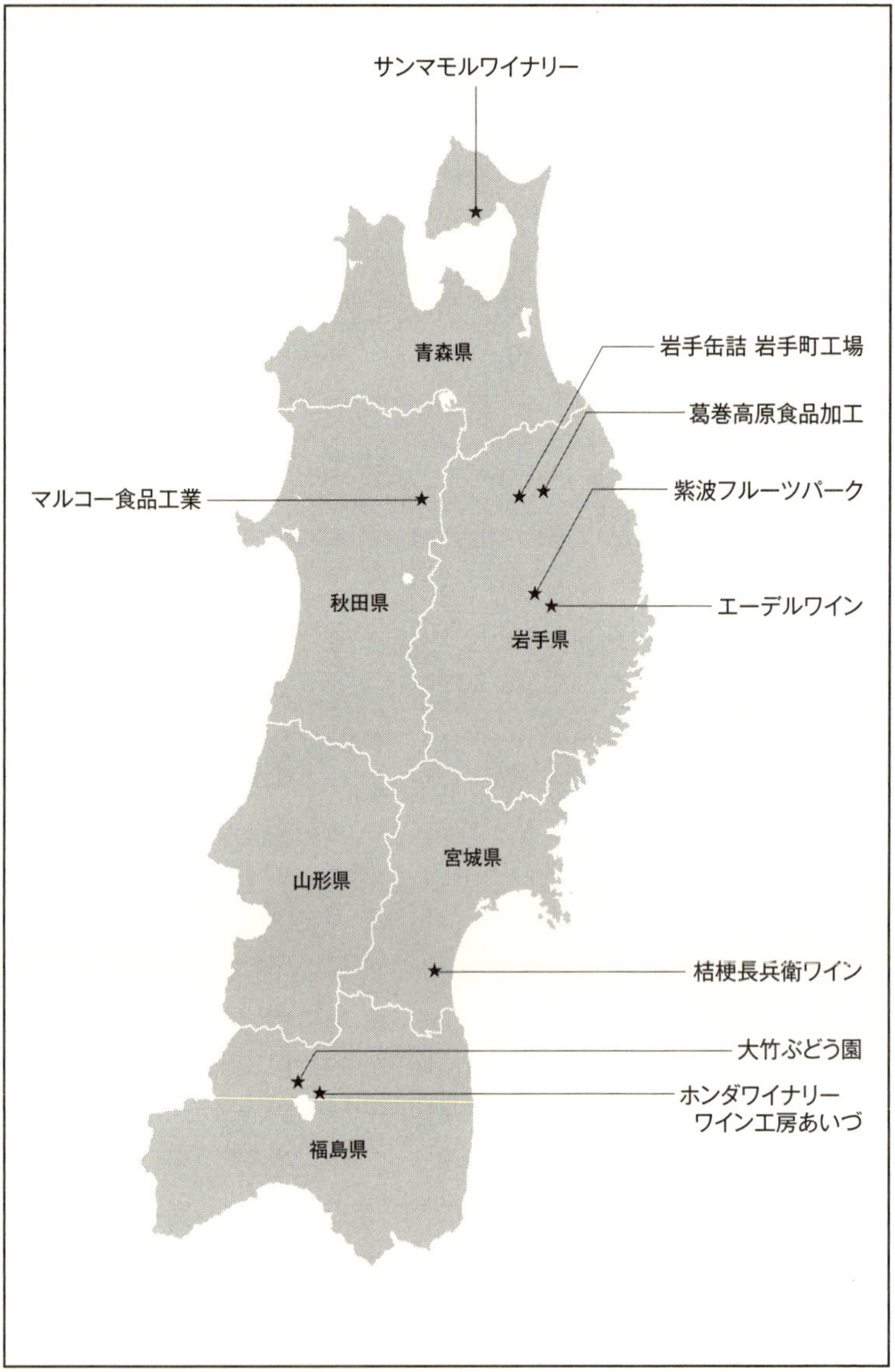

サンマモルワイナリー
岩手缶詰 岩手町工場
葛巻高原食品加工
マルコー食品工業
紫波フルーツパーク
青森県
秋田県
エーデルワイン
岩手県
宮城県
山形県
桔梗長兵衛ワイン
大竹ぶどう園
ホンダワイナリー
ワイン工房あいづ
福島県

白梅酒造が、「津軽ワイン醸造所」を興した。地元の特産ブドウというスチューベン種を使って「津軽ワイン」を出していたが、平成一三年末、廃業してしまった。ところがこの県にも新風が吹きだした。本州最北端下北半島に平成一四年「サンマモルワイナリー」（銘柄「下北ワイン」）が出現した。場所はむつ市川内町、起業者は全国に一〇カ所以上のゴルフ場を所有する株式会社デイリー社の北村守社長。現在自社畑八・四ヘクタール、契約栽培農家二軒、生産四万本、売上高は六〇〇〇万円。ブドウ栽培には苛酷な地方だがメルロー、ピノ・ノワール、スチューベン、ライヒェンシュタイナーなどを植えている。平成二〇年の国産ワインコンクールで sarah 銘柄ものが銅賞を取った。今後の発展を見守りたい。

「秋田県」では、鹿角市で、十和田ワイン醸造場（マルコー食品工業株式会社）が「十和田ワイン・エビカズラ」を出しているが、ワインについての情報を出さない。また、平成一一年から、由利郡岩城町の「天鷺ワイン」が、リースリングのワインを出しはじめたが、その詳細は不明。

「宮城県」では、亘理郡山元町の桔梗長兵衛商店が「桔梗長兵衛ワイン」を出している。明治四二年に醸造免許を取り、昭和末期から平成に入って三代目当主長兵衛がワイン造りを再興した。初代長兵衛は明治三五年からコンコード種を使ったブドウジュースの商品化に成功していたため（日本で最初）、現在でも、ジュース造りが本業。ワイン用の畑は一・五ヘクタール、デラウェア、マスカット・ベリーA、キャンベルなど独自のブランドで赤と白の無添加ワインを発売している。平成二四年の東日本大震災の大津波でひどい被害を受け、現在休業中。

「福島県」では北会津村の大竹ぶどう園が「北会津ワイン」を出している。ここは明治二六年にブドウ栽培を始めているから歴史は古い。現在の当主大竹清市は四代目になる。畑は一・三ヘクタールだが、生食用と醸造用とほぼ半々。ワイン用ブドウは白はミュラー・トゥルガウとシャルドネ。赤用はマスカット・ベリーA、デラウェア、カベルネ・ソーヴィニヨン、生産量は約一万本。ここは棚仕立だったから一〇年前の大雪でひどい被害を受けた。家族ぐるみで丹念なワイン造りをしているから、ワインはフルーティで品がある。市販はほとんど地元の酒販売店で、東京へはわずかしか出さない。古いワイナリーで誠実なワイン造りをしているが東京農大醸造科出身の息子利幸がワイン造りに加わったからワインの質は向上するだろう。

ワイン不毛地だった福島県に平成一八年からもう一軒異色のワイナリーが生まれた。「ホンダワイナリー」で元県立高校の教師だった本田毅が妻と共に立ちあげた。〝少量多品種ワイナリー〟〝体験型ワイナリー〟を標榜している。会津若松、郡山市、猪苗代町に三カ所に契約栽培の畑があり、そこでとれるメルロー、マスカット・ベリーA、サンセミヨンなどを使っている。ワインの醸造にカナダから輸入した二三リットルのガラス瓶を使っている。夢を醸し、味わいを創るというスローガンが工場内に記されているようにワイン造りの体験をしたくて訪れる客と一緒にワイン造りを楽しんでいる。

「岩手県」最後にしたが、ほかの県と違って、いちばんハンディのありそうなこの県がむしろ健闘している。なにしろ「エーデルワイン」と「くずまきワイン」があるのだ。エーデルワインは、ワイン・ブームが起こる以前の昭和四九年から東北にもワイナリーが一軒ありとその存在をしめしていた。「くずまきワイン」も、悪い立地条件にありながらがんばっているのだから、大したものである。

エーデルワイン

このワイナリーは、弘前市と花巻温泉を結んだ線を底辺にして描いた三角形の頂点に当たる大迫町《おおはさま》にある。今でこそ道路が良くなったが、それでも車で盛岡から一時間、花巻から小一時間かかる。JRはないからバスだけ。著者が三〇年前に訪れたときは、たどりつくのに一苦労した。この場所でワインを造ろうとしたのは早くも昭和三七年で、大迫町と大迫農協の出資で、「岩手ぶどう酒醸造合資会社」を設立している。このときから仮免許を取って醸造を始め、翌三九年には「エーデルワイン」の名前でワインを出している。昭和四九年に組織を「株式会社エーデルワイン」に改め、大幅に増資して本格的ワインの生産を始めた。このようなことを思いついたのは、当時の町長、前社長村田柴太《さいた》で、僻村の地域産業振興が目的だった。その後、全国で流行り言葉になったいわゆる「村おこし」運動が始まるずっと前の話である。そうしたいきさつから、ここはいわば町と農協の第三セクターだが、個人色が強い。大迫町議会内にワイン研究会を作り、醸造責任者として、サントリーでワイン造りをしていた畑中清見を招いた（平成七年に死亡、その後を五枚橋裕が引き継ぎ、現在は佐々木久夫が醸造責任者）。

ワインにエーデルの名をつけたのは、この村の東の早池峰山《はやちね》（標高一九一七メートル、早池峰国定公園になっている）に咲くミヤマウスユキソウが、ミュージカル「サウンド・オブ・ミュージック」で有名になったスイスのエーデルワイスの近似種だからである。後にこれが取り持つ縁で、オーストリアのベルンドルフ（ウイーン近郊のワイン名産地バーデン村の少し西）と姉妹都市になった。また、昭和五六年には職員（五枚橋裕）をオーストリアへ研修に派遣している。現在、年間生産量四二万本、年売上は約四億円。会社の性質上、県内約三〇〇軒の農家から農協を通してブドウ（キャンベル・アーリー、ナイアガラなど）を買いつけている。ワイン専用品種は大迫町と紫波町の契約農家六〇軒から供給を受けている。そのうち大迫町の農家四〇軒とは減農薬のエコ農法を実施している。ただ、ワイナリーの周辺に自社畑（借地五〇アール）もあり、リースリング・リオンや、ミュラー・トゥルガウ、ツヴァイゲルトレーベ、メルローなどを栽培している。寒冷地だからブドウ栽培は決してたやすくない。ブドウが凍害に弱いので、樹をいかに硬く育てるかが頭痛の種。また樹勢が強いと、その抑制作業に追われる。

主力商品は甘口白の「ナイアガラ」、「岩手のワイン」、赤の「月のセレナーデ」。上級品として「ハヤチネゼーレ・メルロー」、「ハヤチネゼーレ・ツヴァイゲルトレーベ樽熟成」など。「五月長根葡萄園」（リースリング・リオン）がある。特別醸造限定品として赤の「ツヴァイゲルトレーベ樽熟成」を出していたが、現在は良いヴィンテージの年だけ生産している。売れ行きは、上級品三に対して低価格品が七の割合。ワインは白中心で、なんとなくオーストリアワインに似ている。ワイナリーの技師達を姉妹都市ベンドルフに留学させ、ヨーロッパの醸造技術を導入しているし、サントリーの生産部長東條一元氏の指導も受けているので、ここのワインのレベルが日本国内でも高いレベルのものになっている。

こうしたワイナリーだから、立派な並木路がついた建物を持ち「ワインシャトー大迫」と名乗っている。それだけでなく、近くの道の駅「はやちね」ベルンドルフプラッツ内に、オーストリアワイン専門のワインセラー「ヴィノテーク・オーストリア」まで建てている（日本最大のオーストリアワイン専用セラー。常時一二〇種、三万本を完全空調貯蔵している）。なおここで一八年間働いていた五枚橋裕が独立してワイナリーを作ったが、現在は休業しているらしい。

くずまきワイン（葛巻高原食品加工株式会社）

ここもユニークなワイナリーである。岩手県の人は、自虐的に自分の県を「日本のチベット」というが、葛巻町《くずまき》は、盛岡市の北東約五〇キロ、車で一時間半はかかる。谷あいは深く、まさに山奥の僻地である。しかし、ユニークなデザインの立派な建物（醸造所と別に、二棟の売店もある）が森にかこまれて異彩を放っている。

ここも葛巻町、葛巻町森林組合、新岩手農業協同組合の第三セクターだが、株の一部は町の個人も持っている。いわゆる「村おこし」として、昭和六〇年に設立されたものだが、もともとは村の特産品として、ジャム・山菜・キノコなどの加工品の製品化を目的としたものだった。発起人は当時町長の高橋吟太郎で、それに元町長の中村哲雄や森林組合長の岩泉恵介が協力している。果実酒の永久免許を取ったのは、平成五年である。ここの特色は、ヤマブドウを主力、基調にしている点である。そのため沢登晴雄の農業科学化研究所から交配種を仕入れたり、山形県朝日村の菅原新一に手伝いにきてもらったりした。現在は、岩手大学農学部出身の大久保圭祐と桶田誉子が醸造の技師としての責任を立派に果たしている。原料とするブドウは、野生のヤマブドウそのものを移植したもの、ヤマブドウの交配種（ワイングラントなど）、ワイン専用種ブドウ（赤と白のセイベル）など。それを自社畑と、町内の農家（七〇軒）が栽培したものに加え、農協経由で買うものを足した一五〇トンでまかなっている。ワインの銘柄は多種多様なのでいちいち紹介できないが、最近はキャンベル、デラウェア、ナイアガラ、マスカット・ベリーA、セイベルを使ったものも含まれている。

ヤマブドウを主原料にしたワインが国際的に流通するものになるのは難しい。しかし、ワインは嗜好品なのだから、もし、このワインが少なくとも地元の盛岡市や花巻温泉の客たちに好かれるようになったら、岩手県の地酒としての地位が築けるかもしれない。それとワイン専用ブドウとのブレンドも将来性をもつだろう。東北の山奥の苛酷な条件でワイン造りに挑戦する努力には、声援を送りたい。

一〇章　関東ブロック

明治維新で誕生した新政府が産業奨励の国策のひとつとしてブドウ栽培、ワイン造りに目をつけ、勧業寮の三田育種場が舶来種果樹を育てて全国配布を行なったり、今日の新宿御苑でアメリカ種を導入栽培したりしたから、関東地方に多くのブドウ園やワイナリーができてもよかったはずだが、そうはならなかった。その後、小沢善平が故郷の群馬県妙義町にブドウ園を作りブドウの苗木を育てて頒布したのと、神谷伝兵衛が茨城県牛久で甘味ブドー酒で大成功したのが、第二次世界大戦以前に目立ったところである。また戦時中から戦後にかけて秩父の浅見源作が細々ながらがんばっていたのと、神奈川県相模原市でマーセル・ゲイマーがワイン造りをしていたのが、一部の人に知られているくらいだった。

東京オリンピックと、その後の何回かのワイン・ブームの中で新しいワイナリーが散在的に生まれてきて、平成一四年の現在、関東ブロックでは（静岡県の伊豆を含めると）、一一のワイナリーがある。これらのいわばミニ・ワイナリーが、現在驚くようなワインを造っているとはいい難いし、将来より発展するかどうかは、何ともいえない。ただ知らない人も多いだろうから、紹介しておく。

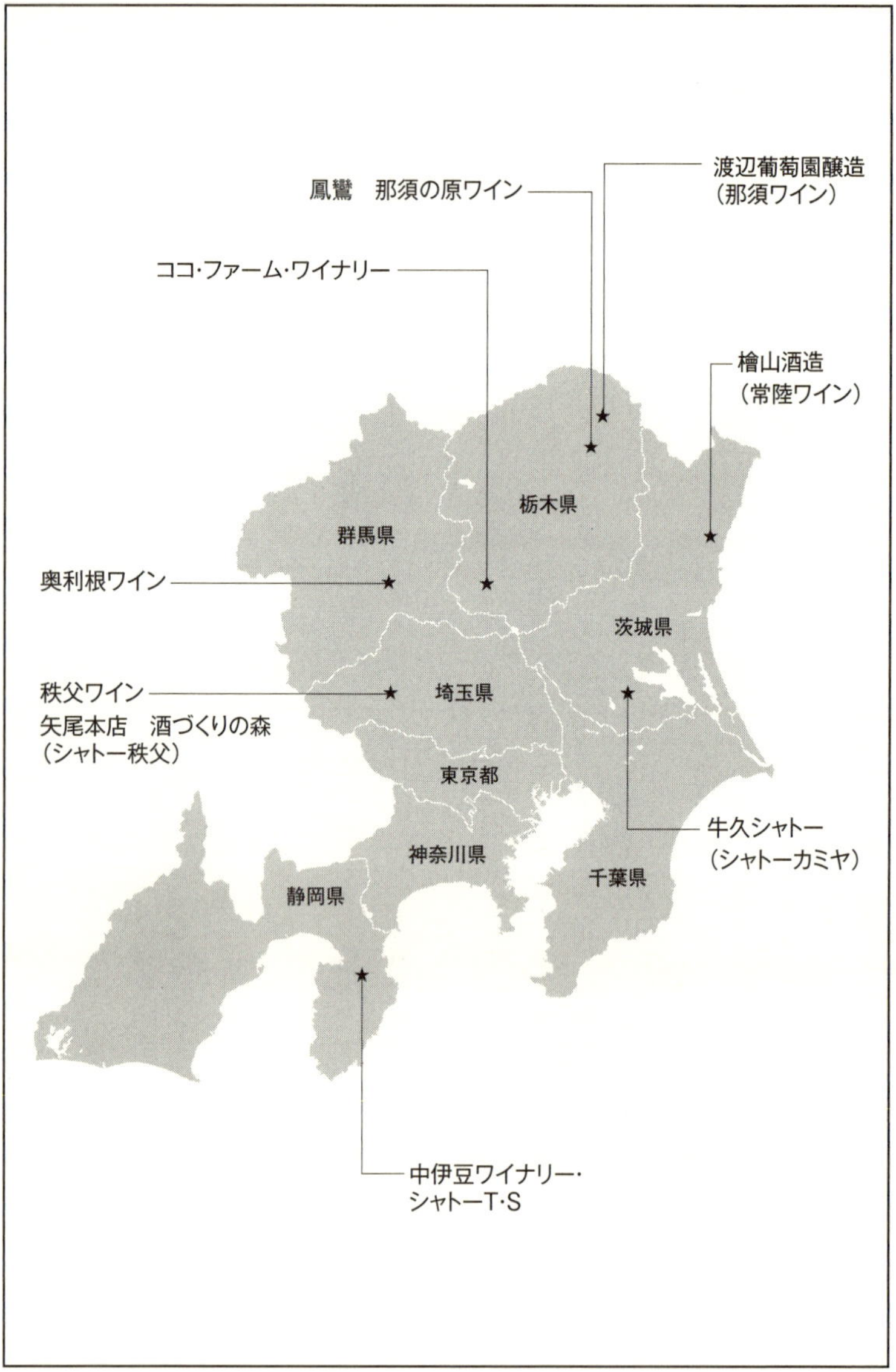
渡辺葡萄園醸造
（那須ワイン）
鳳鸞　那須の原ワイン
ココ・ファーム・ワイナリー
檜山酒造
（常陸ワイン）
栃木県
群馬県
奥利根ワイン
茨城県
秩父ワイン
埼玉県
矢尾本店　酒づくりの森
（シャトー秩父）
東京都
牛久シャトー
（シャトーカミヤ）
神奈川県
千葉県
静岡県
中伊豆ワイナリー・
シャトーT・S

東京都

ワインを出すメーカーとして東京都のリストに載っているのは、ひとつは「ニッカウヰスキー」だが、これは北海道でワインを、青森県でシードルを造っていた同社の事務所が東京にあるからで、同社が東京都下でワインを造っているわけではない。そうした意味で、東京はワイン不毛の地である。

神奈川県

相模原市に「ゲイマーワイン」があり、変わった存在だった。昭和六年戸田康子が、マーセル・ゲイマーと結婚して一緒に帰日した。ゲイマーは自分の飲みたいワインが手に入らなかったので、相模原に土地を求め、ワイン醸造を始めた。戦後、ゲイマーは、在日フランス人の中でも人気があったしフランス人が造ったワインだからということで、買い求めて飲む人も少なくなかった。ゲイマーの死後も、ワイナリーは残っていたし、エヤベ・ゲイマーがブドウ園を相続した畑とワイナリーの敷地面積は、二〇〇〇坪もあり、ゲイマーが苗木一六万本を南仏プロヴァンスから持ってきた。醸造設備は古いが、地下蔵は立派。ここで七〇歳を超す水沢澄江と安田トシ子が、四〇年以上ワインを造りつづけていた。垣根仕立ての樹はきちんと剪定してあって、樹齢五〇年を超すブドウの列がきちんと並んでいるのは壮観だった。当初植えたのは八八種もあったが、約一〇種が残っていた。セイベル、カベルネ・ソーヴィニヨン、メルロー、セミヨン、ソメコ、クロマンセンブロンなど……。醸造法はゲイマーが自己流でやっていたが、ワインはまっとうなものだった。平成二〇年代に閉園した。

なお、統計によると、神奈川県は、山梨に次いで全国第三位のワイン生産県になっている。これはブドウ畑があるからでなく、大手メーカーのワイン・ボトリング工場があるからである。

埼玉県

明治時代、この県の西部、比企郡大岡村や、大里郡奈良村、松山町、菅谷村、亀井村などの丘陵地帯の荒れ地が開墾され、各所でブドウが栽培されたが、当初は生食用だった。そのうち醸造の免許を取ったところがあったが、しばらくするうちに姿を消してしまった。現在、この県には、秩父市に四爺さんの章で書いた「秩父ワイン」があるほか、「シャトー秩父」もある。

「秩父ワイン」は、源作の孫娘カツと夫の島田安久夫婦が経営し、東京の醸造試験所の戸塚昭のもとで研修した息子の昇があとを継いでいる。自家畑は五ヘクタールほどだが、年産約一万本。近隣に栽培をする農家がないので、山梨の農家から確かな品質のものを買って原料を補充している。主力栽培品種は、白の甲州と赤のマスカット・ベリーAだった。カベルネ・ソーヴィニヨン、メルロー、シャルドネ、セミヨンの垣根仕立てを増やした。主力銘柄は「源作印」で、白は甲州、赤はマスカット・ベリーAが主力。一格上がる銘柄に「GKT」（源作・慶一・辰四郎の頭文字をとった）があり、このレベルでシャルドネ、カベルネ・ソーヴィニヨン、メルロー、カベルネ・フランをそれぞれ品種名表示、またはブレンドで出している。酒質は歴史を辱めないまっとうなものだが、さらなる向上を期待したい。

「シャトー秩父」は、寛延二年まで歴史をたどれる日本酒醸造元、「升屋利兵衛」（現在、株式会社矢尾本店。代表者、矢尾直秀）が、秩父ミューズパーク「酒づくりの森」に観光酒造として建てた立派なもの。ワイン生産自体は、昭和六三年から行なっていて、現在、年間生産量二万本。原料は契約栽培農家八軒で確保し、栽培品種はセイベル九一一〇、マスカット・ベリーA、甲斐、ブラン、シャルドネなど。醸造責任者は新井規久。「シャトー秩父」の銘柄で赤・白・ロゼを出している。ワインは真面目に造られているが、正確なデータは不明で、品質についても定評を聞かない。

茨城県

明治時代、この県は後述の神谷伝兵衛のほかに、猿島郡王子菅村の塚原積造が山梨県の高野積成《さねしげ》（祝村葡萄酒醸造株式会社の株主、興業社社長）の指導で、山林一万坪を開墾し、アメリカ種のブドウを植えるなど、活発な動きがあったが、どうしたことか、その後、そうした動向はなくなり、塚原のブドウ園も姿を消してしまった。

現在、この県では、水戸の北の常陸太田町に「檜山酒造」があり、昭和五二年からワイン造りに取り組んでいる。しかしこの県としては、日本のワインの生みの親のひとりといえる神谷伝兵衛の牛久シャトーを特筆しないわけにいかないだろう。

牛久シャトー（シャトーカミヤ）

神谷伝兵衛は、愛知県生まれ。神谷家は代々名主を勤める豪農で、父兵助は「香竄《こうざん》」という俳号を持つ多趣味の文人だったが、金銭に無頓着だったため、家産を傾けた。伝兵衛は、読み書きソロバン程度の教育しか受けられなかったが、生まれつき商才があった。一六歳の頃、綿の仲買人や雑貨の行商を手がけて一応成功するが、投機の失敗や詐欺にあって、無一文になる。当時の野心的な青年の例にもれず、横浜へ出て一旗あげようとする。明治六年、一八歳のとき、フランス人の経営するフレッレ商会（混成酒醸造所）に雇ってもらうことができて、誠実に働いて、経営者に認められるようになる。ある日、腹痛に襲われ全身が衰弱したとき、主人から見舞いにもらったぶどう酒で体が回復し、その滋養効果を認識する。明治八年、主人が帰仏したので、麻布の酒商矢野鉄次郎のもとで働くことになる。毎日、行商をしたが、政府の商官、寺島宗則や後藤象二郎などにひいきにされ、商売が繁盛した。そこで明治一三年、独立して浅草は観音様・雷門入り口の花川戸に家を借り、「みかはや銘酒店」として酒類の一杯売りを始めた（ここが後に「電気ブラン」の店になる）。日本国内でも洋酒の需要が増えてきたことに目をつけ、明治一四年に輸入ぶどう酒を使って、日本人の口に合うような甘口合成ワインを造ってみたところが、評判がよかった。以後、販売は他人にまかせ、自分は自宅を醸造所にして、ワイン造りに専念。当初は「蜂印」、後に父の名も入れて「蜂印香竄葡萄酒」として売りだす（フレッレ商会はボルドー産ブランデー「ビーハイブ」を扱っていたが、蜂の巣の意味だから蜂印ブランデーと呼ばれていた。この蜂印にちなんだ）。なお、伝兵衛はワインと併行して、早くから蒸留酒ブランデー造りにも精を出していた。

明治維新以後、甲府を始め、各地で本格的ワインが造られていたものの、日本人の食生活に合わなかったため、どこも売るのに四苦八苦していた。しかし伝兵衛の甘口ワインは、滋養効果の宣伝と、甘い口当たりの良さから大ヒット。全国規模で販路が広がるようになる。事業の成功に慢心しなかった伝兵衛は、原料のワインを輸入しないで国産のものを使いたいと考えるようになる。他地方の失敗が経験と研究不足と考えた伝兵衛は、明治二七年、養子にしたばかりの伝蔵を、実地研修のためボルドーへ派遣する。伝蔵は三年間ボルドーでブドウの栽培法とワイン造りを学び、多くの参考書、醸造用具など必要なものを携えて帰国した。伝兵衛は、伝蔵が帰国するやただちにボルドーのブドウ苗六〇〇〇本を輸入、東京都豊多摩郡東大久保村（現在の早稲田大学の近く）で試栽してみたところ、順調に生育した。そこで本格的ブドウ園を開く場所を物色。当初、静岡県三方ヶ原（徳川家康と武田信玄との合戦場）に目をつけたが、土壌が良くないのであきらめ、結局、茨城県稲敷郡牛久村の広大な原野に決める。

当時「女化原《おなばけはら》」と呼ばれていたこの地は、明治九年に官有地に編入され、明治一一年に元老院議員の津田出《いづる》に大農式開拓地として払い下げられたものだったが、津田は開墾に着手したものの経営に行き詰まっていた。明治三〇年、その広大な土地を伝兵衛が購入したわけである。伝兵衛は、土地を購入するや「神谷葡萄園」と名づける。東大久保村のブドウ苗を移植し、生育が順調なのを確かめて、明治三四年に建物を建設、ここにブドウ栽培からワイン醸造まで一貫して行なう日本で最初の本格的「シャトー」が誕生した（最盛期に畑は四〇町歩、ブドウは一三万本を数えた）。

ブドウ栽培だけでいえば、ほかに適地がないわけでもなかったが、伝兵衛がこの牛久を選んだのは、東京に近いという交通の便と、文化交流の社交場になる「シャトー」を日本に建てたかったからである。邸館は時計の塔を持つビクトリアン・ゴチック様式で、ブドウ畑と醸造所の設備や経営はすべてボルドーのシャトー風にした。その規模の大きさは類例がなかったから、神谷のPR工場にもなった。最盛期に開かれたパーティには、わざわざ鉄道の引込線をシャトーまで設置し、東京の政府の高官や財界の貴紳を招き、新橋の芸者を総揚げして宴会に花を添えるという豪勢さだった。

伝兵衛は起業家精神に富んだ人物で、デンプンを使ったアルコール醸造にも乗りだして日本精製糖株式会社を興し、日本石油精製株式会社や神谷汽船株式会社の創立にも加わっている。伝兵衛は「日本のぶどう酒王」とまで呼ばれ、蜂印香竄葡萄酒は、後に「蜂ブドー酒」となって、鳥井信治郎の「赤玉ポートワイン」と並んで、戦前の日本の大衆向き洋酒として、日本人の飲酒嗜好を左右した。それと同時に伝兵衛が創案した「電気ブラン」も広く愛飲され（当時流行したコレラに効くという話が役立った）、それを飲ませる雷門の店は浅草名物になり、東京の風物詩になったほどである（現在も浅草松屋デパートの前に残っている）。

また二代目伝兵衛の故郷が山形県だった関係で、昭和一〇年の大不況時に赤湯地方のブドウが売れず、農家が苦境に陥ったのを救うため、赤湯町にぶどう酒製造工場を建てている。もっとも牛久の神谷シャトーの方は、大正も半ばを過ぎると、国内各地の原料ブドウ栽培も広がり、このブドウ園の収量では次第に採算が合わなくなっていった。

第二次世界大戦時は縮小を余儀なくされ、軍需物資の集積所に利用されたりして終戦を迎えた。戦後の農地解放によって、畑のごく一部を残して近隣農民の手に渡ってしまい、往時の盛況を取り戻すことは二度となかった。また、昭和三五年、神谷酒造は合同酒精株式会社に吸収合併されたため、以後、牛久シャトーは合同酒精株式会社のものになった。

ワイン造りに関していえば、昭和三三年から「キャノン」（浅草の観音様にちなんだ）名の甘味ブドー酒でない本格的ワインを造りだすようになり、それが今日まで引き継がれている。もっとも、昭和四〇年頃から、牛久のシャトーではワインを醸造しなくなったから、ワインは合同酒精の甲府工場で造られてきた。しかし平成二年、同社が雪印乳業株式会社と業務提携を行なう中で、ワイン造りは雪印乳業に委託することになり、甲府工場は閉鎖したので、現在の「キャノンワイン」は「ベルフォーレ」工場産のものである。なおワインは造らなくなったといっても、ヌーボー祭り用などは細々と造っていた。最近、本格的ワイン造りを視野に入れ、敷地内にメルローを植え準備中である。

伝兵衛の偉業とそのワインの盛衰は別にして、現在も牛久シャトーは「シャトーカミヤ」として、そのまま残っている。広大で手入れの行き届いた庭園（桜が素晴らしい）に、レストラン、バーベキュー・ガーデン、ビヤ・ガーデン、そしてブライダル・サロンまで新設され、茨城屈指の大観光施設として賑わっている。シャトーの邸館は、今見ても立派なもので、古い大樽がそのまま残っている貯蔵庫、創業時代の機械器具類や、明治時代の写真や文書などが残っている二階の資料館などは、わざわざ訪れてみるだけの価値がある。

檜山酒造（常陸ワイン）

茨城県は水戸の少し北に常陸太田市があり、創業明治二二年の檜山酒造がある。「光圀」銘柄の日本酒の蔵元だったが、昭和五二年からワイン造りを始めた。三代目檜山幸平は、広島大学醸造科を卒業後、全国各地の醸造の指導に携わり、茨城県醸造試験所の主任技師だった。その後、家業を継ぐようになったが、ヨーロッパワイン生産地めぐりをしているときに、自分もワインを造ってみたくなった。常陸太田市の巨峰が有名になった時期で、地元の農家の要請もあった。巨峰をワインにするだけでは物足りなくて、ヨーロッパ品種と地元のヤマブドウとの交配種を作ることを思い立ち、ヤマブドウの研究者沢登晴雄の協力を得て、三〇種の試験栽培。そのうちに二種類だけが残ったのが、ホワイトとブラックの「ペガール」である。

ブドウ園を開設したのが昭和五二年、ワイン醸造の免許を取ったのが昭和五四年。現在、自社畑二・五ヘクタールだが、巨峰ワインの原料は地元の農家約二〇軒から買っている。年生産量は瓶で一万五〇〇〇本から三万本。売上高は大体二〇〇〇万円ほどである。ここの特色は巨峰を使ったワイン（白とロゼ）と沢登晴雄の開発したヤマブドウの交配種を使ったワイン（赤二種とロゼと白）を出していることである。甲州の白もある。現在「山ソーヴィニヨン」と「甲斐ブラン」も試栽培しはじめた。ヤマブドウとの交配種の赤はほかでもやっているが、白は珍しい。

栃木県

歴史のところで触れたように、山梨県勝沼の祝村葡萄酒醸造株式会社は、日本で最初の本格的ワイン製造会社になるはずだった。しかし、社内の対立に嫌気がさしたためか、社長の雨宮彦兵衛はこれもまた重要な関係者高野積成とともに、栃木県芳賀郡粕田村に野州葡萄酒会社を興している。発起人は東京、長野、山梨および地元の大物であり、会社の構想は立派なものだったが、たいした実績をあげないうちに解散してしまっている。また、那須郡西那須野村に大島高任《たかとう》が、明治二〇年代につくった那須野原葡萄園がある。陸奥出身の大島は、南部藩の蘭方医を父とし、長崎で西洋砲術、採鉱などを学び、水戸藩に招かれて反射炉を造った。明治四年には岩倉使節団に加わり欧米の鉱山術を学んだ。そのため鉱山学者としても有名である。訪欧中、ぶどう酒産業に注目し、その後独力で研究を続け、明治二一年個人で米仏よりブドウの苗木を輸入し、那須野原に試植した。そして明治二三年、ワインを醸造するようになった。大島は明治二八年に、この事業を東京の高田慎蔵に譲り渡してしまったが、高田は「ナスノワイン」という名のワインを出して大正初期まで細々と経営を続けることしかできなかった。そのほか、県がブドウ栽培普及に努めたので、明治三七年以後、急激にブドウ栽培家が増えた。そうした中で、黒磯町の渡辺醸造ほか十数名が醸造業を手がけたが、いずれも休業してしまった。

現在この県には、三つのワイナリーがある。「那須ワイン」、「那須の原ワイン」、「ココ・ファーム・ワイナリー」である。ココ・ファームを除くと重視される存在になっていない。

「那須ワイン」は黒磯市にある渡辺葡萄園醸造が出しているもので、同家は、創業明治一七年という旧家でこの県のワイン造りの元祖的存在。当主渡辺嘉也はボルドーで修業したキャリアを持つ。栽培品種は白は、ナイアガラ、赤はマスカット・ベリーAにキャンベル・アーリーなど在来種が中心だったが現在は赤は、カベルネ・ソーヴィニヨンやメルロー、白はシャルドネやセミヨンなども栽培している。現在、自家畑約四ヘクタール、年間生産量は約一万五〇〇〇本。地元以外ではほとんど知られていない。

「那須の原ワイナリー」は、大田原市の日本酒の古い蔵元、鳳鸞《ほうらん》酒造（社長は脇村光彦）が、平成一二年から日本酒だけでなく本格的ワイン醸造を始めたもの。自社畑を持たないから、原料はほとんどが県外（一部は海外）のもの。白は甲州、シャルドネ、リースリング、赤はマスカット・ベリーA、デラウェア、カベルネ・ソーヴィニヨンなど。現時点ではワインの販売先はほとんど県外。

ココ・ファーム・ワイナリー

ここは実にユニークなワイナリーである。日本だけでなく世界でもユニークなワイナリーといってもよいかもしれない。足利市に身体障害者支援施設「こころみ学園」を川田昇が建てたのは昭和四四年。知的障害を持つ子供たちの働く場所をつくる目的でブドウ栽培に目をつけた。素人だけでは先行きに限界があると考えて指導・協力者を求めたが、その要請に応じたのがブルース・ガットラブ。有名なカリフォルニア大学デーヴィス校を卒業後、ナパで醸造コンサルタントとして活躍していた。二年だけという約束で来日したが結局一〇年働くことになってしまった。ブルースと、その手足となって働いた曾我貴彦（長野の小布施ワイナリーの曾我彰彦の弟）の創意に富んだ着目点がここのワイン造りもユニークなものにした。そのひとつの例がブドウ。タナはフランス西南地方のマディラン地区のブドウだがタンニンが多い。これが降雨量の多いウルグアイで成功しているのを見て使った。ノートンはアメリカでも降雨量の多いミズーリ州で栽培されているもの。プティ・マンサンもマディランの白。またミュラー・トゥルガウとツヴァイゲルトレーベは北海道で広く栽培されているものだがこれを使っているのは本州ではほとんどない。またカベルネ・ソーヴィニヨンも栽培しているがジュネヴァ・ダブル・カーテン（G・D・C）という特殊仕立て。

　ここの畑の開墾から始まって急傾斜面畑の摘果、厳しい選果、畑の除草、鳥追いなどもすべて良い意味での園生達の人海戦術。野生酵母の使用を含め、醸造工程の細部もブルースと曾我の発想と工夫が行きとどいている。

　現在五・六ヘクタールの自社畑のほか、群馬、山梨、栃木、長野、埼玉、山形、北海道の契約農家でブドウを栽培してもらっているが、平成一九年から日本のブドウ一〇〇％をスローガンにしている。地下貯蔵所《カーヴ》もなかなかのものだが、これを使って本格的瓶内発酵で造った発泡ワイン《スパークリング》「のぼドゥミセック」は平成一二年沖縄サミットの晩餐会で使われた。良いワインを造るのは結局人なのだということをまさに証明するワイナリーである。ようやく日本でも頭角を現すワイナリーになったが、平成二二年、中心核になっていたブルースと貴彦が独立して北海道へ行った。二人の残した実績を残されたスタッフがさらに向上させていくかどうかが今後の課題だろう。

群馬県

この県の妙義町出身の小沢善平は、明治の初期、東京の谷中と高輪にブドウ園を持ち、ブドウの苗木商として日本のワインの大貢献者のひとりだったが、故郷の妙義町でもブドウ園を開墾し、ワインも造った。しかし資金難のため、大きく発展できなかった。そうした実績のある群馬県だが、その後、まったくブドウ栽培はふるわなかった。現在、尾瀬ヶ原の玄関になるJR上越線沼田駅の近くに「奥利根ワイン」が誕生している。前橋市生まれ、ゼネコン勤務をしていた井瀬賢が、脱サラして沼田市で酒販店の井瀬商店を開き、平成三年に免許を取って「奥利根ワイン株式会社」を設立した。当初は県工業試験所発酵課の指導下にリンゴ酒を製造、五年後にワイン造りを始めた。所有畑は四ヘクタール。ワイナリーの建物は建てたが、カベルネ・ソーヴィニヨン、シャルドネ、メルローなど九五〇〇本を平成一四年に植えつけた。現在、年生産量約二万本。山梨大卒後、勝沼のワイナリーで働いていた技師松原寿樹を採用。地名にちなんで「尾瀬」（シュナン・ブラン一〇〇％）、「谷川」（リースリング）、「赤城」（カベルネ・ソーヴィニヨン）銘柄のワインを出している。別に「樽熟シャルドネ」と、EIZIN SUZUKIやI'm Nobu hillの上級物もある。酒質はまだ未知数。

関東ではないが、伊豆の修善寺に新しいワイナリーが誕生した。伊豆鉄道で修善寺駅、伊豆中央道だと大仁南インターで降りる中伊豆町にある。モダンな「中伊豆ワイナリー・シャトーT・S」の五階建の建物（レストラン「ナパ・バレー」つき）がオープンしたのは平成一二年一月だが、農業生産法人（有）中伊豆志太農業が設立されたのは、平成五年、醸造免許を取ったのは平成一一年である。

給食産業で日本一のシダックス株式会社のオーナー志太勤は、伊豆半島韮山町の生まれ。功をなしとげた志太は、故郷の伊豆で、何か役に立つことを考えていた。幼少の頃、生家にブドウが植えられていて興味を持っていたことと、カリフォルニアワインの愛好者でもあったことから、伊豆にワイナリーをと思い立った。これを助けてシャトー建設の推進者になったのはマンズワインの木下研二と志村富男。平成元年から伊豆の各所でワイン用ブドウを試験栽培するかたわら、適地を探していた。結局、伊豆半島の真ん中の中伊豆町の標高三〇〇メートルのところに、西北斜面の素晴らしい場所（約二〇ヘクタール）を見つけた。年間降水量は多いが、これは時々どか雨が降るからで、常時多湿ではない。日夜の温度も沿岸部より差がある。平均気温は勝沼より少し低い。土壌はロームが風化したものに粘土層も若干含まれている。

現在、栽培面積六・五ヘクタール、ブドウはすべて自家畑のもので、年間生産量はなんと二〇万本。栽培品種は、白が信濃リースリングとシャルドネ、赤はカベルネ・ソーヴィニヨンとメルロー。それに山ソーヴィニヨン。本格的栽培を始めたのは平成五年からだから、樹齢もそろそろ適合化しだした。

ヤマブドウのサンカクヅル（通称・行者の水）も試栽培している。

主力銘柄は低価格帯の「シャトーT・S」の白の辛口と、薄甘口。別に上級物の「志太農場シリーズ」と「志太シリーズ」がある。使用しているブドウはソーヴィニヨン・ブラン、シャルドネ、メルロー、カベルネ・ソーヴィニヨン、中伊豆リースリングとシュール・リーなど。今のところ高級価格帯のものが三割弱。

質に応じて栽培品質を変え、気象を考え、レイン・カット方式を採用し、腐敗果を避ける選果を厳しくしている。一本の樹から一本のワインを造るのが目標。伊豆で世界的に通用するワイン造りを目指すのが、このワイナリーの目的。すでにワインのレベルは大手業者なみ。健闘を期待したい。

一一章　新潟県

新潟県で、明治二三年からワイン用ブドウの栽培を始めたのは川上善兵衛である。同県では善兵衛ひとりが孤立した巨峰的存在だった。というより川上善兵衛は日本のワインの育ての親ともいえるのだから、新潟県を越えた存在でもあった。

現在、この南北に長く延びる県に、存在感を顕示する三つの重要なワイナリーがあるが、別々に孤立していて、山梨や山形のような連繋がない。

川上善兵衛の「岩の原葡萄園」は県の南西、上越市（かつての直江津市と高田市が合併）の南東の「北方」にある。県中央、新潟市の南の巻町に落希一郎の「カーブドッチ」がある。県中央の南、というよりスキー場でよく知られている越後湯沢の隣村、大和町に種村芳正の「越後ワイン」がある。

なお、最近、柏崎市の近くに「柏崎ぶどう村ワイナリー」があったが姿を消した。また、カーブドッチの隣に「ホンダ・ヴィンヤーズ」（フェルミエ）と、北に「胎内高原ワイナリー」が生まれている。

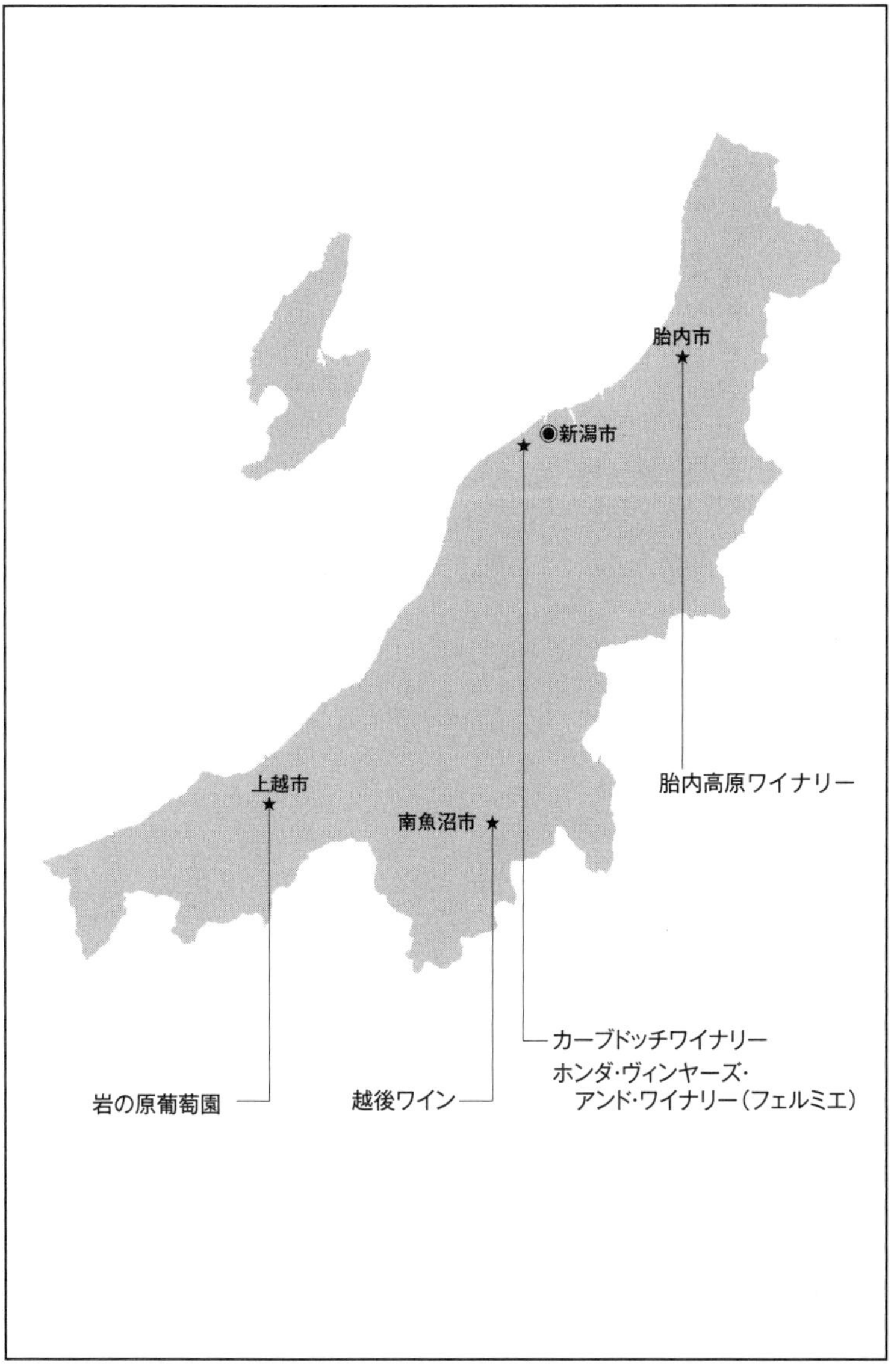
胎内市
新潟市
上越市
南魚沼市
胎内高原ワイナリー
カーブドッチワイナリー
ホンダ・ヴィンヤーズ・
アンド・ワイナリー（フェルミエ）
岩の原葡萄園
越後ワイン

岩の原葡萄園

岩の原葡萄園と川上善兵衛のことは、本来日本のワインの歴史の章で書くべきかもしれない。しかし、この章で少し詳しく紹介することにする。川上家は、松平越中守が領主だった宝永年間に初代善兵衛が生まれた豪農で、多くの小作人を擁し、年に数千石を超える年貢米を納めていたという。四代目善兵衛は性格闊達豪放、「越後に川上あり」と知られ、幕閣の要人、文人墨客の訪れが跡を絶たなかった。六代目善兵衛が生まれたのは、明治元年である。そうした環境で、文明開化の波が越後にまで押しよせてきた激動の時代に育った善兵衛は、幼少にして殖産興業の思想に強く心をひかれるようになる。明治一五年、一五歳にして上京、福沢諭吉の慶應義塾に席をおくと同時に、後まで長く師と仰ぐ勝海舟家へ出入りするようになる。青雲の志に燃えたものの、父が七歳のときに死亡し、家督を継ぐため故郷へ帰らざるを得なくなる。しかし、国策とされた殖産興業と近代化を、故郷の地域振興を通じて実践しようと決心する。越後に戻った善兵衛は、書籍を買い求めて外国の農業事情を調べると同時に、海外からの知識を得るため独学で英語とフランス語を習いだした。そうした中で考えついたのは、米作一辺倒でなく果樹を含めた幅広い農業経営を行なうことであり、不毛の山林荒蕪の地を活用できるブドウの栽培だった。

当時、すでに政府の勧奨で、各地でブドウ栽培とぶどう酒造りが始まっていた。善兵衛はブドウの苗木商として群馬県妙義で栽培をしていた小沢善平、茨城県牛久で甘味ブドー酒の醸造を始めていた神谷伝兵衛に教えを乞うただけでなく、山梨県に赴き、高野積成と高野正誠の下で働いて実地に栽培と醸造の技術を身につけた。

名園の名が高かった自宅の庭園を壊してブドウの栽培を始めたのは、明治二三年である。はじめは九種一二七株だった。翌二五年には、四十余種二百余株、さらに同年には自家の背後にある山林を開墾し、翌二六年に第一園にコンコード種など洋種一二〇〇株を植えた。国内での洋種系ブドウの苗木の入手が困難だったため、二五年にはアメリカはニューヨーク州フレドニアに直接注文して二三種一〇〇〇余株を購入。二八年には三十余種、二九年には五〇種、翌三〇年にヨーロッパから三十余種と、取り寄せられたブドウの試験栽培の手を広げている。ブドウ園も第一号から第五号まで開墾拡張する。

明治二六年、最初に仕込んだブドウは酸敗で失敗。しかしそれにめげず、ワイン造りにきちんとした醸造設備が不可欠なことを悟って二七年には第一号石蔵、三一年には第二号石蔵を完成。新式醸造用木桶、貯蔵用大樽も作っている。その間、醸造所の背後の丘に穴を掘って雪室を造り、冬の雪を溜め、その冷気を引いて石蔵を冷却するという低温発酵と低温貯蔵の技術を開発した。この第二号石蔵は現在も残っていて上越市文化財に指定されている。

明治二九年には、バレンタインなどの洋種ブドウを明治天皇に奉献するという栄誉に浴し、三四年には製品のぶどう酒とブランデーが新潟市で開催された県総合共進会で賞を獲得、これも明治天皇に奉献する。そうした外見上の事業の拡大・成功と栄誉の獲得はあっても、名園の取り壊しや狂気じみたワイン造りへの執念に、周囲の風当たりは強かった。ことにブドウ園の開墾に次ぐ開墾、醸造所の建設、外国からの苗木の購入など収支のバランスをかえりみない先行投資の額は肥大するばかりで、家の財政は次第に逼迫《ひっぱく》していった。いくら豪農といっても手元に現金があるわけでなく、あらゆる金融機関からの借財は巨額なものになった。そうした現実離れをした経営は名家川上家の破綻を招いたが、親族の忠告を聞き入れない。そのため妻の実家の圧力で、離婚という事態も招いた。

明治三〇年から「菊水印」でぶどう酒とブランデーの販売を始め、次第に知られるようにはなったものの、ブドウの栽培と醸造の研究に熱中するばかりだったので販売はおろそかになりがちだった。一時は、一五〇〇〇石ものぶどう酒が貯蔵庫に寝ていた。さすがにその点は、善兵衛も反省した。妹の嫁いだ富永家の孝太郎は米国に渡ってイリノイ大学で農業経済学を専攻した俊才で、帰省して農村の金融機関である信用組合を設立し、上越地方の産業組合の指導者になっていた。この富永孝太郎が販売の協力を申し入れてくれたので、明治三六年一〇月、菊水酒の販売を専業とする「日本葡萄酒株式会社」が設立された。本店は高田町(現在の上越市本町)、支店は東京の神田旅籠町に開いた。破産寸前だった善兵衛を救ったのは、この会社がスタートした直後、明治三七年の日露戦争の勃発である。「菊水印純粋葡萄酒」に、陸海軍から病院用の衛生材料として大量の注文が舞いこんだ。岩の原の在庫を一掃しても足りないくらいであった。それに刺激された一般からの注文も増え、当時、四合瓶で二〇万本という驚異的生産をあげることができたのである。

川上善兵衛を誤らせたのは、この一時的戦争ブームだった。食生活の違いからまだ日本人に本来のワインが普及する情勢になかったし、そのことは善兵衛もわかっていたはずでありながら、このブームの一時的需要を永続的なものと思いこんだ。潤った財政をもとに経営の基盤を固めなければならないところを、さらにブドウ園の拡張、生産増強に走ってしまったのである。明治三七、八年にピークを迎えた全国のぶどう酒産業は、好景気に刺激され、山梨県をはじめ各地で業者が乱立した過当競争に入った。明治四〇年になって陸海軍の買い上げが急激に減少し、一般消費者の購買者層の増加がそれに代わってくれなかった。ぶどう酒産業界は苦境に陥り、鳴り物入りで設立した日本葡萄酒株式会社も明治四二年に閉業した。

大正年代に入ると、岩の原葡萄園の経営は破綻した。経費は嵩むばかりで、販売は伸びず、借金は膨らむばかり、二進《にっち》も三進《さっち》もいかない状態になる。農夫に労賃が払えず、ブドウ園の手入れもできなくなった。地元の農家に畑を小作に出し、農家が生果を勝手に市場へ出したり、委託醸造というシステムで農家が持ちこんだブドウを仕込んでやって利益を折半する方法もとった。とにかくブドウ園の形は残っていたが、実質は廃園状態だった。この窮状を救って岩の原葡萄園を復興させたのが、サントリーの鳥井信治郎である。日本の酒類学の泰斗坂口謹一郎博士は上越市の出身で、夫人は善兵衛の娘が嫁いだ富永家の出である。そうしたことから川上家の苦境を知っていた博士が、甘味ブドー酒の原料確保のため相談にきた信治郎の能力を見込んで善兵衛に引きあわせ、岩の原葡萄園の復興と川上家の財政苦境の打開を期待した。信治郎は、各債権者と交渉して、巨額な債務を一〇年間で割賦返済するという再建案を承諾させた。

善兵衛の偉業を語る上で欠かせないのは、善兵衛の娘トシと結婚して婿養子になった川上英夫である。長野県南佐久郡の柳沢護の次男で、北海道帝国大学農学部で農業経済学を学び、首席だった。善兵衛と親交のあった農学部長星野勇三が、善兵衛の依頼で白羽の矢をたてた。養子になって岩の原葡萄園の経営を手伝うようになったが、経営方針について親子の考えは一致しなかった。農業経済学を専攻していた英夫にとって善兵衛の経営方針は前近代的なものだった。このままでは破綻すると、経営改善を義父に懸命に説得したが、善兵衛は聞き入れなかったから、父子の関係は必ずしもしっくりしたものではなくなった。とはいえ、大正一一年から善兵衛は冬の半年を新潟を離れて暖かい静岡県興津で過ごすようになったが、著述のためもあったとはいえ、英夫に経営をまかせたい気持ちもあったのだろう。とにかく廃園に近くなったブドウ畑を細々と守っていたのは、実質は英夫だった。大正一一年から始めた人工交配による品種改良の研究にも、英夫は多くの貢献をした。善兵衛が『葡萄全書』をまとめるにあたって、外国語の文献を読むために抜群だった英夫の語学力をどうしても頼りにしなければならなかった。後に、鳥井信治郎が山梨県の登美農園の買収に成功したとき、その復興の全権を任せたのは、信治郎がその人柄と識見を見込んだ英夫だったのである。

善兵衛が日本の国産ワインの父とまでいわれるのは、二つの面においてである。善兵衛は早くから多くのブドウ栽培についての著述をしているが、その中でも明治四一年に刊行した『葡萄提要』と、昭和七年に刊行した善兵衛の知識と経験の集大成といえる『葡萄全書』全三巻は、まさに偉業であった。ブドウ栽培から醸造まで広範囲にわたり、当時として高度な知識が実践に沿って詳細に盛り込まれている。日本のワイン学の金字塔であり、ワイン造りに携わる人のバイブルとも呼ばれた。この著書がその後の日本のブドウ栽培とワイン造りに与えた影響は計り知れないものがある。

もうひとつが「交配種の開発」である。ヨーロッパのワイン用ブドウ品種がどうしても日本の気候風土になじまないことを実践の中で悟った善兵衛は、晩年はこの研究に心血を注ぐ。ブドウに捧げた善兵衛の人生の前半は、各品種の導入と実験の時代で、後半の三〇年は品種改良のための人工交配実験の期間だった。たまたま、岩の原葡萄園を訪れた農学士山田惟正は善兵衛が育てていた品種の多様性をみて驚き、交配による新品種の開発を勧めた。善兵衛自身も、ヨーロッパではメンデルの遺伝法則を適用した果樹の品種改良の研究が進んでいたことを知っていた。遺伝学に造詣の深い農学博士見波定治、園芸試験所技師永井計三からの影響も受けて、この一大事業に取り組んだのである。それは忍耐と根気が必要な、気が遠くなるほど長く地味な作業の連続だった。樹勢が強いアメリカ種と、ワイン用としては優れた結果を生むヨーロッパ種との交配を行なって新品種に育成したものが一万株に及び、その中で結実したものが約一一〇〇株になる。交配に一六年をかけた後の昭和一二年から一五年にかけて、東大農学部坂口謹一郎博士の研究室や寿屋の研究室で、その選んだ品種から造ったぶどう酒の化学分析と官能テストを行なった。そして、昭和一五年になって、その中から二二品種の推奨種を公表した。

白の生食種三種、ワインとの兼用種三種。赤の生食種六種、ワインとの兼用種一種。黒皮の生食品種一種、ワインとの兼用種三種、黒皮赤肉ワイン専用種七種である。このうちマスカット・ベリーAとブラック・クイーンは山梨県をはじめ全国二五県にわたって、以後広く長く栽培されることになる。このいわば日本の赤ワイン用代表品種といえる二種が、白の甲州と並んで日本の国産ワイン生産に重要な地位を占め、その酒質を左右してきた。善兵衛は昭和一九年、七七歳で死亡する。

現在、岩の原葡萄園は、サントリー社に属し、山梨県登美の丘ワイナリーの栽培技師長だった荻原健一が長く経営に当たっていた。なお現在の社長はサントリー出身の坂田敏《さとし》、栽培品質技術長が建入《たけいり》一夫。それを守るように上村宏一（醸造）、西山行男（栽培）、上野翔（醸造）などの技師たちが働いている。自社畑は約六ヘクタール。マスカット・ベリーA、ブラック・クイーン、カベルネ・フラン、シャルドネ、リースリングを栽培している。年間生産量は四〇万本。県内外に契約栽培農家を確保し、自社栽培は約三〇％、契約農家栽培が七〇％である。銘柄は「岩の原ワイン」、「深雪花」などで、赤・白・ロゼを出しているが、一〇〇〇円台の低価格帯のものが主力。だが、上級品もある。有機農法で善兵衛の開発した品種を守りつつ、その個性を最大限に生かした醸造法で、川上品種で日本を代表するワインを造りあげたいとするのが、荻原とその後を継ぐ技術陣の悲願である。

善兵衛の業績が偉大であり、その造りあげた交配種が長く日本のワイン用ブドウとして、日本のワイン産業に計り知れない貢献を果たしてきたことは事実である。しかし善兵衛が生まれてから約一世紀を過ぎた今日、善兵衛の交配種にどうしても限界があることが認識されはじめたというのも先駆者の宿命だろう。それは善兵衛が考えもしなかった地球の温暖化、世界的貿易の普及、日本人の食生活の変化などが原因で、善兵衛の責でない。そうした限界を内蔵した川上種を守らなければならない荻原他の技師が苦闘中だが、限界が克服できるかどうか容易なことではないだろう。とはいうものの、善兵衛直伝のワインはまっとうなもので、飲むに値する。岩の原葡萄園へ行けば他県では手に入らないものも試飲できるし、氷室を残した古い醸造施設がそのまま残されているし（最近、古い氷室がもう一つ発掘された）、立派な善兵衛の資料館も建てられている。ワイナリーを訪れ、善兵衛をしのび、その成果であるワインを味わってみることも、日本のワイン愛好家なら一度は試してみる必要があるだろう。

カーブドッチワイナリー

新潟県西蒲原郡巻町角田浜にあるこのワイナリーは、辺鄙と思われるところに孤立しているが、「本格的ワイナリー」と呼べる注目すべき存在である。

綺麗に整った庭に、醸造所、レセプション・センター、レストランとカフェ、小音楽ホールが散在していて、外見は決して派手ではないが、内部は垢抜けしたインテリアになっている。別に小さいが立派なドイツ風建物のソーセージ工場があり、わずかしか造っていないが上面発酵のビールまである。

犬とそして猫までがのんびりと居ついている。話を聞きこんで訪れてくる客も多い（観光バスで送りこまれてくるような客ではない）。いうまでもなく、ブドウ畑も立派なもので、ワイナリーの規模とその内容の点で、個人のものとしては、日本屈指のものだった。

こうしたワイナリーを、ほぼ独力で創りあげたのが落希一郎。外語大を出た後、思うところあって訪独。西独国立シュトゥットガルト大学に二年間国費留学して、マイスターの上になる「ワイン栽培醸造士」の資格を取った。帰国後、「おたるワイン」を出している北海道ワイン株式会社に一〇年勤め、同社の経営が軌道に乗ったのを見て、自分自身のワイナリー造りに取りかかる。ブドウ栽培に向く場所を求めて日本各地を調べ、結局、新潟県のこの場所を選んだ。日本海に近い海岸地帯で、土質こそ砂質だが（これは有機肥料の投入で改良できると考えた）、県庁の資料でデータを調べ、日照・降雨量など、ワイン用ブドウ栽培の適地と判断したのである。

栽培を始めたのは一九九二年、一ヘクタールで始めた畑が、現在は七ヘクタールになっている。ドイツで学んだ関係で、はじめはケルナー、ミュラー・トゥルガウ、ツヴァイゲルトレーベを植えたが、それらの品種がこの地に合わないことに気がつき、樹だけを北海道に移植した。そのため、現在ここで栽培しているのは、シャルドネ、セミヨン、ソーヴィニヨン・ブラン、カベルネ・ソーヴィニヨンとピノ・ノワールなど主力はフランス種になっている。試験栽培種としては、イタリアのサンジョヴェーゼやドイツのポルトギーサー、スイスのシャスラーなどがある。いうまでもなく、垣根仕立てだが、剪定も見事なものである。

ワイナリーを建てる資金は、農林金融公庫などは相手にしてくれなかったので、自己資金二五〇〇万円と同額の北陸銀行の融資でスタートし、その後、独特の方法で資金を募った。一口一万円の会費で苗木のオーナーになれば毎年一本ずつのワインが一〇年間配布される。スタートした平成五年から四年間で会員一万人超、一億四〇〇〇万円の資金が集まったのである。醸造設備・装備、器具類については他人まかせでない本人が選んだものだから、実にしっかりしている。仕込みの単位を考えたあまり大きくなく、それぞれ大きさが違うステンレス・タンクが林立している清潔な醸造室はご自慢のもの。

昨年の生産量が六万本を超したが、これを二〇万本にまでするのが当面の目標。経営の多角化を考え、「ワイン蔵」「カーブドッチ・ホール」「レストラン薪小屋」等を建て新潟市内にも関連レストラン・ショップを出している。平成二〇年には総売上が四・五億円になった（ワインそのものの売上げは一億円強）。

ここのワインに、ワイナリー経営者の見識がはっきり現れているのは、その酒類と価格帯である。中身はたいして変わりがないのにゴテゴテいろいろな銘柄の瓶を出したり、輸入ワインのブレンドものなのに、それを隠したりするようなことをしない。また、ほんのわずかばかり、見せびらかしの高級・特醸物という瓶を出すようなことはしない。上級もののシリーズがほとんど二九五〇円、中級品が一七五〇円に値段をえているが、普及品は一三〇〇円から一五〇〇円。品質が値段に見合っていることはいうまでもないだろう。

落希一郎ほど業界での毀誉褒貶が激しい人物はそうはいないだろう。その毒舌ぶりは並大抵のものでない。平成二三年、落はこのワイナリーを離れ、現在北海道で新ワイナリーを起こす準備中。現在このワイナリーの代表取締役は、長年落のパートナーとしてここの経営を守ってきた掛川千恵子である。

越後ワイン

隧道《トンネル》を抜ければ雪国だったと書かれた越後湯沢も、今では上越新幹線と関越自動車道の貫通でまったく様変わりしてしまった。スキー客のための近代的ホテルが林立し、かつてののんびりした雪国の趣はまったくない。その越後湯沢の少し北、谷川岳と八海山の白嶺をのぞむ魚野川の清流の深い谷あいに大和町がある。JRだと浦佐駅になる。この新潟県としては東のはずれといえる豪雪地帯に、四半世紀前から一軒のワイナリーがぽつんと孤立してその存在を誇示していた。

昭和五〇年に、種村芳正がここにワイナリーを興そうと考えたのは、時代の流れをにらんだ農業振興だった。もともと寒冷地とはいえ、魚沼コシヒカリで名声があった米の産地でもあった。しかし新幹線と新高速道路の開通を考え、農村の環境をこれ以上破壊する工場誘致と大企業の介入という安易な方法ではなく、豪雪地で農家が生き延びられる農業のひとつとしてのブドウ栽培とワイン造りを選んだのだ。これに共鳴したのが「土方《どかた》あがり」を自称する県会議員一年生、昭和の桃太郎とはやされた、後の参議院議員桜井新である。この二人のコンビの努力によって、当初は反対した地元の農家も次第に理解するようになり、中央財界からは、中山素平興業銀行相談役が代表発起人になってくれた。

ワインを造るといっても、ずぶの素人ばかり。探しあてたのが、北海道の十勝ワイナリーがスタートする初期の時代に栽培と醸造を担当した岩野貞夫だった。岩野の指導下、当初から一貫して今日までワイナリーを育てあげてきたのが初代工場長、現在専務取締役の長尾太一である。一〇年にわたる種村と長尾のコンビの健闘と、時代の流れが、地域関係者の考え方を変えさせ、このワイナリーを新しく出発させることになる。

平成七年、「越後ワイン」は大和町・農協・種村三者共同出資の「株式会社アグリコア・越後ワイナリー」に生まれ変わる。関越自動車道沿いの五万坪の敷地に「八色の森公園」が生まれ、ハーブ園、森の小劇場と並んでワインレストラン「葡萄の花」が建てられ、その横に白壁、黒梁造りの美しいワイナリーの醸造所が新築された。公園全体はいわば第三セクターの経営だが、ワイナリーの経営自体は、従来からの「越後ワイン」そのものである。この醸造所の面白いのは、高い屋根に冬積もった雪が移動式の屋根のひさしの下に掘った深い側溝に落ちて貯められ（二五〇トン）、地下の発酵室と樽貯蔵庫を冷やすようになっている点である。自然にやさしいエコロジー・ワイン造りといえるだろう。

垣根仕立ての畑で栽培されている品種は、白のミュラー・トゥルガウ、ケルナー、セイベル、シャルドネ。赤のツヴァイゲルトレーベ、メルローなど。越後の雪で貯蔵したことにちなんで、「越後雪季」のブランドをつけた目玉商品の赤と白が現在主力。年に二〇〇キロリットル、約二〇万本を生産するキャパシティを持っているが、売れ行きをにらんで一四〇キロリットルぐらいに生産を調整している。ワインは、造り手である長尾の人柄を反映して、けれんみや、はったりめいたところがなく、地味だが、手堅い造りになっている。

地方自治体の第三セクターの公園・施設と、個人経営のワイナリーとがうまく共生している例である。とかく町のお偉方や議員が口を出し、運営は役人上がり、素人にまかせっきりの第三セクターの欠点をうまく免れている。ワインはまだまだ成長するだろうし、その意味で期待を持ちたい。

新潟県の新ワイナリー

カーブドッチの落希一郎のワイン造りに心を引かれた新潟県出身旧日本興業銀行に勤めていた本多孝は落のワイナリー経営塾に参加。平成一八年カーブドッチのそばにワイナリーを創業。石窯焼きのピザレストランも開店した。現在約〇・四ヘクタールの農場にアルバリーニョ、カベルネ・フラン、バッカスなどを植えた。免許を取ったのが平成二一年。現在右の二種類のほか六種のワインをリリースしている。正式名称は「ホンダ・ヴィンヤーズ・アンド・ワイナリー」、愛称は「フェルミエ」である。

新潟県北部新発田市と村上市にはさまれた胎内高原に平成二〇年から「胎内高原ワイナリー」が誕生した。経営は胎内市直営。六・五ヘクタールの自社畑にシャルドネ、メルローを主体に、ミュラー・トゥルガウ、ケルナーなどを栽培。山梨県の勝沼醸造株式会社の指導を受け、田中昭一が醸造担当者、現在年産二万三〇〇〇本のワインを出している。

一二章　中部地方

関東と関西の中間地帯は大都市名古屋があるわけだが、ワインに関しては輸入ものを含め、どうも振るわなかった。国産ワインも不毛地帯だった。今まで一般的にみてワイン産業は北高南低で、太平洋側より日本海側が発達してきた。気象というより、米作に向かない地域がワイン造りに熱心なのだろう。中部地方も日本海側の富山、石川、福井県にワイナリーが生まれてきている。

富山県「ホーライサンワイナリー」

富山市の南、婦中町の小高い丘にあるこのワイナリーは昭和二年にブドウ園として開園し、ワイナリーの創業は昭和八年だから北陸で最も古い老舗になる。大地主の山藤重信は県の果樹振興策に応じてブドウ栽培に着目、竹取物語の蓬莱山伝説にちなんで命名。昭和三〇年に重信の子茂森が観光ブドウ園を開園。孫の重徳が現社長だが、妻の万紀子が経営を仕切っている。約五ヘクタールの敷地に生食用とワイン用五〇種ほど植えている。ワイン用としてはマスカット・ベリーAを中心にリースリン

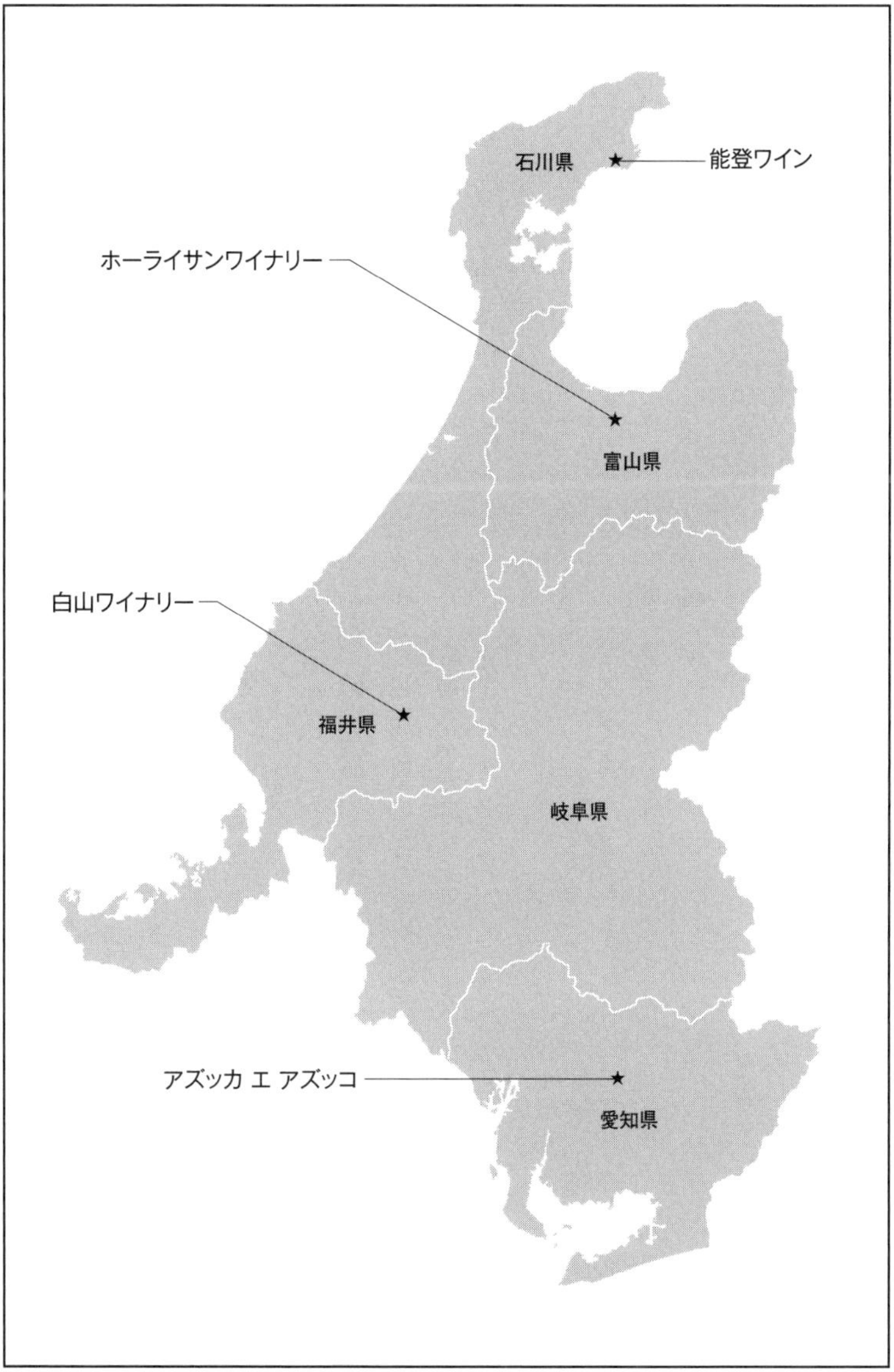
石川県
能登ワイン
ホーライサンワイナリー
富山県
白山ワイナリー
福井県
岐阜県
アズッカ エ アズッコ
愛知県

グ、メルロー、カベルネ・フラン、シャルドネなど。棚栽培の一文字短梢仕立て（別に石川県に委託農場がある）。現在多産約四万本。銘柄は「富山ワイン」「北陸ワイン」「立山ワイン」など。近くに大消費地がないからブドウ狩りの観光園に力を入れている。ワインは、はったりやけれんみのないもの。

石川県「能登ワイン」

能登半島の中央部富山湾側に穴水町があるが、地域振興の一環としてワイン造りを考えたのが土建会社を経営していた村山隆。同町の新田良孝と共に国と県の助成を仰ぎ、三億二〇〇〇万円をかけてワイナリーを立ちあげた。現在、畑は自社と栽培農家を合わせて二〇ヘクタール。年産約一〇万本。当初は赤字続きだったが地元企業と連携して石鹸や菓子、ジェラートなどの販売にも力を入れ平成二二年度になってやっと黒字になった。ブドウはかなり種類が多いが主力は白はセイベル、赤用はマスカット・ベリーAとヤマ・ソーヴィニヨン。ワインはマスカット・ベリーAが国産ワインコンクールで二年連続銅賞を取り、特醸のクオネスが銀賞を取っている。立地条件の悪いところで孤軍奮闘、これだけの成績をあげているのは注目に値する。

福井県「白山ワイナリー」

福井県の東部、大野市の経ヶ岳山麓で谷口一雄が平成一二年に立ちあげた。谷口の個人経営で初めはヤマブドウを使ったジュースやジャムのような地域特産品を出すつもりだったが、ヤマブドウの研究家沢登晴雄と知遇を得て、岩手、山形でもヤマブドウからワインを造っているのを学んでワイン造りを始めた。そうした経緯があったので現在四・五ヘクタールの自社畑からヤマブドウを主体にヤマ・ソーヴィニヨン、ヤマ・ブラン、ワイン・グランド、小公子などの交配種を使ったワインを出している。福井県の契約農家と山梨県から調達したもので不足分を補っている。現在年生産は約三万本。売上げは年四〇〇〇万円程度。ワイナリーの建物は立派で、醸造責任者は福井県の名酒「花垣」を出す日本酒メーカーの社長。ヤマブドウを垣根仕立てで栽培しているから、樹勢が強く抑制に苦労するし、野獣害対策も大変である。国産ワインコンクールで受賞を重ねているのでさらなる健闘を期待したい。

愛知県「アズッカ エ アズッコ」

あまり知られていないが、実は愛知県は日本の大ワイン産地になったかもしれないのだ。明治一四年盛田家（ソニーの盛田家の実家）が、知多半島の開墾が計画された時、三〇町歩の自家畑にブドウを植えつけ、さらに開墾協力同志から借りた二〇町歩にも植えた。醸造目的のブドウ栽培としては日本一の規模だった。ところが明治一七年にフィロキセラ（ブドウネアブラムシ）に襲われ全滅したため、ブドウ栽培をあきらめてしまったのだ。以後愛知県は長くワイン不毛の地だった。しかし平成一八年になって岡崎市の北、豊田市で須崎大介とあずさの若夫婦が、ワイン造りを志し、約三ヘクタール牧場跡の土地三ヘクタールを借りてシャルドネ、カベルネ・ソーヴィニヨン、プティ・ヴェルドー、サンジュヴェーゼを栽培。長野のＫｉｄｏワイナリーと多治見修道院に醸造を委託。醸造免許取得の条件、年産六キロリットルの壁に挑戦しようとしている。ワインはまだ未知数だが、豊田市が関心を持ちワイン特区の申請も検討してくれている。

一三章　関西・近畿地方

女王卑弥呼の都が、九州でなくて大和にあったかどうかは別として、古墳時代の関西人の御先祖様たちが「酒好き」であったことは確かだ。ただ、そのお酒がワインだった物的証拠はない。山梨は勝沼ワインの発祥「大善寺伝説」が真説だとすれば、行基がブドウの種を持ってきたのは薬師寺からのはずである。また行基は、奈良や河内周辺で大土木事業を行なっていたのだから、奈良あたりにブドウ伝説が残っていてもよさそうなものだが、そうしたものはない。

ただ、京都洛外で古くから「聚楽《じゅらく》」と呼ばれるブドウが栽培されていて（伏見の聚楽邸跡で発見されたので、その名がつけられたのだそうだ）、このブドウは豊臣秀吉が関白になったときに明国から送られたという説もある。長野市内に植えられていた「善光寺」ブドウはどうもこれと同一系統のものらしい。また、大阪の河内・堅下に古くから栽培されてきた「紫」ブドウは、秀吉の文禄の役（一五九二年）および慶長の役（一五九七年）の際、朝鮮半島からもたらされたという説もある。とにかく、江戸時代に出された『本朝食鑑』（一六九五年）、『和倭漢三才図会』（一七一三年）にブドウの産地として、京都および洛外・河州富田林をあげているから、遅くとも元禄時代から関西でブドウ

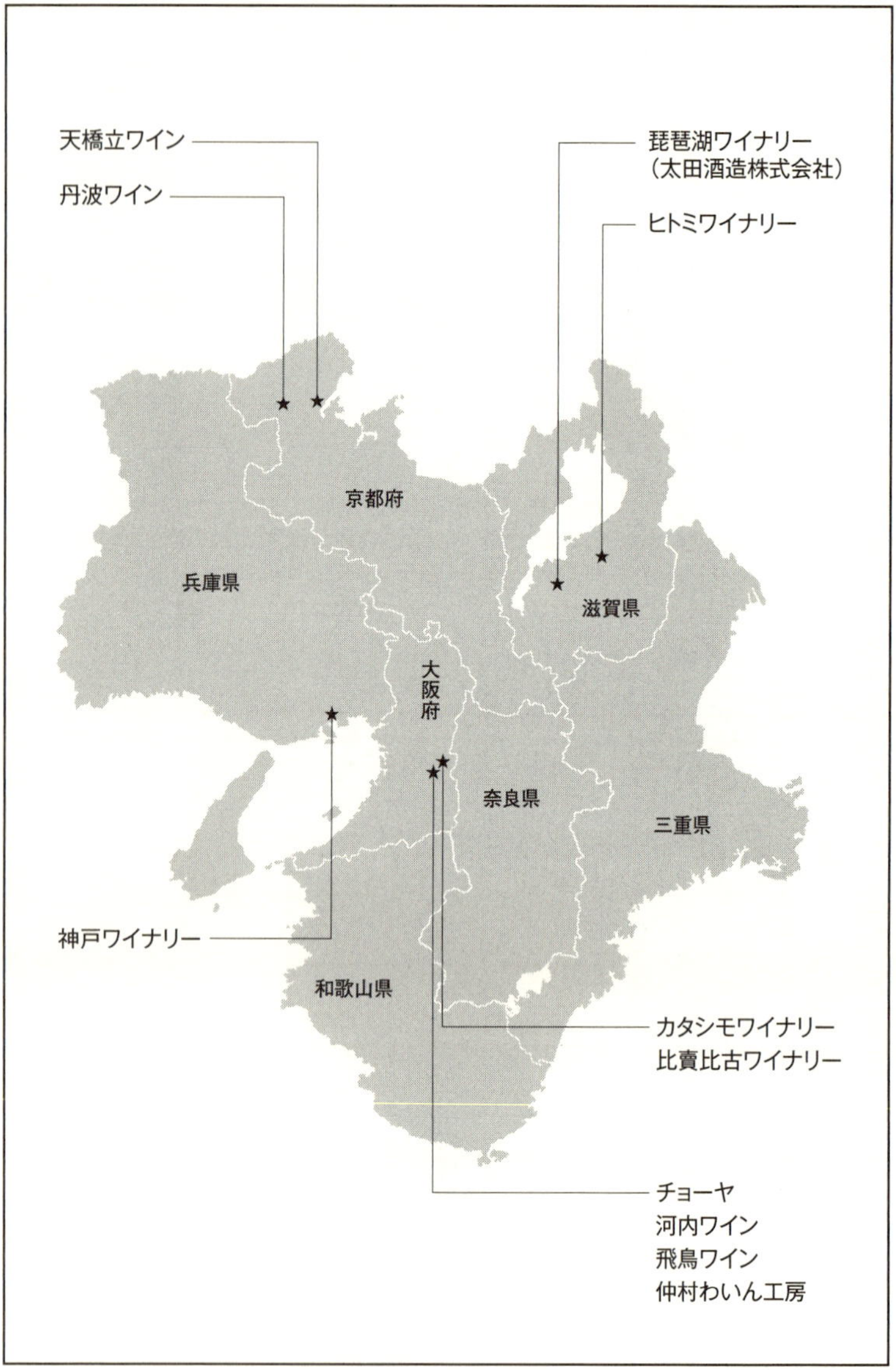
天橋立ワイン
丹波ワイン
琵琶湖ワイナリー
（太田酒造株式会社）
ヒトミワイナリー
京都府
兵庫県
滋賀県
大阪府
奈良県
三重県
神戸ワイナリー
和歌山県
カタシモワイナリー
比賣比古ワイナリー
チョーヤ
河内ワイン
飛鳥ワイン
仲村わいん工房

が栽培されていたことは間違いない。ただ、ワインになると話は別で、やはり明治維新を待たなければならない。

日本のワイン史の中で重要で、関西と関係があるのが「播州葡萄園」である、現在の兵庫県加古郡稲美町（明石市の北西約一〇キロ）にあった。これは明治政府が、明治一三年に開設したもので、明治時代に官営のブドウ園が三つあったが、ここがいちばん規模が大きく、国がもっとも力を入れていた。ところがわずか六年で前田正名《まさな》に経営を委託し、その二年後に払い下げている。そしてこの前田正名は払い下げを受けた直後、山梨県知事に赴任し、その実際の経営に当たった片寄俊《かたよせすぐる》も東京の新宿御苑へ行ってしまった。ここから、それほど離れていないところに、今日の「神戸ワイン」があるのも奇しき縁だろう（このブドウ園については、本岡一郎の「播州葡萄園の興亡」という研究があり、麻井宇介の「幻の葡萄園」という講演録がある。このブドウ園の園長のひとりに福羽《ふくば》逸人《はやと》がいるが、この人は福羽イチゴの開発者である）。

西郷従道《つぐみち》が「ブルゴーニュに負けないワインを造れ」と激励したブドウ園だったが、明治一八年に梅雨と台風に見舞われ、それに追いうちをかけたのが、ブドウの大凶虫フィロキセラだった。国営のワイナリーが廃園になったのを見て、せっかく盛り上がった兵庫県のワイン造りも農家たちから敬遠されてしまう。明治二二年に川辺郡伊丹町の塩井健蔵が、東京新宿の耕牧園から西洋種ブドウの苗木を取り寄せて栽培に挑戦するが、ここも四、五年で廃園になる。しかし農家、ことに坂上清兵衛がその穂木をもらって植えたものは「北村ぶどう」と命名し、成功を収めたという。このブドウはカタウバだったからアメリカ種で耐フィロキセラ性があったのだろう。また、三原郡堺村でもアメリカから苗木（やはりカタウバ）を取り寄せて栽培し、一応の成績をあげたので、同村の篤農家、藤野伊逸は率先して栽培推進をはかり、山梨県に赴いて醸造法を見習い、明治三七年に、「淡路葡萄酒醸造合資会社」を興してワイン造りに挑戦した。しかしブドウの方は最盛期に三百数十町歩にまで広がったが、ワインの方は醸造法が稚拙だったのか、結局販路を広げることができないまま挫折してしまう。

このように、大阪・兵庫のブドウ栽培とワイン造りは、大阪市の南東、河内地区は戦前の甘味ブドー酒の大成功時代その原料産地として大繁栄するものの、第二次大戦後急速に衰退する。

今日、関西地方は新しい復興期に入っている。その推進・刺激的役割を果たしたのは、なんといっても「神戸ワイン」の成功であろう。兵庫県下では、佐用郡三日月町が「三日月高原ワイン」を出しているが、ワインは外注に出しているのでワイナリーは存在しない。また津名郡北淡町が北淡町ワインというのを出しているらしいが、醸造元は不明。

現在大阪府では、河内羽曳野一帯がブドウ栽培地として残っている。蝶矢洋酒醸造株式会社（現社名チョーヤ梅酒株式会社）が有名で、大正時代から「恵比寿印純正葡萄酒」を出していたが、大成功を収めたのは梅酒でワインも出しているが熱心でない。柏原市では、カタシモワインフード株式会社が「柏原ワイン」を出している。駒ヶ谷では株式会社河内ワインが「河内ワイン」、飛鳥の飛鳥ワイン株式会社は「飛鳥ワイン」を出している。しかし、大阪府でも新しいミニ・ワイナリーが二つ誕生している。

案外、健闘しているのが京都府である。京都ではかなり前から、船井郡丹波町で丹波ワイン株式会社が「丹波ワイン」を出しつづけてきた。最近、宮津市に天橋立ワイン株式会社が「天橋立ワイン」を出して丹波ワインに追いつこうとしている。

近畿ブロックといえる滋賀県では、草津市で太田酒造株式会社が「琵琶湖ワイン」とブランデーを出しているし、神崎郡永源寺町で「ヒトミワイナリー」が各種の名前のワインを出しはじめている。

大阪府

関東人にとっては大阪府近郊の交通網は複雑で、「河内」とか「羽曳野」といわれてもぴんとこない。要するに大阪の南西部で、この河内一帯は、明治時代から生食用ブドウ栽培が盛んだったところである。今では大阪市のドーナツ現象が進んで都市化の波に襲われているが、それでもこのあたりへ行くと、まだ一部に農村的風景が残っているし、大和川と支流の石川を挟んだ丘陵にはブドウ畑が家屋に押しやられた形だが残っている。ここに四つのワイナリーがある。ひとつは関西本線柏原駅の近くの「柏原ワイン（カタシモワイナリー）」。この柏原のところで大和川と石川とが合流するが、その支流の石川が南へずっと延びる川沿いが羽曳野市。ここには近鉄南大阪線が走っているが、その駒ヶ谷駅のところに「チョーヤ」と「河内ワイン」があり、そのひとつ先の飛鳥駅のそばに「飛鳥ワイン」がある。

カタシモワイナリー

大阪で、本格的ワイン造りに熱心に取り組んでいるのは、このワイナリーである。柏原一帯は大和川をのぞむ西南向きの丘陵斜面が続くところで、江戸時代からブドウを栽培していた。一説によると、豊臣秀吉が朝鮮から持ってきたという。明治の初期、大阪に国営の藤井寺池田農業試験所が開設され、そこから西洋種の苗木を分けてもらった農家がワイン用ブドウの栽培を始めた。その後「甲州」種も導入されている。そのうちの一軒が、このワイナリーの創業者、高井作次郎である。ワインを造りだしたのは二代目利三郎で、大正の初め頃かららしい。このあたりは、サントリーの甘味ブドー酒の原料供給地でもあったので、最盛期には柏原だけで五一軒（大阪府全体で一二〇軒）もあったらしいが、柏原で八五年間もワインを造りつづけているのはこの一軒になってしまった。現在、社名は「カタシモワインフード株式会社」（カタシモは柏原市の旧名「堅下《かたしも》」からとったもの）になった。三代目は高井利洋。現在、所有畑は三ヘクタールだが、近隣の交際の深い生産者一〇数軒から原料のブドウを購入し、年間七万リットルほどの生産をあげている。売上高は年間二億二〇〇〇万円。ここは坂口謹一郎博士が「大阪柏原Ｎｏ２（ＣＯ２）」の酵母を採取したところで、この酵母は今でも使われている。栽培品種で特殊なのは「カタシモ本ぶどう」（甲州種）で、これは一九一三年、フィロキセラに襲われたとき、この地方でアメリカ株に接ぎ木をして甲州種の再生をはかったもの。それに、赤のマスカット・ベリーＡ、白のデラウェアが主力品種である。そのほか、カベルネ・ソーヴィニヨン、シャルドネ、リースリングにも挑戦中。

売れ筋は一〇〇〇円～一五〇〇円台の「柏原ワイン」。これは以前は「河内ワイン」と名乗っていたが、ほかに河内ワインを名乗るところがあって混同されるので、柏原を使うようになった。特醸物には「キングセルビー」の表示をつけているが、これは「王の肩車」の意味。それぞれ甲州主体のやや辛口白、甲州（堅下ブドウ）一〇〇％の白でやや甘口の白、それの長期熟成させたものも出している。

最近造りだしたのは、白はシャルドネと甲州とのブレンド。赤はカベルネ・ソーヴィニヨン、メルロー、マスカット・ベリーＡのブレンド、樽熟成六カ月もの。この新しい仕込みのものはなかなか近代的な味になっているので、これからのより品質向上を期待したい。建物はワイナリーと呼べるような立派なものではないし、醸造設備も完備しているとはいえないが、当主が研究熱心だからすでに関西としては出色のワインを出しているし、これからもおそらく成功するだろう。ワインは道具が造るものではない。

周辺が都市化する中で、地球の温暖化と果実を襲うカラスと雀に悩まされながら、がんばっている高井利洋の御自慢は、甲州一〇〇%で造ったグラッパ（粕とりブランデー）。自分で考案した特殊な蒸留装置を使っているが、国際的に競争できる立派な出来栄え。

チョーヤ

羽曳野の蝶矢洋酒醸造株式会社は有名で、旧家の金銅《こんどう》一族が大正三年（一九一四年）創業。大正一三年から「恵比寿印純正葡萄酒」を出して、大阪に蝶矢《ちょうや》ありとその存在を知られていた。そのうち、ブランデー、スパークリングワイン、リキュール類と分野を広げていくうちに、梅酒がヒットした。現在では「梅酒のチョーヤ」で有名で、ドイツ・デュッセルドルフに販売会社をつくり、ヨーロッパに販路を広げている。梅酒だけでなくワインも造っていて、デラウェアの白と、マスカット・ベリーAを使った赤を出している。詳しい情報は入手できなかった。

河内ワイン

この株式会社河内ワインは、蝶矢と同じ駒ヶ谷にあって、経営者は蝶矢と同姓の金銅一族だが、まったく関係がない。大正一三年に創業者金銅徳一が「金徳屋洋酒製造元」としてワイン醸造を開始、平成八年に新しく「河内ワイン」の名で発売を始めた。現在は、三代目金銅徳郎亡きあと、夫人真代が専務になってがんばっている。現在のワインは年に約一〇万本、梅を含めた売り上高は年に約一億二〇〇〇万円。

近隣のブドウ生産者が持ちこむ加工用ブドウを使っているが、使用栽培品種は、主に赤はマスカット・ベリーA、白はデラウェア。年間生産量は年によって差が大きいが、これは生産者の持ち込む量が年によって違うため。今でも一升瓶の赤・白が売れているらしい。最近は赤はメルロー、白はシャルドネを使ったワインが増えている。

町工場のような醸造所のそばに、廃材四〇〇枚を使った資料館を建て、二階で古い大樽や昔の醸造用具を展示している。一階は売店だが、大阪ワイン「好きやねん」のブランドを考案したり、ボトルに「ハッピー・コート」をかぶせるなど、販売方法に工夫をみせ商売熱心である。

飛鳥ワイン

近鉄吉野線飛鳥駅から歩いて二、三分のところに工場がある。昭和四三年に仲村義雄が興したワイナリーだが近隣の農家が持ちこむブドウをさばいていた。平成三年になって現在の代表仲村裕三が醸造用ブドウしか使わない方針に転換、自社畑を広げヨーロッパ種を栽培し品質重視に踏みきった。現在自社畑二・五ヘクタール、自社醸造は約二リットル。主要栽培品種はシャルドネ、デラウェア、メルロー、カベルネ・ソーヴィニヨン。平成一二年からヨーロッパ品種中心を本格的に取り組みだした。平成二三年までは主に大阪の酒販店やデパートに卸していたし、訪問客を受け入れる施設もなかったが、試飲所も設けた。過去の経緯からこのワインを知る人は少なかったが、これからは脱皮した実績が徐々に現われてくるだろう。

新ワイナリー

大阪に二つのニューフェスが生まれた。ひとつは羽曳野市飛鳥の「仲村わいん工房」で酒販店主だった仲村光夫と息子の現二が平成五年頃から始めたもの。二ヘクタールの畑にカベルネ・ソーヴィニヨン、メルロー、シャルドネ、マスカット・ベリーA、甲州などを栽培。自宅の蔵を醸造所に改装、銘柄名は「がんこおやじの手造りワイン」など。もうひとつは柏原市のゴルフ場の一部を畑にした「比賣比古《ひめひこ》ワイナリー」。オーナーの岡本泰明が平成一四年にワイン造りを始めた五〇アールの畑に一五〇〇本のブドウを植えた。醸造所もゴルフ場内にある。二つのワイナリーともにまだ実績がかたまっていないし、将来性は未知数。

兵庫県

神戸ワイン

神戸という日本でもユニークな存在である都市が造るワインとして、一時はかなり全国的話題になった。地方自治体の第三セクター事業として、その規模といい、実績といい、たいしたもので、そのあり方は多く考えさせられるところがある。しかし、そうしたことにまで踏み込むのは本書の枠を越えるので、ワインそのものに限って触れる（神戸ワイン・神戸市園芸振興基金協会が共同で刊行している『神戸のみのり一五年』という本がある）。

神戸六甲山とひと口に言われるが、ワイナリーのある場所は神戸市の西北に位置し、新幹線では西明石駅が近い。広大な施設で、正式な名称は「神戸市立農業公園・ワイン城」、経営は「財団法人神戸みのりの公社」になり、所轄は神戸市産業振興局農水産課になる。

その設立のいきさつ、また開業から今日に至る事業の継続に関しては、実に多くの人々の指導・関与・協力があってのことであるから、言及を避けるが、昭和五一年当時の市長、宮崎辰雄の「神戸でワインを造る」という夢が実ったといってよいだろう。ねたみとか、一部しか見ない批評とか、いろいろな事情から、今日までその全貌と真価が誤解されたり、よく理解されていなかったといってよい。

当初の甘味果実酒製造の試験製造が始まったのが、昭和五五年から六三年、本格製造の開始が昭和六三年、販売開始が平成三年一二月と、かなりの準備がかけられている。敷地面積は約三〇三ヘクタールという広大なものである。地勢は南、南西斜面。気候は瀬戸内性気候（温暖・小雨）。現在の栽培品種の主力は、赤はカベルネ・ソーヴィニヨン、メルロー、白はリースリング、シャルドネ、すべて垣根仕立て。このワイナリーから出されるワインは、神戸産のブドウのみを原料としていて、輸入ワインや輸入果汁は一切使用していない。その点で、正真正銘の日本ワインといえる。広大な畑を職員だけで栽培するのは無理なので、畑を区切って、近隣農家に栽培を委託している。展望台から畑が一望できるが、小高い丘の起伏がいくつかある。その全部をブルドーザーでならして畑にするという乱暴なことをしないで、谷あいの森や叢林を残して斜面を畑にしている。斜面の位置・方位・傾斜度がそれぞれ違っているから、植える品種や栽培法が違ってくるだろうということもよくわかる。二ヘクタールの自社栽培畑を残し、平野地区（二一ヘクタール）大沢地区（一七ヘクタール）六二軒の契約栽培農家に栽培を委ねている。これらの農家の中で醸造用ブドウのプロといえる熱心な農家が増えていることは心強い。初期に植えられたものは樹齢三〇年を超している。

現在、販売しているワインは、いくつかのカテゴリーに分かれている。低価格帯の「ファイン」、中級品の「セレクト」。その上が上級品になる「スペシャル」と「ノーブル」の赤、「エレガント」の白。これらが主力製品だが、別に数量限定品として、白の「リースリング」、赤の「メルロー」、赤の「カベルネ・ソーヴィニヨン」がある。問題は酒質で、「スペシャル」、「ノーブル」、「エレガント」は、まっとうなワインで、値段に見合ったコスト・パフォーマンスのあるもの。この値段帯で、これだけしっかりしたワインを出しているところは、全国でもそうはない。このワイナリーの実力を証明しているのが、数量限定の三種でこれは現在「ベネディクション・シリーズ」と呼ばれている。白のリースリングは果実味がよく出ていて、バランスもよく、おいしい。リースリングは気難しいブドウで、世界各地で挑戦しているが、成功しているのは、ごく一部。今のところ、日本でこれだけのリースリングを造りあげているところはそうはない。

赤のメルローと、カベルネ・ソーヴィニヨンも、それぞれブドウの持つ性格がワインに現われている。メルローは、口に含んだとき温かい深みがあり、果実香がよく出ていて、果実味としっかりしたタンニンのバランスもよく、酸味が特有の辛口味を形成している。カベルネ・ソーヴィニヨンも濃紫色で、特徴であるカシス香が出ている。酒肉はしっかりしてフルボディ。バックボーンになっているタンニンがエキス分の中からきりっとした姿を現す。赤ワインについて、基本といえるこの特徴が、日本の国産赤ワインでは貧弱なものが多すぎる。ワインの世界の表現用語のひとつに、ヴァイナスvinous、ヴィヌー vineux、という言葉がある。ワインらしいワイン、ワインたるべき姿がよく出ているワインのことを意味する。ここの赤は、そうした点がはっきり出ている。このような基本形がきちんと備わっているのは抑制生産・完熟果実の摘果、そして丁寧な仕込みがその条件になっている。この醸造について紹介したいことが多いが紙数との関係でできないのが残念（『日本ワインを造る人々シリーズ・西日本のワイン』を参照されたい）。

自治体の第三セクターで、なぜこうしたワインが生まれているのか？　やはり答えは人である。神戸ワイン造りに人生と情熱を注ぎこんだのは、三田村雅《ただし》。福井大工学部卒後、マインツ大学留学。同大学にいた頃、友人に勧められて口にしたワインが、その人生を変えた。ドイツ国立ワイン研究所を訪れ、初対面の職員が四時間もかけて説明してくれたことから、以後ワインの研究にとりつかれるようになる。ドイツとフランスでワインの研究をして帰ってきた。マンズワイン社に勤めていたが、親と一緒に田舎で暮らしたくて生まれ故郷の武生村に帰ったところ、無理矢理に引っぱり出されて、昭和五六年から神戸ぶどう果樹研究所所長。定年退職後は、現在は「財団法人神戸みのりの公社」の農業部顧問。現在西馬功課長の下、濱原典正、渡辺佳津子を中心とする若手技術陣ががんばっている。三田村は、実直というか、安易に妥協することが嫌いで、自分の正しいと思うことを通す点では、頑固といってよい。自分の造ろうというワインについて、きちんとコンセプトを持っていて、他人がどう批判しようと、それに到達しようとするところに粘り強くがんばる。その意味で、ワイン造りに哲学を持っている日本で数少ない栽培・醸造家のひとり。三田村のワインは、国際的に通用する味の基本形を備えている。こうした人物に好きなことを二〇年間もやらせ続けたという点で、神戸市の第三セクターは立派なものだし、三田村は恵まれていたといえる。「私の造ったのは宝石の原石にすぎない。これを磨いていくかどうかは、私の後の若い人次第だ」というところに、三田村の真骨頂があり、それを後継者たちがどう受け止めるかが神戸ワイナリーの将来を決めるだろう。

現在年生産量は五〇万本に及ぶ。初期のワイン造りは大量生産型が主流だったが「ベネディクション・シリーズ」は量から質へと新方針を切ったもの。このワイナリーの新しいフラッグ・シップになっている。一時期経済収支は必ずしも良くないという話もあったが、現在は経営が順調化しているようである。神戸市がこの珠玉のワイナリーを現存のまま維持していくかどうか、ワイン愛好家としては気になるところである。

京都府

丹波ワイン

昔は丹波篠山といえば、山の奥の僻地の代名詞だったが、今はそんなことはない。京都から鳥取へ抜ける山陰道国道九号線で、亀岡市の次の次の市街地になる丹波町の少し先を左に入ったところにあるのが、このワイナリーである。

京都を出た山陰本線の車窓には、美しい保津《ほづ》峡の渓谷美が続くが、亀岡を過ぎたあたりから、ところどころ視野が広がる盆地が散在している。そうしたところのひとつで、やや平坦地になっている。それにしても「どうしてこんなところでワインを？」と思わせる。

この地の町会議員で、観光ブドウ園を経営していた山崎高明と、クロイ電機の創業者の息子でワイン好きだった黒井哲夫が知り合ってワイナリーを造ろうという話になったそうで、昭和五四年、三〇年以上も前のことである。

山崎高明の息子高宏がドイツのガイゼンハイムに留学、ワイン造りを学んできて、はじめは日本酒の蔵元の醸造設備を借りてワインを仕込んだりしたが、昭和六〇年になって、現在の工場をオープンした。当初は岐阜大農学部出身の大川勝彦が責任者だったが、現在は山梨大卒、村木弘行教授門下の末田有が栽培、近畿大学農学部卒の片山敏一が醸造に当たっている。良い意味の家族経営の小ワイナリーである。それでも工場の設備は整っているし、山陰道を通るお客で結構賑わっているレストランと売店もある。

この周辺は、果樹生産地帯でないから、周辺農家に契約栽培を委託するというようになっていない。今のところ、自社畑が頼りで、足りない分は国産ブドウと輸入原料で補っている。現在、自社畑は四ヘクタールだが、ワイン用ブドウ栽培に関心を持つ農家も出てきたので、徐々にそれを増やしつつある。

このあたりは、丹波山地の須知盆地で、標高約二〇〇メートル。冬はそう寒くないが、昼夜の気温差は大きい（ことに夏、昼は三六度、夜は一六度と二〇度も差が開くことがある）から、ワイン用ブドウ栽培に向いている。降雨量は年間一五〇〇ミリで、多湿のための病気がこわいので、垣根仕立てでレイン・カット方式を導入している。ブドウはフランス種が主で、一部はイタリア種。当初植えた木の樹齢は三〇年に達しており、増植しつづけてきたが、それでも平均一〇年を越すから、日本としてはかなり樹齢が高い。

ここのワインの特色は、自社畑の白のピノ・ブランと、赤のピノ・ノワールの特醸物である。ピノ・ブランは、もともとフランスのブルゴーニュ地方で、シャルドネと並んで栽培されていた品種で、今では中央ヨーロッパで広く栽培されている。日本でこれを栽培して成功しているところはまだ少ない。赤はピノ・ノワールということになっているが、実はドイツ系のシュペート・ブルグンダーである。現在、リースリング、セミヨン、シャルドネ、ソーヴィニヨン・ブラン、メルロー、カベルネ・ソーヴィニヨン、タナ（フランス西南部マディランのもの）。ここにイタリアのサンジョヴェーゼまで栽培している。適地適作を考え適正種や適正クローンを検討中。

年間の売りがピークのときは七億五〇〇〇万円にまで達したことがある。現在京都市内の飲食店三〇〇店舗以上で扱われているが、その九割以上が和食店で老舗の割烹店もかなり含まれている。製造販売を含めいろいろ難しい立地条件のところで、孤立、健闘しているワイナリーといえる。今すでに近畿地区にかなりしっかりとした地盤を築きあげているのだから、大阪を含め関西の諸都市の消費者にアピールするように酒質を向上し、個性があるワインを造りつづけていれば、関西に丹波ワインありという名声をあげることができるだろう。

天橋立ワイン

宮津市天橋立の「天橋立旅館」の当主、山崎浩孝は「北海道ワイン」の第二農場の責任者として働いていたが、社長嶌村彰禧の薫陶を受け、なんとか家業の旅館とレストラン、そしてワイン造りを結びつけたいと思いたった。丹後半島は美しい海浜景観や温泉などを持っているものの、長期にわたる経済低迷の中で、地場産業の構造的低迷や若者の故郷離れなどの現象があったからである。会社を設立したのは平成一一年だが、免許が下りて醸造を開始したのが平成一三年九月から。自社畑はないが、別会社の「たんごワイナリー」が四・五ヘクタール（現在三・五ヘクタールを耕作中）を所有。一〇年後に五〇ヘクタールにするつもりだから構想は大きい。今のところ、契約農家二五軒からブドウを買っている。ワインの生産量は今のところ瓶で年に六万本。栽培品種はセイベル九一一〇（白）と一三〇五三（赤）が主力だったが、シャルドネやカベルネ・フラン、ソーヴィニヨン・ブラン、カベルネ・ソーヴィニヨンにも挑戦中。足りない分は北海道ワインから買い入れているが、主としてドイツ系のケルナー、レジェント（藤本毅が注目）、そしてナイアガラ。現在、北海道ワインから来た小松裕幸が栽培主任。長岡技術科学大学卒の土肥剛が醸造主任。今のところ地元客と観光客がメインの販売先だが地方の旅館や京都市の飲食店にも販路が広がりつつある。いろいろな意味でユニークなワイナリーだし、意欲と技術力もあるのだから将来が期待できる有力株。

滋賀県

ヒトミワイナリー

滋賀県といっても東南部、鈴鹿山脈の麓、愛知川の上流で、紅葉の名所になっている永源寺にワイナリーがある。米原の南、信長の安土城跡がある近江八幡の奥。アパレル・メーカーのオーナーだった図師禮三が引退して故郷永源寺で美術館とワイナリーを興した。美術館はバーナード・リーチ専門でコレクションは日本一。ワイン製造の免許を取ったのが平成六年、自社畑は一・五ヘクタール、年生産量が六〇キロリットル、醸造責任者は岩谷澄人。栽培品種はカベルネ・サントリー、リースリング・リオン、シャルドネが主力だったが、カベルネ・ソーヴィニヨン、ピノ・ノワール、メルロー、シラーも植えている。自社畑以外は、県の栽培農家と山形からマスカット・ベリーA、キャンベル・アーリー、デラウェア、ナイアガラなどを買っている。「タータル・ワイン」「身土不二」などの銘柄で、右の品種で混醸した赤白を出すほか、微発泡の無添加にごりワインをも造っている。

琵琶湖ワイナリー（太田酒造株式会社）

江戸城の開祖太田道灌の子孫資武《すけたけ》は、越前松永家の家老職を勤めたが、その子正長は、幕府の命で当時の交通の要路、草津の貫目改役になる。以来、太田家は草津の問屋として隆盛を誇ったが、大正時代に酒造業を行なっていた。先代、敬三は昭和一九年、軍の要請で酒石酸製造の目的でワイン造りを始めたが、戦後の農地改革で苦労して開墾したブドウ畑の大半を失う。しかしそれにめげず、刻苦奮闘、昭和三一年に、灘では日本酒工場を建て、昭和三四年に草津市では栗東町に残った二町歩の土地に、「琵琶湖ワイナリー」（太田ぶどう園）を開設した。現在自社畑五ヘクタール、年間生産量は四〇キロリットル、栽培品種はマスカット・ベリーA、レッドミルレンニウム、カベルネ・ソーヴィニヨン、スチューベン、竜眼。主力銘柄は「琵琶湖ワイン」と「シャトー・コート・ド・ビワ」の赤、白、ロゼ。琵琶湖を臨むワイナリーの建物は立派で、当初は山梨から醸造技師を招いていた。当主實則は時代の流れを痛感、長男精一郎をボルドーに一年間研修させ、ワインの品質再興を図り出した。現在太田精一郎が社長で、四〇年にわたってブドウ園で扱っていた生食ブドウの販売をやめ、ワイン専用ブドウの栽培に切り替えた。国内から良質なマスカット・ベリーA、カベルネ・ソーヴィニヨン、シャルドネなどを購入。自社ワインに加えてワインの体質改善を始めた。そのため平成二三年には新醸造施設と貯蔵施設も建築、新しいスタートを切った。現在年生産量は二五〜三〇キロリットル。

一四章　中国（山陽・山陰）、四国地方

中国地方は、全体的に見て日本の中でも気候温暖で、ことに山陽地方は果樹の栽培に向くはずである。現に岡山県は、高温・乾燥、雨が少ない関係で、果樹王国になっている。桃太郎伝説の発祥地と誇るくらいの桃の名産地だし、生食用のマスカット・オブ・アレキサンドリアは全国でも有名である。ところがどうしたことか、ワインの方は不毛に近かった。明治四四年には、後月郡山野上村で稲本富太郎ほか五名の者が「吉備葡萄酒醸造所」を創立している。それまでそのあたりはもっぱら生食用ブドウの生産地で、販売量もかなり上がっていたが、明治四三年頃から生産過剰になり、需要が激減してきたので、ブドウを加工することで将来展望をはかったらしい。大正二年になって組織をあらため、「山陽葡萄酒合資会社」とし、事業の拡大をはかり、「日星印天然赤葡萄酒」として販売していたが、いつの間にかその姿を消した。

第二次大戦後、平成一〇年代まで中国地方でのワイン生産といえば、サッポロビールが岡山の北の丘陵地で明治一一年頃からブドウを栽培していたという赤磐郡赤坂町に目をつけ、立派な「サッポロワイン岡山ワイナリー」を建てたほか、島根県で昭和三四年に創設された「出雲葡萄酒加工所」を昭

ひるぜんワイン
北条ワイン
ふなおワイナリー
奥出雲ワイナリー
（木次ワイン）
島根ワイナリー
鳥取県
岡山県
島根県
是里ワイナリー
山口ワイナリー
サッポロワイン
岡山ワイナリー
広島県
香川県
山口県
徳島県
愛媛県
高知県
みよしワイン
せらワイナリー
さぬきワイン

和六一年に農協連合会が「島根ワイナリー」に改組してワイン造りを軌道に乗せたのと、鳥取県の北条町で「北条ワイン」が孤軍奮闘しているだけだった。

ところが、平成一〇年代に入ってくると、状況が少し変わってきた。岡山県に「サッポロワイナリー」のほかに「是里ワイン」が誕生した。島根県では、地方自治体のお荷物視されていた「島根ワイナリー」が大成功を収めだしただけでなく、木次にユニークな「奥出雲葡萄園」が現われた。広島県では立派な「広島三次ワイナリー」が現われた。鳥取県では「北条ワイン」が健在。四国では香川県高松市の東の志度町で「さぬきワイン」が生まれている。また、山口県にも鍾乳洞で有名な秋吉台に「山口ワイナリー」が誕生した。

平成二〇年代に入ると岡山県では「ひるぜんワイン」と「ふなおワイナリー」が、広島では「せらワイナリー」が新入りした。

岡山県

サッポロワイン岡山ワイナリー

サッポロワイン株式会社が、岡山に同社としては日本初のワイナリーを建てたのは、昭和五九年である。岡山県赤磐郡は、なだらかな南向き丘陵が多く、今から一二〇年も前の明治一一年頃からブドウが栽培されていた。現在はグリーンの大粒食用ブドウ、マスカット・オブ・アレキサンドリアの名産地である。これに目をつけて赤坂町東軽部にワイナリーを新築した。岡山市の北東約二〇キロ、JRだと瀬戸駅下車、山陽自動車道だと山陽インターで降りて約一五分のところにある。高い塔のついた小綺麗な建物と近代的醸造設備が整った工場がある。サッポロワインの商標「ポレール」は北極星のことだから、星座のような明かりが輝く美しいホールやステンドグラスのついたエントランスもある。庭には試験栽培のブドウが八〇品種（五五〇本）も植えられている。このあたりは備前焼の産地で、近くに備前焼陶芸美術館もあるから、観光がてら訪れるに向いている。

ここでは当然マスカット・オブ・アレキサンドリアを使った「マスカット・ワイン」を造っていて、同社のポレール・セパージュ・シリーズの目玉商品になっていた。岡山ワイナリーは広い庭とスマートな建物を持ち、日本の十指のうちに入る規模のもので、勝沼の本社ワイナリーより立派だった。横幕和幸、伊藤和秀以下の技術陣の腕はたしかで、国産ワインコンクールで数多くの賞を取る常連だったし、マスカットで造ったワインはユニークだった。ところが平成二二年、社内の大再編が行なわれた。それまでデイリーワインを勝沼と岡山が分担して生産してきたのを、勝沼がグラン・ポレール・シリーズに特化された上級ワイン造りに専念、岡山は岡山県産ブドウを使ったワインだけでなく、サッポロの国産ワインすべて、ことに低価格帯の量産ワインの生産を受けもつことになった。海外原料をブレンドしたものを含め、安価のデイリーワインを含めた二〇〇以上のアイテムすべてを一気に引受けることになったのである。この重責を担う伊藤和秀の使命は大変だろう。

是里ワイン

サッポロと同じ赤磐郡だが、吉井町というとかなり内陸部、赤坂町の北東約二〇キロ、ＪＲは吉井駅になる。ここにワイナリーが生まれたのは昭和六〇年、当時の吉川町長の発案で地元ブドウの付加価値を高める目的で、町の第三セクターとしてスタートした。平成七年に「ドイツの森」がオープンしたので、それに伴って移転した（総工費五〇億円、吉井町負担七億円。現在、間接社員も含めると一〇〇人もの従業員が働いている）。ドイツの森は、岡山県農業公園で、いわば県民の「憩いの村」として明るい行楽地になっている。アトラクションもあるし、羊もあれば、ドイツビールやパンとソーセージも造っている。

このワイナリーの特色は、ワインの品質向上をはかるため、姉妹都市になっているドイツはナーエ地方のヴァルハウゼン村から醸造技師を迎え入れ、その指導を受けている点である。ワイナリーは町営で、自社畑は持たないが、ワイン専用品種（リースリングのみ）を栽培してもらっている農家が三軒ある。町内の農家が栽培している品種は今のところ生食用ブドウが中心で、赤はキャンベル、マスカット・ベリーA、ピオーネ、白はリースリングとマスカット・オブ・アレキサンドリア。もともとこの町あたりはキャンベルの産地だったから、ワインも「キャンベル」のロゼと、「リースリング」の白が目玉商品。しかしまだ訪れる客の甘口ワイン嗜好は強く、甘口白の「マスカット」と甘口の「ピオーネ・ロゼ」がよく売れているが、赤の「ベリーA」も造っている。

現在、行楽客（平成一一年は三五万人）相手のワインという観が強い。国産ワインコンクールで「キャンベル」が銅賞を取っているが、ドイツ人技師の指導を仰いでいるのだから、発想さえ変えれば、良いワインを造れるようになるかもしれない。

ひるぜんワイン

中国地方を山陽と山陰に分ける山脈、岡山と鳥取県の県境に真庭市がある。そこに蒜山《ひるぜん》高原があり昭和六三年第三セクターのワイナリーが生まれたが、平成六年になって組織変えをして農業生産法人

「ひるぜんワイン」になった。地元農家、村役場、農協が出資者である。ワインはヤマブドウを使ったもの。現在自社畑は一・五ヘクタール。ワイナリーの建物はスマート。最近はマスカット・ベリーAをブレンドしたものも出しているし、シャルドネ、ピノ・ノワールも栽培しはじめた。

ふなおワイナリー

岡山県は食用ブドウの女王ともいえるマスカット・オブ・アレキサンドリアの栽培中心地だが、これからワインを造るワイナリーが平成一七年に倉敷市船穂《ふなお》町に生まれた。倉敷市、JA岡山、真備船穂商工会、農家がそれぞれ出資した第三セクター。それぞれ出資母体から出された役員と広島大学発酵工学科出身の小野昌弘工場長が運営している。建物はスタイリッシュなログハウス。こうしたワイナリーだから自社畑はなく、JA岡山が集荷する地元農家が育てたブドウを使っている。年生産七〇〇〇リットル、売上げで見ると年二〇〇〇万円前後。マスカット・オブ・アレキサンドリアはグリーンの果粒は大きく美しいし、食べておいしい。しかし巨峰と同じようにワインにするのが難しく、原価が高く、どうしてもワインは高くなってしまうのが難点（ひと瓶三〇〇〇円）。ただ国産ワインコンクールですでに銅賞を取っているから、優れた醸造技術をもった技師の協力が得られればユニークなワインが生まれるかもしれない。

広島県

みよしワイン

ワイン不毛だった広島県にも、平成三年三次《みよし》市に第三セクターだがワイナリーが誕生した。三次市は県の北東端の奥、中国地方の背骨のような中国山脈の麓、広島から松江まで中国地方を横断する国道五四号線が、いちばん高い赤名峠へ登りつめる少し手前である。国営備北丘陵公園の中に、三次市と三次農協が中心にブドウ生産者と観光業者二二社、四四団体が二億五〇〇〇万円の資本金で設立した。赤屋根白壁、高い塔のついたメルヘン的なデザインの建物は、中国の山の中にミニ新世界が誕生したようである。広い庭と花壇、広い売店、バーベキュー・ハウス、そしてマスコット人形まで……。確かに家族連れのレジャー客が楽しんでいる。醸造室の見学コースなど、山梨の「本坊マルス」に似ている。似ているも道理、ワイナリーの立ち上げに本坊マルスの指導を受けたからである。醸造も同ワイナリーの橘勝士の指導を仰いだ。醸造課長石田恒成は、東京農大出身で、マルスへ修業にいっている。自社畑（二ヘクタール）があって、ピノ・ノワール、メルロー、プティ・ヴェルドー、シラーなどを栽培している。

契約栽培農家も三軒あって、シャルドネを中心にセミヨン、メルローを栽培している。別に市内の農家五〇軒から、マスカット・ベリーA、デラウェア、ピオーネなどを農協経由で仕入れている。

現在年間生産量は約四〇万本、売上高は二億三〇〇〇万円だから地元の農家補助と地域振興の目的は果している。ただワインの方は「ＴＯＭＯＥ」と「三次ワイン」銘柄のワインが一六種ほどあるが、ここの特色を出した目玉ワインがまだ確立していない。

せらワイナリー

尾道市と三次市の中間あたりに世羅《せら》町があり（鉄道はない）、広島県が開設したせら夢公園がある。モダンなデザインの建物や総合施設が備っていて、鉄道のない不便なところでありながら、年間三〇万人の来園者がある。この中に平成一七年、スマートな建物を持つワイナリーが誕生した。世羅町、小西酒造（兵庫県伊丹市）、サントリー系のダイナックが出資した第三セクター。このあたりはナシの名産地でそれにブドウも加えようと考えたもの。自社畑はなく三〇軒の契約農家からブドウを購入している。品種はハニー・ビーナス、マスカット・ベリーA、メルロー、シャルドネ、カベルネ・ソーヴィニヨンなど。醸造設備は最新鋭のもので整っている。醸造長は酒類統合研究所で研修を受けた転職組の行安稔《ゆきやす》。年生産が六万本。売上高は年五六〇〇万円。ワインは土産物のレベルを脱していて、国産ワインコンクールで銅賞を取っている。将来が期待できる新ワイナリーである。

島根県

島根ワイナリー

島根県でも、日本海に突きでた島根半島の西端にある島根ワイナリーは、ＪＲ松江駅から木次線経由で約一時間、ＪＲ出雲市駅からでもバスで四〇分、出雲空港からタクシーで二五分、中国自動車道の三次インターから二時間近く、決して便はよくない。しかし、弥山《みせん》を背にした白壁赤レンガ色の瓦で、風見鶏のついた塔を持つ建物と広い庭は、文字どおり別天地を創っている。バーベキュー・ハウスは大きく、その売店の広さと賑わいぶりには驚かされる。敷地面積五万平方メートル弱、建物面積約七五〇〇平方メートルという広さだけでなく、駐車場にはバス二五台、自家用車三五〇台が駐車できるのだから、その活気ぶりは想像がつこうというもの。現在、年間一〇〇万人！　の来訪客があり、平成九年に累計来場者数一〇〇〇万人を突破している。ワイナリーの全体の売上げは年一六億円を超える（ワインはそのうち三割程度）。ここは出雲大社のそばで、年間二〇〇万人を超える参拝者のお陰ともいえるが、その客の半数を誘い、山陰・出雲観光の大拠点になっているのだから、神様のお陰ばかりでない。観光業者は、素早いサービスのレストラン、短時間で買える土産物店、そしてトイレという三点セットの拠点を欲しがるが、そのニーズに見事に応えているからだ。産業的には過疎になっている山陰地方で、現在日本でいちばん成功している第三セクターのワイナリーになっているのには、それだけの理由がある。このワイナリーは誕生してから実に四〇年の歴史を持っているのだが、その歴史は苦難と苦闘の歴史そのものだったのだ。島根県のブドウ栽培は、すでに慶応年間に浜田市で始まっている。明治二三年に平田市を中心に広がり、大正中期に興隆期、戦時中の減退を経た後、昭和三〇年に入って急速に増えた。デラウェア中心で、八月の降雨による裂果被害が大きく、その対策として、加工施設の設置が急務になった。かくて、島根県中央事業農業協同組合連合会が加工施設の建設を決定、昭和三二年に「簸川地方葡萄加工所」が誕生した。といっても、設備は清酒用古桶三本、手動式水圧機とポンプだけ。従業員はブドウ生産農家の長男五名、ワイン造りの知識はゼロというみすぼらしいものだった。寿屋（サントリー）から醸造技術を教わり、骨董品的な破砕機を借りた。炭酸ガスや亜硫酸ガスが発生する果実の破砕と圧搾は、殺人的ともいえる作業で、四〇時間以上の不眠不休という苛酷なものだった。果汁は寿屋の瀬戸工場へ売ったが、タンクローリーに積みこむのは手押しポンプで四時間もかかった。

昭和三四年、条件付き免許が下り、大社ぶどう加工所を建設（借地一七平方メートル、資本金一五〇万円）、試験醸造を行なった。免許が下りたといっても、補糖もアルコール添加も許されない生ぶどう酒で、すっぱく渋く苦いもので、とても飲めるものでなかった。昭和三五年、寿屋から離れ、協和発酵初代会長の加藤弁三郎の援助で、同社系列の日本葡萄酒株式会社の内藤欽一工場長、和田醸造主任の指導の下に、初めて本格的ワイン造りを始めた。銘柄は「ニッポン・ワイン」、原料はデラウエアで、といっても裂果や病果、いわば農業廃棄物だった。当然でき上がったものは酸っぱくて荒い代物。物好き以外は買ってくれず、それが十数年後まで県民に不信感を残した。

昭和三七年、中央連の組織改組に伴い、資本金も五〇〇万円に増資、果実酒製造の本免許も取り、名称も「有限会社島根ぶどう醸造」（後に株式会社）に変えた。翌三八年に借地で一〇〇坪ほどの工場を新築（設備は日本酒醸造器具）。三九年に甘味果実酒の免許を取り、「ワインパール」の名前で売りだしたが、酒類業界の販売競争の激しかった時代で、増える裂果や余剰生産物を処理するために、増えた生産量を売りさばくのに四苦八苦しなければならなかった。昭和四一年から四三年にかけて、全国洋酒鑑評会でA級優秀賞を獲得したものの、余剰生産物である不良ブドウ果は増える一方で、前年仕込んだワインが半分以上残り、次の年の仕込みができないという状況の下で、経営は悪化していった。昭和四九年、会社は島根経済連に引き取られて「島根経済連ぶどう酒大社工場」になり、銘柄も「島根ワイン」と変えてみたものの、販売成績は悪化する一方で、経済連のお荷物になった。昭和五〇年代に入って、生産・販売の機構を改革、県下酒販店での小売りを五年間にわたって努力した結果、昭和五七年になってようやく販売が軌道に乗るようになった。ところが、機械設備の方がすでに老朽化し、改装の必要に迫られた。しかし毎年一〇〇〇万円以上の赤字を出す事業に、資金を注ぎこめるはずがなかった。

昭和五八年、ワイナリーは最大の危機に直面する。県内ぶどう組合長会で、累積赤字一億円という赤字の公表と工場廃止が提案された。しかし、ワイナリーの運営側は、県内の生産者に甲州とマスカット・ベリーAの出荷増を要請し、ワイン自体の品質向上に努力中だった。県内観光店や空港でも、特産品の売上げが伸びだした矢先だった。生産者たちは猛反対に立ち上がった。不良果実の対策として発足した事業が、三〇年もの歳月の中で、生産・加工・流通面で一定の基礎を築き、生産者と切り離せない存在になっていたからである。禍い転じて福といえるように、廃止の公表がきっかけになって、むしろ工場を蘇生させるためにはどうしたらいいかという、経営戦略——新ワイナリーの建設——が本格的に取り組まれるようになったのである。

昭和六一年、大社町菱根の国道四三一号線沿いに新工場を建設、生まれ変わった「島根ワイナリー」が誕生した。ラベルや包装のデザインも一新、風見鶏つき赤レンガの南欧風イメージの近代的工場は、コンパクトだが最高の新鋭醸造設備を備え、バーベキュー・ハウスもオープンした。工場見学や試飲が自由にできるだけでなく、ワインや県内農畜産物加工品がショッピングできる観光工場になった。いわば、島根県農畜産物の地場消費および総合宣伝の拠点になった。ワインについても、専用品種の契約栽培の拡大に取り組み（現在七九軒）、昭和六三年には二〇ヘクタール、平成二四年には二五・八ヘクタールの栽培状況になった。ワイナリーの隣接地に試験栽培所を設け、多数のヨーロッパ種の地域導入の可否を研究している。現在ワインは、年間瓶換算で約六三・七万本の生産量をあげている。売店でのワインを含めた諸物産の売上げとレストランの売上げが大きな比率を占めているが、ワインでいえば外販（ワイナリーの直売以外の地元の特約小売店での販売量）が生産量の過半を占めている事実は、このワイナリーが地場産業として定着していることを示している。

栽培品種は、現在でもデラウェアが多いが、マスカット・ベリーAとカベルネ・ソーヴィニヨンも増えつつある。ワイナリーで売れる商品は、やはりまだ甘口ものが多い。品種とラベルは多様多岐にわたっているが、伝説にちなんだ「葡萄神話」のシリーズが主流。醸造担当者が力を入れているのは、新開発商品の「葡萄神話ベリゴ」の赤・白・ロゼ。赤でいうと、カベルネ・ソーヴィニヨン（フレンチオーク樽熟成が四割）五〇％とマスカット・ベリーA五〇％、白は甲州とセミヨンのブレンド。いずれも県内産のもので、勝沼のくずワインの始末場という悪評を追い払うべく取り組んだ野心作。ベリゴはベリー・グッドのラテン風もじり。品質のレベルはまだ国際レベルとはいえないが、今後の向上を期待したい。

このワイナリーは、立地条件が悪く、そして第三セクターであるにもかかわらず大成功を収めている点で、異色である。出雲大社とセットになって観光客を呼びこめるという好条件はあるものの、神戸とは違った意味で、日本でもワイナリーが成功できる例を示している。ここには、普通ワイナリーの成功に不可欠な、ワイン造りに執念を燃やす情熱的なキャラクターの存在というものはない。ただ、廃止の要請をはねとばしたのは、多くの生産者であったというのが重要である。それを支えたのは、現場が積み重ねてきた実績だったということだろう。第三セクターは、ワインそのものよりも、ワイナリーがまず事業として成功しなければならない宿命を負っている。その意味で観光色が強くなるのは避けられないだろう。しかし、ここはそうした面での成功でやっとゆとりができたのだろうから、そろそろワインの方も傑出したものへの挑戦がないかぎり、本来のワイナリーとしてのアイデンティティと存在を主張することは難しいだろう。

奥出雲ワイナリー（木次《きすき》ワイン）

木次町は島根県としては内陸部、ちょっと山奥になる。広島と松江を結ぶ中国横断道路国道五四号線の途中から分かれる三一五号線沿いにある。ワイナリーでいえば「みよしワイン」と「島根ワイナリー」の中間にあって、島根よりになる。交通の便は良くなくて、JR松江駅から木次線に乗り、木次か日登駅で降りる。中国自動車道なら、三次インターから車で約一時間。木次町は眠ったような宿場町で、古事記でスサノオノミコトが八岐大蛇《やまたのおろち》を退治したという伝説を持つ斐伊川沿いの桜堤のほかは、これといった名所もない。島根県人でも、行ったことがない人が多いだろう。文字どおり奥出雲である。そこの小さなニュー・フェイスのワイナリーのシャルドネが個性を持っていることを外国人を含めた複数のワイン評論家が認めている。ワインというものの面白さだろう。県土の九割を占める中山間地の振興が島根県政の大きな課題になっている中で、このワイナリーは木次町寺領地区で進められている健康農業の里、モデル農園「食の杜《もり》」の中にある。そのため第三セクターのように誤解されているが、そうではない。内容的には「みよしワイン」や「島根ワイナリー」とはまったく対照的で、ワイン専念のワイナリーである。白壁赤屋根瓦のお菓子のような建物や、大売店などはなく、「交流館」と名づけられたワイナリーの建物は、山荘的な地味なもの。レストランもあるが、有機農法の野菜料理で、予約しないと食べられない。この「杜」の中には、別に豆腐工房、かやぶき屋根の室山農園、生食ブドウの「大石葡萄園」もあるが、ブドウ畑とともに谷あいにひっそりとした佇《たたず》まいで建っている。有機農法というポリシーのもと、その土地の生き物と自然に優しい生態系を乱さない農業、自然との共生を表しているからである。

「奥出雲葡萄園ワイナリー」が法人として設立されたのは平成二年、ワイン醸造を始めたのは平成四年からである。もともと、この地に「木次乳業有限会社」があって、食品の安全問題や有機農業に取り組んでいた。そうした経緯の中で、佐藤貞之（役場の職員だったが、有機農法にこだわり木次乳業に入社）が、日本農機農法研究会の沢登晴雄と知り合いになり、昭和五八年から近所の農家三軒とともにブドウ栽培（はじめは生食用、後に加工用）の試作を始めていた。平成二年に、地域内自給を合言葉に、農・商（酒類卸業）・工（乳製品製造）の三者が一体になって設立したのが「有限会社奥出雲葡萄園」なのである。ワイナリーの立ち上げには、国税庁醸造試験所と勝沼の「丸藤葡萄酒工業」で研修した安部紀夫が担当した。現在、所有畑は三ヘクタール、契約栽培農家六軒で、栽培面積四ヘクタール。年間生産量は瓶換算で四万本（ヘクタール当たりの生産量を抑制）。

栽培品種は、ヤマブドウとの交配種としてはホワイトおよびブラック・ペガール、ワイン・グランド、小公子。ヨーロッパ種はシャルドネ、ソーヴィニヨン・ブラン、カベルネ・ソーヴィニヨン、メルロー、プティ・ヴェルドーなどである。ヤマブドウの交配種からスタートしたが、限界のあることを悟り、ヨーロッパ系ブドウで本格的ワイン造りに切り替えつつある。有機農法が目標だが、雨の多い日本では完全無農薬は無理なので、病菌や害虫の駆除（カベルネはうどん粉病に弱い）に最小限使っている（肥料は堆肥中心、除草剤不使用）。栽培はすべて垣根仕立て、改良マンソン式やマンズ・レイン・カットは導入している。

現在主力商品は、「奥出雲ワイン」（赤・白の甘口と辛口・ロゼ）。本腰を入れて取り組んでいるのが「奥出雲ワイン」の「シャルドネ」と「カベルネ・ソーヴィニヨン」。ラベルのデザインは垢ぬけしているが、主流のワインも出来がよくてバランスがよく整っている。白のシャルドネと赤のカベルネとは、すでに将来が期待できるものになっている。やはり今のところシャルドネの方が出来がいい。

山奥の処女地といえるところで、日本でもこれだけのワインが生まれるようになったのは心強い。やはりワイナリーが本格的ワインを生みだすワイナリーになるには、ワイン造りにしっかりとしたコンセプトを持つことが必要だということを痛感させられる。現在、日本全国各地方で「地方を代表するワイン」、「その地方でしかとれないワイン」を、どこもが標榜している。しかし結果的には、そのかけ声を裏切るワインしか造っていないところが多い。世界的視野での研究と、誠実な姿勢がないと優れた（少なくとも国際的に通用する）ワインは生まれない。その点、このワイナリーには小さいながらも、派手に浮かれたりしない、謙虚で真摯な姿が見て取れる。

鳥取県

北条《ほうじょう》ワイン

北条町は、鳥取県としては中部で、鳥取市と米子市とのほぼ中間あたりにある。日本海沿岸、有名な鳥取砂丘のある地帯になる。近くにある観光地は三朝《みささ》温泉くらいである。このどちらかというと過疎現象に悩まされている地方で、戦時中誕生したワイナリーが孤軍奮闘という形でがんばっている。創始者の山田定伝は明治三六年生まれ、二代目は山田定廣は昭和一一年生まれ、もとは銀行員だった。

二〇歳の徴兵検査のとき、心臓の悪いのを指摘され、名古屋医大の高名な心臓病の博士を紹介され、検査に赴いた。そのときに知りあいになった人に経理能力を見込まれて、日本酒の蔵元に就職。三〇歳まで勤めた後、故郷に戻って母（父は定伝の幼少期に死亡）の農業を手伝っていた。母の死亡後、独立して事業を始めたいと思っているときに、軍需省の要請でブドウから酒石酸をとる工場経営の話があった。

いろいろないきさつがあったのだろうが、定伝の昔話では、勤めていた銀行の頭取が、現在なら一億円くらいにあたる工場建設資金を無担保でぽんと貸してくれた。太平洋戦争の只中の昭和一九年、「北条ワイン醸造所」の誕生である。以後、戦後の混乱期を乗りきり、今日まで鳥取で唯一のワイナリーを経営しつづけてきた。東京の醸造試験所で研修してきた定広が父の偉業を継いでいる。また、ボルドーやブルゴーニュで学んできた三代目の章弘が数年前から父の手助けを始めた。その長い期間、なにより苦労したのは、まともな（人工甘味でない）ワインがなかなか売れなかったことだった。定広がいちばん忘れられなかったことは、政府系金融機関に融資を申し込んだところ、融資担当職員から「自分の親戚が酒の小売店をしているので、そこで聞いてみたところ、ワインなんか売れない」と言われたという理由で断わられたことだったそうだ。今の若い人には想像もできないだろう。現在、自社畑五ヘクタール、契約栽培農家が約一〇ヘクタール、年間瓶換算で八万本の生産量である。栽培品種は、甲州とマスカット・ベリーAが主力だが、カベルネ・ソーヴィニヨン、メルロー、シャルドネも栽培している。平成元年には旧工場の隣に新工場を建設した。

出している製品は、「北条ワイン」の白（甲州種を使った辛口）、ロゼ（マスカット・ベリーAを使った薄甘口）、赤（マスカット・ベリーA使用）が主力で、いずれも一〇〇〇円台。ランクを上げたシャルドネ、メルロー、カベルネ・ソーヴィニヨンもある。

時流にふりまわされず、また量販を追わず、こつこつと着実に品質を向上していこうというのが、ここの信条である。山梨県で普及している品種の「甲州」が、はるか離れたこの鳥取で守られつづけているというの興味深い。砂質土壌というのはブドウ栽培にとってハンディでもあるが、プラスの面もある。ポルトガルのコラレスのように、強風吹きすさぶ砂浜で特有のワインを出しているところもあるのだから、この長い伝統を持つワイナリーが、三代目の努力で新しいワインを生みだすことを期待したい。

山口県

山口ワイナリー

山口県には有名な秋吉台《あきよしだい》がある。三億五千年前の昔の古生代石炭紀にできた海底火山の海面近くに珊瑚礁郡が形成され、その頃できた厚い石灰岩層が隆起して地表に現出したものである。日本で数少い石灰岩系の土地だから、日本ワイン界の泰斗大塚謙一博士が、ワイン造りに向くはずとかねてから指摘していたところだった。この小野田市石束に、ワイナリーが生まれたのが平成八年。昭和二〇年創業の永山酒造の社長永山純一郎の母永山静江が早くからワイン造りの夢を持っていたが、親友の吉田美加子を誘ってブドウ栽培を主体とする観光農園ファームランドを立ちあげた。元醸造試験所第三室長だった戸塚昭とマンズワインの赤澤賢三の指導も受けた。現在自社畑は約一ヘクタール、契約農家から二〇トン程度のブドウを購入している。生産量は年に約三万本。本社が清酒製造業だから醸造には清酒の酒蔵長佐々木敬三をはじめ本社のスタッフが携わっている。ブドウはカベルネ・ソーヴィニヨン、シャルドネ、マスカット・ベリーA、セミヨンなど。数年間の孤軍奮闘的努力の積み重ねでワインは整ったものになってきたが、近隣に消費者層が少なく知名度も高くないので販売路線の拡大に悩んでいるようだ。ワインはまっとうなものだから、それを知った愛好者が増えて販路が拡大できることに声援を送りたい。

香川県

さぬきワイン

四国にワイナリーがあるという話はあまり聞かなかったが、ここにも平成元年に誕生している。四国北部、瀬戸内海に突きでた半島の東端に位置する香川県大川郡志度町（最近さぬき市に合併）は、高松市の東約一〇キロ、JR志度駅のほかに高松から出る高松琴平電鉄志度線の終点になる。桐下駄の産地としては日本一。平賀源内の出身地でもある。この大串岬に東讃の新レジャースポットとして「大串自然公園」ができているが、温泉や海釣り公園、野外音楽堂や、小動物園、物産センターと並んで、ワイナリーも建てられたわけである。町・JA・生産者が出資する第三セクターとして昭和六三年に発足、翌年にレンガ色の屋根と尖塔が目を引く堂々たる工場も完成。県内有数の生産を誇るデラウェアを中心に酒類を増やし、地域限定発売を五年間続けた後、現在は香川県内で卸売販売をするようになった。ジュースも造っているが、ワインは瓶で約三万本も出すようになった。商品はリキュールを含めて一七種。白はデラウェアを使った甘口と、シャルドネ、セミヨン、リースリングに甲州をブレンドした辛口。ロゼはデラウェアとブラックのブレンドの甘口。赤はマスカット・ベリーAにカベルネをブレンドした辛口と、マスカット・ベリーA一〇〇%の甘口もある。メルローを使ったものもあるはず。

一五章　九州

九州は、日本列島としては南国だから、ブドウは栽培できても良いワインを造るのは無理だろうと、一般に思いこまれてきた。福岡に「巨峰ワイン」を出す異色の醸造元が一軒と、宇佐市にある「三和酒類」があってなんとかワイン造りをがんばっているというのが業界の定評だった。しかし二〇世紀末に九州にも地殻変動が起きた。大分県の湯布院、熊本県熊本市、宮崎県都農《つの》町に新ワイナリーが誕生した。

このうち、福岡県の「巨峰ワイン」は、久留米市の東の田主丸町にあって、日本酒の蔵元の林田伝兵衛が地元の特産品巨峰に目をつけてワインを造りだしたもの。宮崎県の「都農ワイン」は、宮崎市と延岡市のほぼ中間にある都農町にある。本書の旧版を書いた当時に、ここにワイナリーができたらしいという情報があったくらいで、その実態はまったく知られていなかった。しかし、その後ここが素晴らしいワイナリーであるということをその実績で示した。同じように旧版時代に山梨のマルスワインと山形の高畠ワインを経営している焼酎メーカー本坊酒造が熊本で三番目のワイナリーを新設した情報が入ったが、その実態はよくわからなかった。その熊本ワインが国産ワインコンクールで好成

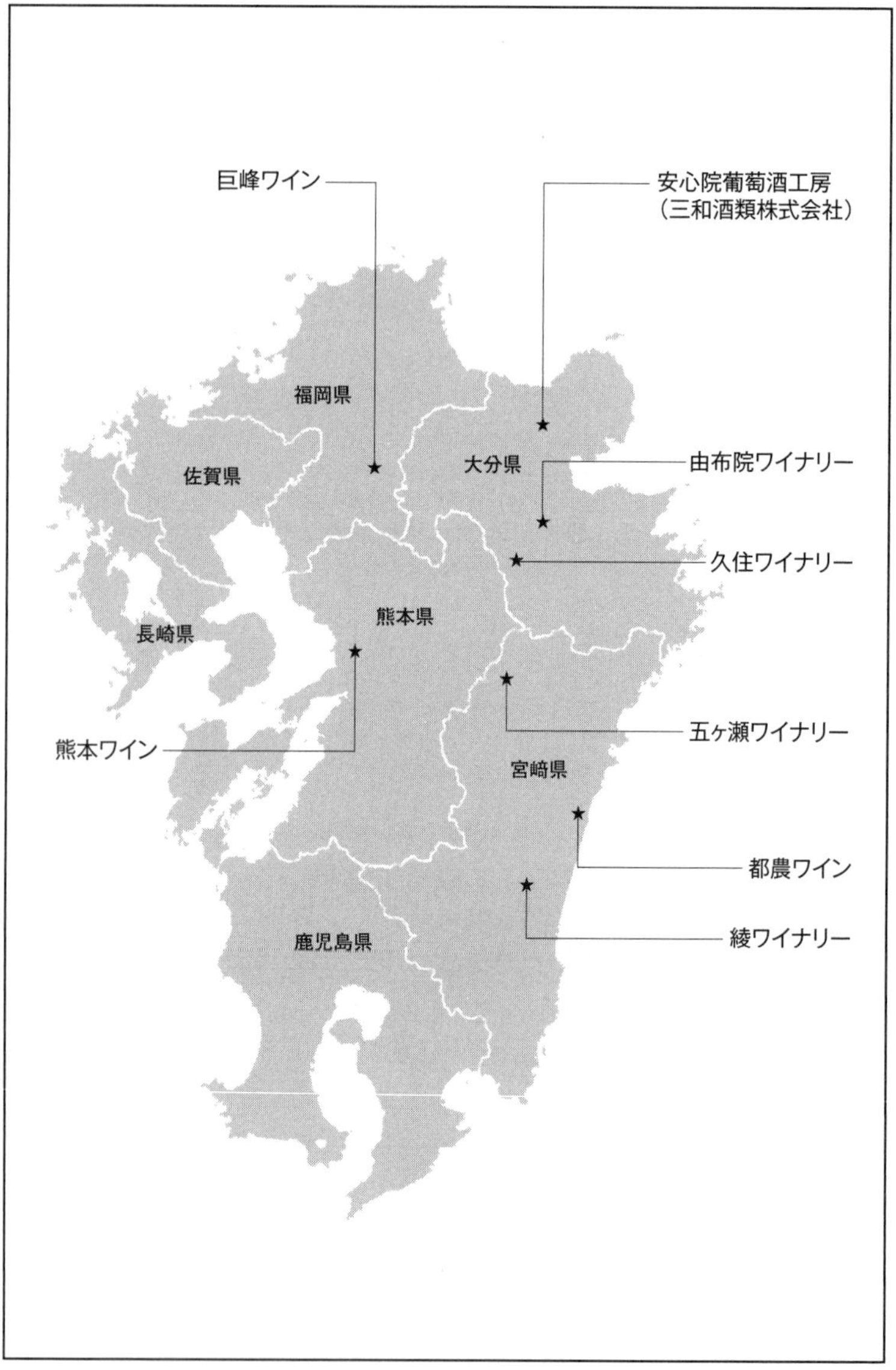
巨峰ワイン
安心院葡萄酒工房
（三和酒類株式会社）
福岡県
佐賀県
大分県
由布院ワイナリー
久住ワイナリー
長崎県
熊本県
熊本ワイン
五ヶ瀬ワイナリー
宮崎県
都農ワイン
綾ワイナリー
鹿児島県

績を収めて関係者を驚かした。その後も実績が誤報を吹きとばしている。

こうした動向に刺激されて、旧版と新版の間に九州では「久住ワイナリー」「綾ワイナリー」「五ヶ瀬ワイナリー」「都城ワイナリー」と四つのワイナリーが誕生している。亜熱帯気候だから良いワインができるはずがないという関係者の予断、偏見が破られて、九州が北海道と並んで日本の新興ワイン生産地区の地位を確立した。ただ、九州のエース的存在だった湯布院の「由布院ワイナリー」が平成二四年突然休業している。

大分県

由布院ワイナリー

九州は大分県、今人気のある新リゾート・温泉地の湯布院にワイナリーができた。

湯布院は、万葉集にも出ている古い温泉湯治場。山に囲まれた盆地で、周囲のスイスを想わせるような美しい緑の山の斜面には牧場があって、養牛家もかなりいる。後継者の問題やら、米単作の収益だけでは食べていけないとか、いろいろな面で農業は斜陽の傾向にある。専業農家が二〇軒を切るようになって、関係者は頭をいためていた。地元の豪農の息子吉岩雄夫は、農業のかたわら、谷あいにあるこぢんまりしたリゾート「四季ホテル」を営んでいた。ある日、ホテルに泊まった人類学者の小泉武夫、グラフィック・デザイナーの麹谷宏、レストランひらまつの平松夫人たちと、懇親の機会を持った。その席で、麹谷から、ここは九州といっても気候は軽井沢に似ていて涼しいし、ブドウを植えてワインを造ってみたら面白いのではないか、という話が出た。これに触発された吉岩が、ホテルのそばにシャルドネを植えてみたら予想外に良い結果が出た。勇気づけられた吉岩は、友人の赤嶺寿章に一緒にワイナリーをやってみないかという話を持ちかけたところ、赤嶺も本気になった。町や県の関係者に相談すると、誰もが大賛成で、ことに県当局は、協力を惜しまないという意向だった。そんなことで、こぢんまりやるつもりが話が大きくなってしまった。結局、総事業費三億六〇〇〇万円、そのうち半分は農業経営構造対策事業費補助金で賄うことになった。湯布院は、九州といっても北東部、北緯でみると約三三度になる（緯度でいえばアフリカのモロッコとほぼ同じ）。しかし海抜六〇〇～九〇〇メートル、つまり標高七〇〇メートルだから、夏の日中は暑いが、夜は涼しい。日夜の温度差が激しく、春や初夏などは昼と夜とで二五度も違うことがあるが、お盆過ぎから収穫期の九月末頃までは平均で一五度くらい差がある（これはワイン用ブドウにとって重要）。降水量は年間一八〇〇～二〇〇〇ミリとかなり多いが、集中豪雨になることが多い関係で、決して常時湿潤でない。ことに高地特有の風通しの良さがあって一般に乾燥している。これだけを見れば、ブドウ栽培に決して悪くない。怖いのは台風だが、それを別にすれば、問題なのは土質だけである。

　こうしたブドウ栽培の条件を考えて、吉岩が本格的ブドウ栽培に踏みきったとき、最初に取り組んだのは土壌改良だった。湯布院は盆地をとりまく山々の斜面に、かつて牧場にしていたが今は荒地となっている場所がいくらでもある。その中から風向きや土質など良さそうな場所を選んで、畑に決めた。もっとも、畑までの道を作るのが大変だった。選んだ場所で、吉岩が取り組んだのは貝殻だった。牡蠣や貝殻は、大分湾の漁村にいくらでもあったし、ことにふんだんにあったのは貝灰だった。漆喰《しっくい》の原料にするために貝殻を焼いたものである。これを約一〇〇トン、山の上の畑までダンプトラックで運びあげたが、それを畑に撒くのが人手の大仕事だった。これで畑の土のＰＨを四から六・二五くらいまでにした。自社畑は約七・八ヘクタールだが（別に友人に頼んで栽培してもらっているところが三ヘクタール）、三年後には一二ヘクタールに拡大した。ブドウの栽培はマンズ社の志村富男、醸造は益子敬公の指導を仰いだ。益子が設計した醸造所は、コンパクトで機能的、最小限必要なものが過不足なく備わっている。栽培品種はメルローとシャルドネが中心。カベルネ・ソーヴィニヨン、プティ・ヴェルドー、そして、実験的にサンジョヴェーゼ、ピノ・ノワール、ヤマソーヴィニヨンも植えた。

平成一三年一一月、大分市から「やまなみハイウェイ」で湯布院の町に入ると続きのところに、モダンなデザインのワイナリーをオープンさせた。平成一四年にシャルドネの瓶を一〇〇〇本、メルローを四〇〇本ばかり出荷できた。五万本くらいの生産をあげるのが、目標だった。ワインの酒質はシャルドネはまずまずの出来栄え。ワイナリーをオープンしてしまったのだから、樹が育つまでワインがないというわけにいかないから、カリフォルニアからゲヴェルツ・トラミーナーやジンファンデルを氷果で輸入。これを醸造して出したが、なかなか評判がよかった。

その後、県・市・吉岩とで三者構成のプロジェクト・チームを組んで、大分県をブドウとワインの産地にするプランを検討中だった。外見は順調な滑り出しで町の関係者の期待の的だったが、どうしたことか平成二四年突然休業している。

安心院《あじむ》葡萄酒工房（三和酒類株式会社）

大分県の国東半島が突き出た根本にある宇佐市の宇佐神宮は、全国にあまたある八幡宮の本家本元。この宇佐市に昭和三三年に創業、日本酒を出している三和酒類株式会社がある。この地域は、西日本ではトップになる果樹栽培地、ことにブドウの栽培地だったから、この会社は、それを生かしてメルシャン社にワインの原料を供給していた。昭和四九年からマスカット・ベリーAやデラウェアを使った「卑弥呼ワイン」とブランデーを出しているし、チリやカリフォルニアからもかなりの原料を輸入していて、九州では珍しいワイン・メーカーとして業界では知られていた。昭和五四年から始めた「いいちこ」が爆発的に成功して、現在全国でも焼酎のトップクラスのメーカーになった。社長（現会長）の西太一郎は、酒は地域の文化の象徴という信念を持っていて、社業の成功を地域文化振興への貢献に結びつけたいと考えていた。もともとワインの醸造は宇佐市本社でやっていたが、非公開だった。日本のワインの普及をみて、場所を選んでワイナリーを造り、地域の人に楽しんでもらいたいと考えるようになった。

平成一三年、安心院《あじむ》町から国民休暇施設「家族旅行村」の一角にワイナリー誘致の申し入れがあった。安心院は昭和四〇年代の初めに国のパイロット事業として大規模ブドウ団地が造られ、数百軒の農家がデラウェア、キャンベル・アーリー、マスカット・ベリーAや巨峰などの生食用ブドウを栽培し、果樹園面積が三二〇ヘクタールに及んでいたが、農家の高齢化や後継者不足で耕作面積が減少している状況にあった。三和酒類の洋酒事業への進出展望とが合致し、平成一三年「安心院葡萄酒工房」がスタートした。開業にそなえてワイナリー隣接地にシャルドネ、カベルネ・ソーヴィニヨン、メルロー、シラー、セミヨンを植えた。工場長鈴木武の下一三名のスタッフが揃ったが、栽培・醸造の責任者はカリフォルニア大学デーヴィス校を卒業しオレゴンのワイナリーで研修したキャリアを持つ古屋浩二。平成二二年に総工費一億円を投じてワイナリーの敷地に隣接する耕作放棄地を購入し、四ヘクタールの畑を「あじむの丘農園」と名づけてワイン専用品種の栽培を始めた。農家三軒と契約栽培を締結したが、そのうち安倍斉はワイン用品種に熱心で、その畑「イモリ谷」からは国産ワインコンクールで金賞に輝いたメルローもあり単独畑のシャルドネもある。

現在、年生産が瓶で一六万本（フルーツワインを含めると六万本）総売上げは二億円となる。

このワイナリーは三和酒類株式会社の単独事業である。観光名所にするつもりはなく、広告や宣伝はしない。ワイナリーは「家族旅行村」の中にあるため、町との共同事業のように誤解されているが、あくまでも生産工業である基本をつらぬくが、一般に広くオープン化するという方針をとっている。客に育ててもらうという精神から、各種の花樹を植えこんだ広く美しい庭園の中に、決して派手でない建物が共生している設計である。こうした意図と、一五億円を投じた資金、そしてそれが見事に成功している点で、現在、日本でも指折りのひとつといってよい。自然を愛するワイナリーである。醸造所と瓶詰めラインは、いうまでもなく現代的なものだが、半地下式の樽熟成庫は人工的な冷房装置をしないで冷温を保っているという珍しいもの。きちんと教育されたガイドが、訪問客のグループに丁寧な解説をしている。現在、自社畑は四ヘクタールだが、ワイナリーの周辺の畑は町の農業公社の持ち畑になっていて、これが一・二ヘクタールあり、この両者が直轄畑といっていい。委託栽培をする農家が五〇軒ほどあって、栽培技術のブドウの品質向上をはかるため会社と町の農家とが勉強会を重ねている。

ワインの品質の実績でいえば、平成一五年のシャルドネの銅賞から始まって一九年には金賞、すでに八年連続して受賞ワインを取る常連になっている。ことに近年はシャルドネの評価が高い。このようなワイン造りの実績がさらに続けば日本で屈指のワイナリーのひとつになるだろう。

久住《くじゅう》ワイナリー

阿蘇くじゅう国立公園の一角、久住山の高原地帯（荒城の月の歌で有名な竹田《たけた》市になる）に脱サラの藤井文夫が共有地を借りてワイン造りを始めたのは平成一七年。自社畑五ヘクタール。ヤマブドウ、サンカクヅル（行者の水）を中心にシャルドネ、シェーンベルガー、メルロー、ピノ・ノワールなど四五〇〇本を植えた醸造所とあわせてピザ・レストランを建てた。ここは標高八五〇メートルで九州で最も冷涼な地帯。醸造主任は山梨大学を出て本坊酒造山梨マルスワインで働いたことがある中澤和生。ワインはまだまったく未知数。

福岡県

巨峰ワイン

久留米市の東に田主丸町があり、ここは一五〇軒もの農家が栽培する巨峰ブドウの産地である。巨峰は民間のブドウ研究家大井上康《おおいのうえやすし》が「石原早生」（キャンベル・アーリーの変種）と「センテニアル」を交配して生んだブドウ育種の大傑作といわれるものだが、当初は栽培が難しかった。大井上の弟子越智通重が田主丸町に稲作や果樹栽培の指導に来ていた関係で、田主丸町が日本で最初に巨峰実地栽培に成功する。その栽培の中心になって活躍したのが、日本酒の造り酒屋若竹屋酒造場の一二代目当主林田博行（代々伝兵衛を名乗る）である。巨峰の人気が出て日本中に広がりだした中で、田主丸町の将来を憂えた伝兵衛は巨峰からのワイン造りを考えた。昭和四七年株式会社巨峰ワインを設立し、巨峰のワイン化に熱中する。いろいろこのブドウに合う醸造方法の研究や特殊な装置も考案し、このユニークなワイン造りに成功するのである（他地方で巨峰からのワイン造りをやっているところがあるが、製品化に成功しているといえない）。自社畑は六ヘクタールあり、現在年に瓶で二万五〇〇〇本（フルーツワインを含めると六万本）、総売上げが一億五〇〇〇万円になっている。なお伝兵衛はブルーベリーの栽培も研究し、協会の会長になっている。伝兵衛は創意工夫に富んだ性格だったため、ワイン造りをはじめとしてワイナリーとその経営も変わっている。ＮＨＫの番組で「何でも酒にする男」として紹介されたこともある。醸造所、レストラン、ブルーベリーの試栽培畑だけでなく「マイ・ワイン造り」という自分の持ちこんだブドウで醸造までできるという体験コースまで設けている。博行は平成二五年に亡くなったが、大阪大学発酵工学科を卒業した長田正典が一三代目林伝兵衛としてこのワイナリーを守りつづけている。

宮崎県

都《つ》農《の》ワイン

本書の旧版以後の一〇年間で、日本で一番ドラスティックな発展を遂げたのはこのワイナリーである。南九州でろくなワインはできないだろうと考えてきた業界の常識を破って、スターダムに昇ってきたのだ。宮崎市と延岡市のほぼ中間、都農町の日向灘を望む小高い丘の上にある。もともと地元の農家永友百二の熱情で梨の栽培を始め、途中からブドウに切り替えたのが成功、三百軒を超す農家が年間二〇〇〇トンのブドウ（主に巨峰）を出す生産地区に育っていた。お盆を過ぎると価格が下がる対策としてワイン化を考え、平成八年都農町、尾鈴農協、地元企業が出資してワイナリーを設立した。

これだけならどこでもある話だが、これを変身させた二人のキャラクターがいた。一人は小畑暁《さとる》。北海道旭川生まれ。畜産大学を卒業後、南米ボリビアに渡り、その後南九州コカ・コーラ海外事業部が開設したブラジルのワイン工場の支配人になり、ブラジルのワインコンテストで一位に入選する実績がある。もう一人は赤尾誠二。宮崎県生まれで農業高校を卒業後いくつかの職業を経て、都農町果実酒醸造研究所で勤務。山梨のワイナリーで研修、オーストラリアのマクラーレン・ヴェイルのワイナリーで研修している。二人とも、ヨーロッパ・フランスのブドウ栽培と醸造学で頭が固まっていないキャリアを持つ。ワイナリーの経営が順調化してくると経営的な観点から輸入ブドウを使う考えが経営陣から出されたが、断固拒否、地元ブドウにこだわる路線を貫き通した。土質は火山灰土だし、年間降水量が三〇〇〇ミリという地。病気が最大のガンだった。良質なブドウ、果実以前に健全なブドウの木を育てたいという二人の悲願の前に救いの手が現われた。地元の有機農業研究会ＯＦＲＡの事務局長三輪晋の指導で土壌分析をしたのである。その結果、カルシウム過剰の土質だがミネラルを保持する団粒構造が不足していることがわかった。積極的に堆肥を使用することによって土地の微生物が堆肥を分解し、植物の毛細根が張りやすい環境になる。そのことを考えてブドウ栽培にあまり施肥はしないという常識に反して施肥をすることにした。施肥は養分過剰を起し枝葉だけを促長させるというのがブドウ栽培の一般的なセオリーだったが、実際にやってみるとそうはならなかった。今でも鶏糞や刈草、木屑などを定期的に混ぜている。仕立ても垣根式にこだわらず、一部は一文字短梢の棚仕立を採用。毎日畑へ行きブドウの変化を見極める定点観測を行ない、毎日ブドウの生育状態を写真に撮った。これを巻物のようにして眺めるとブドウの生育状況、ことに問題点を的確に把握することができた。

現在五ヘクタールの畑が三カ所に分かれているが、それぞれの畑に応じていろいろ栽培方法を工夫している。栽培品種はマスカット・ベリーA、キャンベル・アーリーなどが主力だが、シャルドネ、カベルネ・ソーヴィニヨン、テンプラニーリョ、ピノ・ノワールも植えている。醸造所は大小二〇基のステンレスタンク、一三〇のフレンチオークという設備だが、特に変わったところはない。機械化・効率化を重視し、清潔を徹底している。現在生産量は年に瓶で約二二万本。

こうした風土に合う栽培方法の積み重ねの結果、平成一五年、英国のワイン・レポート誌に「アジア地区新進気鋭のワイナリー」として取り上げられ、キャンベル・アーリーがなんと「最も注目すべき銘柄一〇〇」に選ばれた。また平成一八年の国産ワインコンクールでシャルドネが金賞及びカテゴリー賞を獲得、業界を驚かせた。ここの成功は単なる思いつきやひとりよがりのセオリーでなく、現代醸造学の正しい導入と、実施農場ともいえる試行錯誤を地道かつ着実に積み重ねてきたことにある。全国のワイナリーのスタッフが一度は見学したらいいワイナリーである。

新ワイナリー

都農ワイナリーの目ざましい成功に刺激されて九州南端の宮崎県で三つの新ワイナリーが生まれた。ひとつは宮崎市の西方約二〇キロのところにある綾町で焼酎のメーカー雲海酒造が平成六年から始めた「綾ワイナリー」。建物はスパニッシュ・コロニアルスタイルで人目を引くデザイン。自社畑は四万四〇〇〇平方メートル。現在総使用量の四分の一を賄っているが、残りは陵町の農協、県内の五ヶ瀬小林、尾鈴などの農家から買い入れている。ブドウ品種はブラックオリンピア、ナイアガラ、マスカット・ベリーA、キャンベル・アーリーなど。ヨーロッパのワイン専用品種はうまくいかなかったそうだ。現在年生産量は二〇万本弱、売り先は観光客と宮崎県内、ワインは素人でも飲みやすい甘口寄りのラインナップ。もうひとつは宮崎県の北西部延岡市の西になる高千穂町の第三セクター「五ヶ瀬ワイナリー」。平成一五年設立。現在年生産量は瓶で五五〇〇〇本、自社畑一・二ヘクタール、契約栽培農家二九軒。ブドウはナイアガラ、キャンベル・アーリーが主で、シャルドネ、メルローも手掛けている。農業振興が目的で、地元農家からブドウの購入を保証しているが、その質の向上が最大の課題だろう。もうひとつは「都城ワイナリー」で、日本最南端のワイナリーになる。平成二三年に噴火を起こした新燃岳《しんもえだけ》のふもと近くにある。平成一六年に地元の企業家達が資金を出し合って立ち上げたもので、中心になったのは実家がもと酒販店の山内正行。自社畑三ヘクタール。栽培品種はソーヴィニヨン・ブラン、ピノ・ノワール、テンプラニーリョなど。標高六五〇メートルの見晴らしのよい高台にある。ワイナリーの建物はは神話の郷にふさわしく神社のような造り。今のところ成功しているのはヤマブドウ系。サンカクヅルにカベルネ・ソーヴィニヨン、シラー、ピノ・ノワール、ソーヴィニヨン・ブランを交配させたものもあるそうだ。高温多湿なためヨーロッパ品種が育ちにくいのはわかっているが、あきらめず挑戦中。

熊本県

熊本ワイン

山梨で「本坊マルス」、山形で「高畠ワイナリー」で成功をおさめている本坊酒造が、平成一一年熊本でもう一軒ワイナリーを興した（当初は九州コカ・コーラ一〇〇％出資だったが、後に本坊家が株をすべて買収。代表取締役は当初本坊酒造の本坊雄一社長だったが、後に本坊幸吉の従兄弟玉利博之)。場所は熊本市和泉町「フードパル熊本」という食のテーマパーク内にある。現在年生産量は年に瓶で約一四万本。自社畑はまだ持たないが原料ブドウの六三%(キャンベル、マスカット・ベリーAなど)は県内の農協から仕入れている。上級品用のシャルドネ、カベルネ・ソーヴィニヨンはワイナリーの北二〇キロの山鹿市菊鹿町内の契約栽培農家一三軒(二・六ヘクタール)が丹念に育てたもの。

「本坊マルス」や「高畠ワイナリー」で培われた醸造技術は、ここの醸造責任者竹内啓二、幸山賢一をはじめとする技術陣に生かされている。国産ワインコンクールで「菊鹿ナイトハーベスト」が金賞を受賞、ジャパンワインチャレンジの白ワイン部門で最優秀賞に輝いた。現在このワイナリーは年間来場数が八万人。売上げは二億三五〇〇万円と経営的にも安定している。このワイナリーが短期間にかくも充実するようになったのは、やはりワイン造りにはかなりの資金の投入と優れた技術陣が必要だということを物語っている。

一六章　日本ワイン新発見

カリフォルニアは、もともとレモンやグレープフルーツなどのフルーツ・ランドである。ガロ社のようなマンモス企業が、広大なブドウ畑にトラクターを走らせ、ジャグ・ワインと呼ばれる安ワインを大量に造っていた。ところが、一九六〇年代に、多種多様な脱サラ人種たちが、クリエイティブな仕事をしたいと、この太陽の土地にやってきた。ワイン造りに目をつけ、フロンティア・スピリットと科学精神で上質ワイン造りに挑戦した。素人たちが、あっという間に世界が驚くスーパーワインを造りあげた。それに刺激された本来のワイン屋たちも高級ワイン造りに取り組み、十数年で世界一と鼻を高くする成果をあげた。

アメリカ人はサクセス・ストーリーが大好きだから、誰もがどんなやり方をして成功したのかと話を聞きたがった。また「ブティック・ワイナリー」と呼ばれる素人たちのワイン造りに関心と愛着を持ち出した。そして、一目見てやろうと行ってみると、これがなかなか面白い。ワイナリーの方も、見学客が来るのはオープン・マインドで歓迎だった。かくて「ゴールドラッシュ」ならぬ「ワイナリー見学ラッシュ」のブームになった。今では、ナパヴァレーの街道沿いには、いろいろ趣向をこらした華やかでカラフルなワイナリーが軒を並べ、見学客と観光客でごった返している。

オーストラリアは、もともとお堅い国で、あんまり娯楽というものがなかった。首都メルボルンはまったく清潔で、少し滞在すると退屈するし、シドニーでも少し前まで歓楽街はたいしたことがなかった。日本のパチンコ屋のような大衆娯楽がない。人々のポピュラーな楽しみは、休日に家族連れでピクニック、野外でのバーベキューだった。これに目をつけたのがワイナリーで、それぞれ素敵なレセプション・ルームやレストランを作った。あたかもこのとき、この国にワイン・ブームが起きた。かくて、今ではワイナリーめぐりが、国民的レジャーになりつつある。

ヨーロッパでは、まずはフランスだった。アルザスの古い町々は、こぢんまりとした白壁黒木梁の建物が軒並みの窓にそれぞれきれいな花を飾りたてて、それだけで実に美しい。そこで地元のおいしいワインを飲ませるようにしたから、お客たちは喜んだ。今や、花いっぱい、ほろ酔いかげんの観光地として、ヨーロッパ中の人を引きつけている。名酒の故郷ブルゴーニュは、零細農家の酒造り屋が多い。現金収入が欲しかったから、あちこちで軒並みに「直売」の看板を立てた。酒造りの親爺たちにしてみれば、酒造りの苦労話をしたくてうずうずしている。「俺が畑と醸造所はちっぽけだがワインの方は大手より良いさ」と、自慢話をしてみたい。通りかかった者としては、案外拾いものが発見できるのではという好奇心もある。万事しまり屋のパリジャンなどは、安いのが有難い。直売が、雀の涙とはいい切れない商売になった。そのうちヨーロッパ中でカー・ドライブがレジャーになり、道路網が完備し、関税障害が取り払われてややこしい手続きがなくなると、ヨーロッパ中のワイン党がお菓子にたかる蟻のようにブルゴーニュに押しよせた。「畑にいなけりゃいけない親爺たちが、畑仕事をおっぽらかして地下蔵でとぐろをまき、お客としゃべっている」と文句をいった評論家がいるくらいの盛況である。

ボルドーには、ワインを造るシャトーがいくらでもある。しかし世界最高のワインを出すメドック地区の著名シャトーは、保守的でお高くとまっていたから、三〇年くらい前までは一般の人はシャトーの中に入れなかった。一定の条件つきで入れてくれたのは、シャトー・マルゴーくらいだった。ところが後にシャトー・ムートン・ロートシルトが、素晴らしいワイン美術館を構内に建てて見学客を受け入れ、試飲コーナーまで作ったから、ワイン・ファンのメッカになりだした。アメリカ人的センスを持った有名なワインライターだったアレクシス・リシーヌは、自分のシャトーの中庭を花で飾りたて、その一隅に自分の本を売る小さな店を作ったりして、見学者たちを受け入れた。これが馬鹿にならない数の客を引きつけた。親の遺志を継いだ発展家の息子サーシャは、一大決心をして見学客のためのレセプション・ルーム用のモダンな建物を建てた。

このままでは、メドックが時代遅れになると気がついたのは、ボルドー・ワインのドン的存在で、エネルギッシュな事業家でもあるジャン・ミシェル・カーズである。メドックを楽しいところにしようと、各シャトーの主人たちに勧めてシャトーの開放を呼びかけた。さらに、シャトー・ピション・バロンを買いとり、ぼろぼろになった城館を美しく改装しただけでなく、人も驚くウルトラ・モダンな醸造所を新設、見学客を受け入れた。泊まるところと食事をするところも必要だろうと、メドックにたった一軒といえる素敵なレストラン・ホテル、「シャトー・コルディアン・バージュ」まで建ててしまった。今ではミシュランの星に輝いている。東洋風パコダで異彩をはなつシャトー・コス・デストゥルネルも、オーナーのブルッツが素晴らしい見学施設を作った。このようにして長く閉鎖的だったメドックでも、今では世界のワイン・ファンが訪れるようになった。

古い建物がおしくらまんじゅうをしているようなサンテミリオンでは、もともと小さな町が昔から観光向きだった（今では世界遺産に指定されている）。今では町をあげて観光客が楽しめるようにそれぞれ工夫しているし、年に一度は村中のシャトーで見学試飲ができるお祭りのイベントで成功している。

外国の話はこのくらいにして、日本を見てみよう。全国各地にワイナリーがあり、それぞれ見学者が増えるようになった。バスでやってきて、売店のワインに観光客がむらがるところも出てきている。山梨県勝沼は、もともとブドウ狩りの本場だった。秋の収穫シーズンは、観光バスが押しよせ、狭い通りは交通渋滞で動けなくなる。今までは、お客のほとんどが食べるブドウをお目当てにしていた。これではまずいと、勝沼町が町営の「ぶどうの丘」を建て、ワインの展示場とレストランを始めた。ちょっと乗るのが恥ずかしいようなブドウのデコレーションで飾られた可愛いワイナリーめぐり循環マイクロバスも走らせた。メルシャンをはじめ、大手のワイナリーも、見学者対策に本腰を入れ、単なる観光でない、ワイン造りについて知識がつくような解説つきのシャトー見学ができるように取り組んだ。勝沼からはずれているが、昇仙峡近くのサントリーのワイナリーは、見晴らし絶景の登美の丘を活用して、ワイン博物館や屋外バーベキュー・ガーデンを建て、訪れた客が一日を楽しめる態勢を早くから確立している。勝沼や塩山の町のミニ・ワイナリーたちも、それぞれ売店を美しくしたり、ワイン造りを説明してくれるところが増えている。原茂ワインのように、日本建築の内装を生かした二階で、試飲と軽い食事ができる小粋なカフェがあるところも出てきた。丘の上に建つドイツ風インテリアの「風《ヴァン》」とか、小さいけれどちょっとした食事ができるレストランも生まれつつある。

ワイナリーめぐりの良いことは、シーズンを問わないことだ。というより、ブドウ狩りのラッシュのときは、むしろ避けた方がいい。鮮やかに色づいたブドウを摘んだり、搾ったりする光景を眺めるのは楽しみだが、収穫期に醸造元の人にかまってもらうことは期待できない。春の一宮は、桃の花が満開になり、ピンクの絨毯を敷きつめたようで、日本一の絶景である。春のブドウの若いグリーンの芽吹きのときも、楽しい。夏は、小さな緑の実が、秋の実りにそなえてふくれだそうとしている。摘果の終わった晩秋の紅葉は美しい。冬も悪くない。冬に葉の落ちたブドウ畑をみると、樹の剪定法や畑の管理、土壌の差などいろいろなことが解る。東京から日帰りののんびりとした旅行として、数多くのミニ・ワイナリーを探してまわれる勝沼は、まさしく穴場になっている。

実は、ワイナリーを訪れるということは、ワイン・ファンにとって非常に大切なことである。ワインの専門家の間で、「顔の見えるワイン」とか「造り手の顔が見えるワインを造らなければいけない」ということがよく言われる。ワインがほかの酒類と違う点は、なにしろ種類が多いことで、そのそれぞれの違いを飲みわけていくのが楽しみになる。不思議なことに、同じ地区で同じブドウを使っても、造り手次第で違ったものになる。優れたワインになればなるほど、その個性というものがはっきり出てくる。つまり、ワインは優れて個性的なものだし、個性的でなければならないものなのだ。その個性を尊重する点が、ビールやウイスキーと違うのである。一度、二、三軒のワイナリーを訪れてみると、そのことがはっきりわかる。たとえ小さなところでも大切にワインを造っているとか、規模が大きくてもずさんなやり方をしているとかが、すぐわかる。ごまかしがきかないのだ。日本の悪条件をどのように克服しようとしているか、いないかも、説明されるとわかる。自分のワイナリーの欠点や、造りがうまくいかない苦労を素直に話してくれるところのワインは、必ずまともである。素朴で実直で誠実な人柄の造り手もいるし、覇気満々エネルギッシュに新しいワイン造りに挑戦しているところもある。自分のワインのレベルの低さをかくして、こけおどしの設備やはったりでごまかそうとするところもある。それを見ぬくのも、楽しみのひとつである。古い手造り的醸造法を守っているところもあるし、最新の近代的設備を見せてくれるところもある。もし、ワイナリーを訪れたら、たとえどんな小さなたわいがないように思われることでも、思い切って尋ねてみることだ。必ずその答えから教えられることがあるはずだし、一歩一歩ワインについての知識が増え、理解が深くなる。ワインが持っている個性とは、造り手の顔なのであって、ワイナリーめぐりでは、その顔である造り手と、そのワインについて話し合いができるという楽しみが味わえる。

数多くの地酒的ワインの中から、若々しいひと瓶で、自分にぴったりのワインが見つかったとしたら、それはまさに自分のワインなのである。それを少なくとも二、三本、できれば一ケース買って帰って（ケースなら送ってくれる）、ひと瓶、ひと瓶、日数と時間をかけてゆっくり飲みつづけてみたらいい。そのワインは実に刻々と味わいが変貌していくはずで、ワインとはこういうものなのかと驚かされるだろう。ワインはシャイな生き物なのである。可愛がって飲んでやらないと、その良さを飲み手にわからせてくれない。レストランで、グラスで出すワインをよく「ハウスワイン」と呼んでいるが、そんな言い方は本来おかしな話だ。自分が探し出し、自分の家でいつも飲み、他人に誇りにできるワイン、それがそれぞれの家の「ハウスワイン」なのである。それは決して高いものでなくていい。というより、高いものなら、良いのは当たり前のはずで、そう高くないものの中から素敵なものを探し出すのがワインの歓びなのである。高くないものの中から、自分自身で探さなければならない。

さあ、わが「ハウスワイン」を探し求めるために、ワイナリーめぐりに出発しよう！

もっと知りたい人のために

日本全国のワイナリーを最初に紹介した本は、井上宗和『日本美味ワインの旅』（日地出版・一九九六年）で、カメラマンだったがワイン愛好家だっただけにカラフルな写真が美しい。内容的にはワイナリーの紹介に止まっている。また料理研究家の荻野ハンナが書いた『日本のワイン・ロマンチック街道』（誠文堂新光社・一九九七年）もあるが、これも紹介本程度の内容。ハンディだが山梨県のワインをきちんと紹介した本が初めて出たのは二〇〇一年の『山梨のワイン』（山梨日日新聞社）。それに次いだのが平成一六年の『日本ワイン列島』（ワイン王国・別冊）で雑誌で日本のワイナリーを一般かつ正確に紹介したのは、この本がはしりである。ワイナリー見学に合わせて歴史のことも少し知りたかったら『歴史読本・ぶどうの国文化館』（勝沼町役場。初版は平成七年だが再版あり）が楽しい。ワイナリーの情景は、佐藤真樹写真集『ぶどう園の詩季』（山梨日日新聞社・一九九三年）が美しい。現在、いろいろな単行本や雑誌が出されているが、イカロス出版の『日本のワイナリーへ行こう』は二年に一度出されていて現在六冊刊行されているが、日本のワイナリー情報としてはこれが一番アップ・トゥ・デート、しかも正確で楽しい。

あとがき

大塚謙一先生のご示唆で日本のワインを調べだしたのが今から一五年前で、五年がかりで出したのが本書の旧版である。ワイナリーの方々から「あれからすべてが始まった」とよくいわれる。しかしそれ以前から日本でも多くの方々がワイン造りをしていたのだ。ただ、どこにどういうワイナリーがあって、どんなワインが造られているかという全体的な状況は誰もが把握していなくて、各自ばらばらなワイン造りをしていた。ワインはもともと西欧文明の一環として生まれ、そしてグローバルなものになったという歴史から、一種の味のスタンダードというものが確立している。ワイン造りを志す以上、このスタンダードをクリアして世界的に通用するものでなければならない。そのため、ワイナリーとしては自分の造っているワインがどのレベルのものか、日本の中でどう位置づけしていったらよいかという知識がどうしても不可欠である。旧版はそうしたテーマを中心に据えて、日本ワインの鳥観図を描いたもので、その意味では一応の目的を果たしたといえる。

その後、一〇年の中で日本のワインは目ざましい変革をとげた。粗悪な、というよりワインの体をなしていないものは、ほとんど姿を消したし、全体的水準は著しく向上した。国際的に通用するワインがかなり生まれるようになった。

本書の旧版が出てこの一〇年の間に二つの大きな変革の要因が生じている。ひとつは山梨県が主催する「日本国産ワインコンクール」で、これによって各ワイナリーはワインのゲージというものを目の前に見ることができて、自分のワインと比較してそのレベルを自覚し、その路線の修正をはかるようになった。もうひとつは、日本のワイン市場に押し寄せてきた「グローバリゼーション」の大波である。大都市のワインショップには世界中のワインがひしめいている。素直にいって、日本のワインの多くは、この国際競争の中でコスト・パフォーマンスの点で見劣りがするというのが現状である。この大きな国際的動向の中で、消費者の動向・嗜好にも激変が生じている。ワインが手の届かないものでなく誰もが気軽に飲めるようになった、大衆のものになったのである。日本のワインは、そうした市場の中で活路を見出せると同時に、厳しい競争に立ち向わなければならなくなっている。

もう一〇年たったのだから、そろそろ改訂版を出さなければ……という早川浩社長の指示があって、この新版を書くことになった。本書の旧版については、その各論ともいうべき『日本ワイン・シリーズ』（ワイン王国）全五冊が完結している。これを読んでいただければ、今日の日本ワインの全貌はほぼ正確に把握できる。しかし誰もが五冊の本を揃えるというわけにはいかないだろうし、日本ワインの全体がコンパクトにまとまっている本もまた必要だろうと考えて本書を書いた。ワイナリーの数も増えたので、紙数との関係上旧版のかなりの部分を割愛した。

ただ、全体を見て興味深い現象を発見した。華やかなデビューをしている新ワイナリーの数が多い反面、古いワイナリーが――大きいところは大きいなりに、小さいところは小さいなりに――なかなか健闘していて存在感を示しているということである（ただ、数軒姿を消した）。いろいろ理由は考えられるが、やはりワイン造りというものは少くとも一〇年以上の継続が必要だろうということを物語っているようである。また今のワインブームの時代に始めるのとちがって無我夢中必死の思いでがんばってきたということだろう。

本書の改訂を決断してくださった早川浩社長と、わずらわしい改訂の編集作業に当たられた山口晶編集長、改訂作業についていろいろ御協力くださった「日本ワインを愛する会」の遠藤誠・大滝恭子さん、汚ない手書き原稿を丹念に入力してくださった北川知子さんに心からお礼を申し上げたい。

二〇一三年七月

山本　博

最新ワイナリーリスト

社名／ブランド名、住所、電話番号、ファックス番号、URLの順に記載。

北海道

池田町ブドウ・ブドウ酒研究所／十勝ワイン　〒083-0002 中川郡池田町字清見 83-3　015-572-2467　015-572-3915　http://www.tokachi-wine.com/

農業生産法人株式会社歌志内太陽ファーム　〒073-0401 歌志内市上歌 32-15　0125-42-5555　0125-42-5556　http://www.taiyogroup.jp/utashinai/

株式会社奥尻ワイナリー　〒043-1525 奥尻郡奥尻町字湯浜 300　01397-3-1414　01397-3-2836　http://okushiri-winery.com/

有限会社グリーンテーブル／TAKIZAWA ワイン　〒068-2162 三笠市川内 841-24　FAX:011-387-1502　http://www.takizawa-wine.jp/

KONDO ヴィンヤード／タプ・コプ　〒068-2162 三笠市川内 842-12　http://www10.plala.or.jp/kondo-vineyard/

札幌酒精工業株式会社富岡ワイナリー（旧称・おとベワイン）　〒043-0115 爾志郡乙部町字富岡 251　0139-62-3155　http://www.sapporo-shusei.jp/club/tomioka/

さっぽろ藤野ワイナリー　〒061-2283 札幌市南区藤野 3 条 1 丁目 2-10　011-593-8700　http://www.vm-net.ne.jp/elk/fujino/

北海道中央葡萄酒株式会社千歳ワイナリー／グレイスワイン　〒066-0035 千歳市高台 1 丁目 7　0123-27-2460　http://www.chitose-winery.jp/

月浦ワイン醸造所／月浦ワイン　〒049-5602 虻田郡洞爺湖町泉 71-4　0142-76-5409　http://www.tsukiurawine.jp/

合同会社 10R ワイナリー　〒068-0112 岩見沢市栗沢町上幌 1123-10　0126-33-2770　0126-33-2771

ドメーヌ・タカヒコ　〒046-0002 余市郡余市町登町 1395　0135-22-6752　0135-22-6752　http://www.takahiko.co.jp/

ナカザワヴィンヤード／クリサワブラン　〒068-0133 岩見沢市栗沢町加茂川 140-2　0126-45-2102　http://www.nvineyard.jp

日本清酒株式会社余市葡萄酒醸造所／余市ワイン　〒046-0003 余市郡余市町黒川町 1318　0135-23-2184　http://www.yoichiwine.jp/

農楽蔵　〒040-0054 函館市元町 31-20　FAX:011-351-1814　http://nora-kura.jp/

株式会社はこだてわいん　〒041-1104 亀田郡七飯町字上藤城 11　0138-65-8115　0138-65-8249　http://www.hakodatewine.co.jp

株式会社八剣山さっぽろ地ワイン研究所八剣山ワイナリー　〒061-2275 札幌市南区砥山 194-1　011-596-3981　011-596-3981　http://www.hakkenzanwinery.com/

ばんけい峠のワイナリー　〒064-0945 札幌市中央区盤渓 201-4　011-618-0522　011-618-0522　http://www.h5.dion.ne.jp/~winery/

富良野市ぶどう果樹研究所／ふらのワイン　〒076-0048 富良野市清水山　0167-22-3242　0167-22-2513　http://www.furanowine.jp

株式会社宝水ワイナリー　〒068-0837 岩見沢市宝水町364-3　0126-20-1810　0126-35-7200
http://housui-winery.co.jp/
北海道ワイン株式会社／おたるワイン　〒047-8677 小樽市朝里川温泉1-130
0134-34-2181　0134-34-2183　http://www.hokkaidowine.com/
有限会社マオイワイナリー／菜根荘ワイン　〒069-1316 夕張郡長沼町加賀団体
0123-88-3704　0123-76-7410　http://www2.snowman.ne.jp/~maoi-winery/
松原農園　〒048-1313 磯谷郡蘭越町字上里151-8　0136-57-5758　0136-57-5758
http://matsubarawine.com/Matsubarawine/Home.html
有限会社山崎ワイナリー　〒068-2163 三笠市達布791-22　01267-4-4410　01267-4-4411
http://www.yamazaki-winery.co.jp/
羊蹄ワインセラー　〒048-1542 虻田郡ニセコ町近藤 0136-44-3099
0136-44-3099　http://yoteigreenbusiness.com/

青森県

有限会社サンマモルワイナリー（有限会社エムケイヴィンヤード）／下北ワイン
〒039-5201 むつ市川内町川代1-6　0175-42-3870　0175-42-4175
http://www.sunmamoru.com/
ファットリア・ダ・サスィーノ　〒036-8203 弘前市本町56-8 グレイス本町2Ｆ
0172-33-8299　http://www.dasasino.com/

岩手県

岩手缶詰株式会社岩手町工場／十二夜ワイン　〒028-4211 岩手郡岩手町川口4-12-3
0195-65-2221　0195-65-2300　http://www.iwa-kan.com/
株式会社エーデルワイン　〒028-3203 花巻市大迫町大迫10-18-3　0198-48-3037
0198-48-2412　http://www.edelwein.co.jp/
葛巻高原食品加工株式会社／くずまきワイン　〒028-5403 岩手郡葛巻町江刈1-95-55
0195-66-3111　0195-66-3112　http://www.kuzumakiwine.com/
有限会社五枚橋ワイナリー　〒020-0823 盛岡市門1-18-52　019-621-1014　019-621-1019
http://www.gomaibashi.com/
株式会社紫波フルーツパーク／自園自醸ワイン紫波
〒028-3535 紫波郡紫波町遠山松原1-11　019-676-5301　019-676-5349
http://www.shiwa-fruitspark.co.jp/
高橋葡萄園　〒028-3204 花巻市大迫町亀ヶ森47-4　090-6220-6671
http://grape.shop-pro.jp/

宮城県

桔梗長兵衛商店（休業中）／わたりワイン　〒989-2201 亘理郡山元町山寺字牛橋19
0223-37-0351

秋田県

株式会社 MKpaso ワイナリーこのはな　〒018-5201 鹿角市花輪字下花輪 171
0186-22-2388　0186-30-0102　http://www.mkpaso.jp/
有限会社天鷺ワイン　〒018-1223 由利本荘市岩城下蛇田字高城 2-1　0184-74-2100
0184-74-2637　http://www.amasagiwine.co.jp/
マルコー食品工業株式会社／十和田ワイン　〒018-5201 鹿角市花輪字新田町 37
0186-23-3114

山形県

有限会社朝日町ワイン　〒990-1304 西村山郡朝日町大字大谷字高野 1080　0237-68-2611
0237-68-2612　http://www.asahimachi-wine.jp/
有限会社大浦ぶどう酒／山形ワイン　〒999-2211 南陽市赤湯 312　0238-43-2056
0238-43-2755　http://www.ourawine.com/
有限会社酒井ワイナリー／バーダップワイン　〒999-2211 南陽市赤湯 980　0238-43-2043
0238-40-3184　http://www.sakai-winery.jp/
有限会社佐藤ぶどう酒／金渓ワイン　〒999-2211 南陽市赤湯 1072-2　0238-43-2201
0238-40-2538　http://www.kinkei.net/
須藤ぶどう酒工場／桜水ワイン　〒999-2211 南陽市赤湯 2836　0238-43-2578
0238-43-7785　http://www.mmy.ne.jp/ywine/maker/sutho/sutho1.html
高畠ワイン株式会社　〒999-2176 東置賜郡高畠町大字糠野目 2700-1　0238-57-4800
0238-57-3888　http://www.takahata-wine.co.jp/
有限会社タケダワイナリー／シャトータケダ　〒999-3162 上山市四ツ谷 2-6-1
023-672-0040　023-673-5175　http://www.takeda-wine.co.jp/
月山ワイン山ぶどう研究所／月山ワイン　〒997-0403 鶴岡市越中山字名平 3-1
0235-53-2789　0235-53-2966　http://www.gassan-wine.com/
天童ワイン株式会社　〒994-0068 天童市大字高擶南 99　023-655-5151　023-655-5242
http://www.tendowine.co.jp/
合資会社虎屋西川工場月山トラヤワイナリー／月山山麓トラヤワイン
〒990-0711 西村山郡西川町吉川 79　0237-74-4315　0237-74-4316
http://wine.chiyokotobuki.com/
浜田株式会社／モンサンワイン　〒992-0005 米沢市窪田町藤泉沖 943-1　0238-37-6330
0238-37-6335　http://www.okimasamune.com/

福島県

大竹ぶどう園／北会津ワイン　〒965-0101 会津若松市北会津町真宮 1647　0242-58-2075
0242-58-2075
有限会社ホンダワイナリーワイン工房あいづ
〒969-3133 猪苗代町大字千代田字千代田 3-7　0242-62-5500　0242-62-5500
http://www.hondawinery.co.jp/

茨城県

木内酒造合資会社　〒311-0133 那珂市鴻巣 1257　029-298-0105　029-295-4580
http://www.kodawari.cc/

合同酒精株式会社牛久ワイナリーシャトーカミヤ　〒300-1234 牛久市中央 3-20-1
029-873-3151　http://www.ch-kamiya.jp/

檜山酒造株式会社／常陸ワイン　〒311-0311 常陸太田市町屋町 1359　0294-78-0611
0294-78-0612　http://www.hiyama.co.jp

栃木県

有限会社ココ・ファーム・ワイナリー　〒326-0061 足利市田島町 611　0284-42-1194
0284-42-2166　http://www.cocowine.com/

鳳鸞酒造株式会社那須の原ワイナリー／那須の原ワイン　〒324-0057 大田原市住吉町
1-1-28　0287-22-2239　0287-22-2119　http://www.horan.co.jp/

渡邉葡萄園醸造／ NASUWINE（那須ワイン）　〒325-0027 那須塩原市共墾社 1-9-8　0287-62-0548　0287-62-0477　http://nasuwine.com/

有限会社ワインメーカー　〒326-0337 足利市島田町 607-1　0284-72-4047
http://winemaker.jp/winemakers/

群馬県

奥利根ワイン株式会社　〒378-0002 沼田市横塚町 1254　0278-50-3070　0278-50-3071
http://www.oze.co.jp/

群馬葡萄酒株式会社しんとうワイナリー　〒370-3502 北群馬郡榛東村大字山子田 1972-4
0279-54-1066　0279-54-1130　http://www.sinto-sho.com/winery/

塚田農園／ミヤマワイン　〒377-0421 吾妻郡中之条町市城 1384　0279-75-3268
0279-75-6825　http://www.tsukada-wine.jp/

埼玉県

有限会社秩父ワイン／源作印ワイン　〒368-0201 秩父郡小鹿野町両神薄 41　0494-79-0629
0494-79-1151

株式会社矢尾本店酒づくりの森／シャトー秩父　〒368-0054 秩父市別所字久保ノ入 1432
0494-22-8787　0494-22-8833　http://www.yao.co.jp/chichibunishiki/top.htm

愛知県

アズッカ エ アズッコ　〒470-0555 豊田市太平町七曲 12-683　0565-42-2236　0565-42-2236
http://www11.ocn.ne.jp/~azu-azu/

静岡県

中伊豆ワイナリーシャトーＴ．Ｓ（シダックス・コミュニティー株式会社） 〒410-2501 伊豆市下白岩1433-27 0558-83-5111 0558-83-5112 http://www.shidax.co.jp/winery/

岐阜県

カトリック多治見教会／修道院ワイン 〒507-0021 多治見市緑ヶ丘38 0572-22-1583 0572-22-3248 http://www15.ocn.ne.jp/~svd/
長良天然ワイン醸造 〒502-0012 岐阜市長良志段見106 058-232-4750 058-232-5502

山梨県

旭洋酒有限会社／ソレイユワイン 〒405-0005 山梨市小原東857-1 0553-22-2236 0553-22-3762 http://www5e.biglobe.ne.jp/~soleilwn/
麻屋葡萄酒株式会社 〒409-1315 甲州市勝沼町等々力166 0553-44-1022 0553-44-1023 http://www.asaya-winery.jp/
新巻葡萄酒株式会社 〒405-0065 笛吹市一宮町新巻500 0553-47-0071
アルプスワイン株式会社 〒405-0068 笛吹市一宮町狐新居418 0553-47-0383 0553-47-2155 http://www.wine.or.jp/alps/
イケダワイナリー株式会社 〒409-1313 甲州市勝沼町下岩崎1943 0553-44-2190 0553-44-2190 http://www.katsunuma.ne.jp/~ikedawinery/
岩崎醸造株式会社／ホンジョー・ワイン 〒409-1313 甲州市勝沼町下岩崎957 0553-44-0020 0553-44-2754 http://www4.plala.or.jp/honjyo-wine/
牛奥第一葡萄酒株式会社 〒404-0034 甲州市塩山牛奥3969 0553-33-8080
江井ヶ嶋酒造株式会社山梨ワイナリー／シャルマンワイン 〒408-0315 北杜市白州町白須1045-1 0551-35-2603 0551-35-2610 http://www.charmant-wine.com/
塩山洋酒醸造株式会社／塩山ワイン 〒404-0041 甲州市塩山千野693 0553-33-2228 0553-33-3904 http://www.enzanwine.co.jp/
大泉葡萄酒株式会社 〒409-1313 甲州市勝沼町下岩崎1809 0553-44-2872 0553-44-2872 http://www.katsunuma.ne.jp/~ohizumi/
大藤葡萄酒株式会社 〒404-0032 甲州市塩山下粟生野1306-1 0553-32-2411 0553-32-2411
奥野田葡萄酒醸造株式会社 〒404-0034 甲州市塩山牛奥2529-3 0553-33-9988 0553-33-9977 http://www.okunota.com
甲斐ワイナリー株式会社 〒404-0043 甲州市塩山下於曽910 0553-32-2032 0553-32-1903 http://www.kaiwinery.com/
柏和葡萄酒株式会社 〒409-1316 甲州市勝沼町勝沼3559 0553-44-0027 0553-44-3153
勝沼醸造株式会社 〒409-1313 甲州市勝沼町下岩崎371 0553-44-0069 0553-44-0172 http://www.katsunuma-winery.com/

勝沼第八葡萄酒有限会社　〒409-1315 甲州市勝沼町等々力53　0553-44-0162
勝沼葡萄酒醸造株式会社　〒409-1304 甲州市勝沼町休息1180　0553-44-0789
0553-44-0789
金井醸造場／キャネーワイン　〒405-0031 山梨市万力806　0553-22-0148　0553-22-0675
http://www.fruits.jp/~caney/caneywine/Welcome.html
機山洋酒工業株式会社／キザンワイン　〒404-0047 甲州市塩山三日市場3313
0553-33-3024　0553-32-4119　http://www.kizan.co.jp/
北野呂醸造有限会社　〒405-0065 笛吹市一宮町新巻480　0553-47-1563　0553-39-8400
http://www.wine.or.jp/kitanoro/
木下商事株式会社シャトー酒折ワイナリー　〒400-0804 甲府市酒折町字内林の丁
1338-203　055-227-0511　055-227-0512　http://www.sakaoriwine.com/
錦城葡萄酒株式会社／錦城ワイン　〒409-1303 甲州市勝沼町小佐手1833　0553-44-1567
0553-44-1564　http://kinjo-wine.com/
株式会社甲府ワインポート／ドメーヌQ　〒400-0803 甲府市桜井町47　055-233-4427
055-233-0066　http://www.kofuwineport.jp/
五味葡萄酒株式会社　〒404-0054 甲州市塩山藤木1937　0553-33-3058　0553-32-0031
笹一酒造株式会社／オリファン　〒401-0024 大月市笹子町吉久保26　0554-25-2111
0554-25-2620　http://www.sasaichi.co.jp/
サッポロワイン株式会社グランポレール勝沼ワイナリー
〒409-1305 甲州市勝沼町綿塚字大正577　0553-44-2345
http://www.sapporobeer.jp/wine/winery/katsunuma/
株式会社サドヤ　〒400-0024 甲府市北口3-3-24　055-253-4114　055-253-4116
http://www.sadoya.co.jp
サントネージュワイン株式会社　〒405-0018 山梨市上神内川107-1　0553-22-1511
0553-22-9130　http://www.asahibeer.co.jp/enjoy/wine/ste-neige/
サントリー登美の丘ワイナリー　〒400-0103 甲斐市大垈2786　0551-28-7311
0551-28-3236　http://www.suntory.co.jp/factory/tominooka/
三養醸造株式会社　〒404-0013 山梨市牧丘町窪平237-2　055-335-2108　055-335-4500
http://www.fruits.ne.jp/~sanyowine/
四恩醸造株式会社　〒404-0016 山梨市牧丘町千野々宮764-1　0553-20-3541　0553-35-4630
http://www.4-wine.net/
敷島醸造株式会社／マウントワイン　〒400-1113 甲斐市亀沢3228　055-277-2805
055-277-6284　http://www.mountwine.co.jp/
株式会社シャトー勝沼／カツヌマワイン　〒409-1302 甲州市勝沼町菱山4729
0553-44-0073　0553-44-3130　http://www.chateauk.co.jp/
シャトー・ジュン株式会社　〒409-1302 甲州市勝沼町菱山3308　0553-44-2501
0553-44-2701　http://www.chateaujun.com/
株式会社シャトレーゼ・ベルフォーレ・ワイナリー　〒400-0105 甲斐市下今井1954
0551-28-4451　0551-28-4406　http://www.wine.or.jp/belle-foret/
株式会社シャトレーゼ勝沼ワイナリー　〒409-1316 甲州市勝沼町勝沼字三輪窪2830-3
0533-20-4700　0553-20-4701　http://www.chateraise.co.jp/
白百合醸造株式会社／ロリアン　〒409-1315 甲州市勝沼町等々力878-2　0553-44-3131
0553-44-3133　http://www.shirayuriwine.com/

信玄ワイン株式会社　〒400-0032 甲府市中央 5-1-5　055-233-2579　055-233-2575
http://ccnet.easymyweb.jp/member/shingen/
スズラン酒造工業有限会社　〒405-0059 笛吹市一宮町上矢作 866　0553-47-0221
0553-47-3274　http://www.suzuran-w.co.jp/
蒼龍葡萄酒株式会社　〒409-1313 甲州市勝沼町下岩崎 1841　0553-44-0026　0553-44-3170
http://www.wine.or.jp/soryu/
大一葡萄酒醸造　〒409-1312 甲州市勝沼町上岩崎 1010-1　0553-44-0035
株式会社ダイヤモンド酒造　〒409-1313 甲州市勝沼町下岩崎 880　0553-44-0129
0553-44-2613　http://www.jade.dti.ne.jp/~chanter/
田辺酒造株式会社　〒404-0043 甲州市塩山下於曾 913　0553-33-3110　0553-32-0246
中央葡萄酒株式会社／グレイスワイン　〒409-1315 甲州市勝沼町等々力 173
0553-44-1230　0553-44-0924　http://www.grace-wine.com/
鶴屋醸造株式会社　〒405-0023 山梨市下栗原 1450　0553-22-0722　0553-22-8674
東晨洋酒株式会社　〒405-0024 山梨市歌田 66　0553-22-5681
http://www.fruits.jp/~toushin/
株式会社東夢　〒409-1326 甲州市勝沼町勝沼 2562-2　0553-44-5535　0553-44-5535
http://www.toumuwinery.com/
ドメーヌミエ・イケノ　〒408-0042 北杜市小淵沢町 129-1
http://www.mieikeno.com/
ニュー山梨ワイン醸造株式会社／みさかワイン　〒406-0807 笛吹市御坂町二之宮 611
055-263-3036　055-263-0560　http://www.onyx.dti.ne.jp/~new-wine/
能見園河西ワイナリー　〒407-0263 韮崎市穴山町 3993　0551-25-5107　0551-25-5107
原茂ワイン株式会社　〒409-1316 甲州市勝沼町勝沼 3181　0553-44-0121　0553-44-2229
http://www.haramo.com/
日川中央葡萄酒株式会社／リエゾンワイン　〒405-0063 笛吹市一宮町市之蔵 118-1
0553-47-1553　0553-47-1553　http://www.wine.or.jp/liaison/
藤井醸造株式会社　〒409-1314 甲州市勝沼町藤井 995　0553-44-0201
有限会社ぶどうばたけ菱山中央醸造　〒409-1302 甲州市勝沼町菱山 1425　0553-44-0356
0553-44-3567　http://budoubatake.net/
笛吹ワイン株式会社　〒406-0804 笛吹市御坂町夏目原 992　055-263-2299　055-263-3185
http://www.fuefuki-wine.com/
福徳長酒類株式会社韮崎工場（休業中）　〒407-0175 韮崎市穂坂町宮久保 5228-1
0551-23-5843　0551-23-2695　http://www.oenon.jp/company/group/fukutokucho.html
フジッコワイナリー株式会社／フジクレールワイン
〒409-1313 甲州市勝沼町下岩崎 2770-1　0553-44-3181　0553-44-1991
http://www.fujiclairwine.jp/
富士屋醸造株式会社　〒400-0222 南アルプス市飯野 1868　055-282-3509　055-283-2776
ボー・ペイサージュ　〒407-0321 北杜市須玉町上津金 1228-63　FAX:0551-47-4209
http://www.ne.jp/asahi/beau-paysage/okamoto/
本坊酒造株式会社山梨マルスワイナリー　〒406-0022 笛吹市石和町山崎 126
055-262-4121　055-262-4120　http://www.hombo.co.jp/
丸一葡萄酒醸造所　〒405-0073 笛吹市一宮町末木 455　0553-47-0326

まるき葡萄酒株式会社／オリンピアン（新所有者・清川浩志）
〒409-1313 甲州市勝沼町下岩崎 2488　0553-44-1005　0553-44-0650
http://www.marukiwine.co.jp/
マルクワイン醸造場　〒409-3612 西八代郡市川三郷町上野 2647　055-272-0372
055-272-0372
有限会社マルサン葡萄酒　〒409-1316 甲州市勝沼町勝沼 3111-1　0553-44-0160
0553-44-1670　http://www.wakao-marusan.com/
丸藤葡萄酒工業株式会社／ルバイヤート　〒409-1314 甲州市勝沼町藤井 780
0553-44-0043　0553-44-0065　http://www.rubaiyat.jp/
マンズワイン勝沼ワイナリー　〒409-1306 甲州市勝沼町山 400　0553-44-2285
0553-44-2835　http://www.mannswine-shop.com/winery/katsunuma/
メルシャン株式会社シャトー・メルシャン　〒409-1313 甲州市勝沼町下岩崎 1425-1
0553-44-1011　0553-44-0428　http://www.chateaumercian.com/
盛田甲州ワイナリー株式会社／シャンモリワイン　〒409-1316 甲州市勝沼町勝沼 2842
0553-44-2003　http://www.chanmoris.co.jp/
有限会社モンターナスワイン　〒405-0054 笛吹市一宮町千米寺 1040　0553-47-0491
0553-47-2852
モンデ酒造株式会社　〒406-0031 笛吹市石和町市部 476　055-262-3161　055-263-5326
http://www.mondewine.co.jp/
八代醸造株式会社　〒406-0821 笛吹市八代町北 1552-1　055-265-2418　055-265-2418
矢作洋酒株式会社　〒405-0059 笛吹市一宮町上矢作 606　0553-47-5911　0553-47-5353
http://www.yahagi-wine.co.jp
株式会社八幡洋酒　〒405-0044 山梨市市川 1370　0553-22-2082　0553-22-0497
大和葡萄酒株式会社　〒409-1315 甲州市勝沼町等々力 776-1　0553-44-0433　0553-44-1004
http://www.yamatowine.com/
株式会社山梨ワイン　〒409-1313 甲州市勝沼町下岩崎 835　0553-44-0111　0553-44-0132
http://www.yamanashiwine.co.jp/
山梨醗酵工業株式会社　〒405-0032 山梨市正徳寺 1220-1　0553-23-2462
楽園葡萄酒醸造場　〒409-3601 西八代郡市川三郷町市川大門 5173-2　055-272-0026
055-272-0126　http://www.wine1940.com/
株式会社ルミエール　〒405-0052 笛吹市一宮町南野呂 624　0553-47-0207　0553-47-2001
http://www.lumiere.jp/

長野県

株式会社あづみアップル（スイス村ワイナリー）　〒399-8201 安曇野市豊科南穂高 5567-5
0263-73-5532 0263-71-1310　http://www.swissmurawinery.com/
安曇野ワイナリー株式会社　〒399-8103 安曇野市三郷小倉 6687-5　0263-77-7700
0263-77-1877　http://www.ch-azumino.com/
株式会社アルプス　〒399-0712 塩尻市塩尻町 260　0263-52-1150　0263-54-1007
http://www.alpswine.com/
株式会社井筒ワイン　〒399-6461 塩尻市大字宗賀桔梗ヶ原 1298-187　0263-52-0174
0263-52-7910　http://www.izutsuwine.co.jp/

ヴィラデストガーデンファーム アンド ワイナリー　〒389-0505 東御市和 6027
0268-63-7373　http://www.villadest.com/
株式会社 VOTANO WINE　〒399-6462 塩尻市洗馬 1206　0263-54-3723
http://www.votanowine.info/index.php
小布施ワイナリー／ドメイヌ・ソガ　〒381-0207 上高井郡小布施町押羽 571
026-247-2050　026-247-5080　http://www.obusewinery.com/
株式会社 Kido ワイナリー　〒399-6461 塩尻市宗賀 1530-1　0263-54-5922　0263-54-5923
http://www6.plala.or.jp/kidowinery/
楠わいなりー株式会社　〒382-0033 須坂市亀倉 123-1　026-214-8568　026-214-8578
http://www.kusunoki-winery.com/
株式会社サンクゼール　〒389-1201 上水内郡飯綱町芋川 1260　026-253-7002
026-253-6877　http://www.stcousair.co.jp/
サントリー塩尻ワイナリー　〒399-0744 塩尻市大門 543　0263-52-0144
http://www.suntory.co.jp/wine/nihon/
JA 塩尻市ワイン工場　〒399-0704 塩尻市広丘郷原 1811-4　0263-53-9110　0263-53-7255
信濃ワイン株式会社　〒399-6462 塩尻市大字洗馬 783　0263-52-2581　0263-52-2582
http://www.sinanowine.co.jp/
信州まし野ワイン株式会社　〒399-3304 下伊那郡松川町大島 3272　0265-36-3013
0265-36-5599　http://www.mashinowine.com/
有限会社たかやしろファーム　〒383-0007 中野市竹原 1609-7　0269-24-7650
0269-24-7652　http://www.takayashirofarm.com/
たてしなップル　〒384-2308 北佐久郡立科町牛鹿 1616-1　0267-56-2640　0267-56-3522
http://www.tateshinapple.jp/
株式会社西飯田酒造店　〒381-2235 長野市篠ノ井小松原 1726　026-292-2047
026-292-8168　http://w2.avis.ne.jp/~nishiida/
はすみふぁーむ　〒389-0506 東御市祢津 413 0268-64-5550　0268-64-5550
http://www.hasumifarm.com/
株式会社林農園／五一ワイン　〒399-6461 塩尻市大字宗賀 1298-170　0263-52-0059
0263-52-9751　http://www.goichiwine.co.jp/
ファンキー・シャトー　〒386-1602 小県郡青木村村松 1491-1　0268-49-0377
0268-49-0377　http://funkychateau.com/
福源酒造株式会社　〒399-8601 北安曇郡池田町池田 2100　0261-62-2210　0261-62-8050
http://www.sake-fukugen.com/
株式会社ぶどうの郷山辺ワイナリー　〒390-0222 松本市大字入山辺 1315-2
0263-32-3644　0263-32-3368　http://www.yamabewinery.co.jp/
本坊酒造株式会社信州マルス蒸留所　〒399-4301 上伊那郡宮田村 4752-31　0265-85-4633
0265-85-4714　http://www.hombo.co.jp/
マンズワイン小諸ワイナリー　〒384-0043 小諸市諸 375　0267-22-6341　0267-22-6336
http://www.mannswine-shop.com/winery/komoro/
株式会社リュー・ド・ヴァン　〒389-0506 東御市祢津 405　0268-71-5973
http://www.ruedevin.jp/

新潟県

株式会社アグリコア・越後ワイナリー／越後ワイン　〒949-7302 南魚沼市浦佐 5531-1
025-777-5877　025-777-5855　http://www3.ocn.ne.jp/~ewine75/
株式会社岩の原葡萄園／岩の原ワイン　〒943-0412 上越市大字北方 1223　025-528-4002
025-528-3530　http://www.iwanohara.sgn.ne.jp/
株式会社欧州ぶどう栽培研究所（カーブドッチワイナリー）
〒953-0011 新潟市西蒲区角田浜 1661　0256-77-2288　0256-77-2290
http://www.docci.com/
Kobayashi Winery 株式会社／ドメーヌ・ショオ　〒953-0011 新潟市西蒲区角田浜 1700-1
0256-70-2266 0256-70-2277　http://domainechaud.net/
株式会社セトワイナリー　〒953-0011 新潟市西蒲区角田浜 1697-1
0256-78-8065　0256-78-8065
胎内高原ワイナリー　〒959-2824 胎内市宮久 1454　0254-48-2400
ホンダ・ヴィンヤーズ・アンド・ワイナリー株式会社（フェルミエ）
〒953-0012 新潟市西蒲区越前浜 4501　0256-70-2646　0256-70-2647　http://fermier.jp/

石川県

能登ワイン株式会社　〒927-0006 鳳珠郡穴水町旭ヶ丘り 5-1　0768-58-1577　0768-58-1588
http://www.notowine.com/

富山県

SAYS FARM（株式会社 T-MARKS）　〒935-0061 氷見市余川字北山 238　0766-72-8288
0766-72-8287　http://www.saysfarm.com/
ホーライサンワイナリー株式会社　〒939-2638 富山市婦中町吉谷 1-1　076-469-4539
076-469-4644　http://www.winery.co.jp/

福井県

株式会社白山やまぶどうワイン　〒912-0146 大野市落合 2-24　0779-67-7111
0779-67-7112　http://www.yamabudou.co.jp/

滋賀県

太田酒造株式会社　〒525-0034 草津市草津 3-10-37　077-562-1105　077-564-0046
http://www.ohta-shuzou.co.jp/
株式会社ヒトミワイナリー　〒527-0231 東近江市山上町 2083　0748-27-1707
0748-27-1950　http://www.nigoriwine.jp/

京都府

天橋立ワイン株式会社　〒629-2234 宮津市字国分 123　0772-27-2222　0772-27-2223
http://www.amanohashidate.org/wein/
丹波ワイン株式会社　〒622-0231 船井郡京丹波町豊田鳥居野 96　0771-82-2002
0771-82-1506　http://www.tambawine.co.jp/

大阪府

飛鳥ワイン株式会社　〒583-0842 羽曳野市飛鳥 1104　072-956-2020　072-956-4667
http://www.asukawine.co.jp/
カタシモワインフード株式会社　〒582-0017 柏原市太平寺 2 丁目 9-14　072-971-6334
072-971-6337　http://www.kashiwara-wine.com/
株式会社河内ワイン　〒583-0841 羽曳野市駒ヶ谷 1027　072-956-0181　072-956-4147
http://www.kawachi-wine.co.jp/
島之内フジマル醸造所　〒542-0082 大阪市中央区島之内 1-1-14 三和ビル 1 F
06-4704-6666　http://www.papilles.net/
仲村わいん工房　〒583-0842 羽曳野市飛鳥 1184　06-6719-3756
株式会社ナチュラルファーム・グレープアンドワイン比賣比古ワイナリー
〒582-0018 柏原市大県 697-2　072-979-0789　072-979-0788
http://www.n-farms.com/

兵庫県

一般財団法人神戸みのりの公社／神戸ワイン　〒651-2204 神戸市西区押部谷町高和 1557-1
078-991-3911　078-991-3925　http://www.kobewinery.or.jp/

三重県

NPO 法人スタイルワイナリー　〒518-1143 伊賀市鍛冶屋 612-2

島根県

有限会社奥出雲葡萄園　〒699-1322 雲南市木次町寺領 2273-1　0854-42-3480
0854-42-3487　http://www.okuizumo.com/
株式会社島根ワイナリー　〒699-0733 出雲市大社町菱根 264-2　0853-53-5577
0853-53-5424　http://www.shimane-winery.jp/

鳥取県

北条ワイン醸造所　〒689-2106 東伯郡北栄町松神 608　0858-36-2015　0858-36-2014
http://www.hojyowine.jp/

岡山県

株式会社是里ワイン醸造場　〒 701-2435 赤磐市仁堀中 1356-1 ドイツの森内　086-958-2888　086-958-2631　http://www.koresato-winery.jp/

サッポロワイン株式会社岡山ワイナリー　〒 701-2214 赤磐市東軽部 1556　086-957-3838　http://www.sapporobeer.jp/wine/winery/okayama/

TETTA 株式会社　〒 718-0306 新見市哲多町矢戸 3136　0867-96-3658　0867-96-3659　http://www.tetta.jp/

農業生産法人ひるぜんワイン有限会社　〒 717-0602 真庭市蒜山上福田 1205-32　0867-66-4424　0867-66-7017　http://www.hiruzenwine.com/

ふなおワイナリー有限会社　〒 710-0262 倉敷市船穂町水江 611-2　086-552-9789　086-552-9790　http://www.funaowinery.com/

広島県

株式会社セラアグリパークせらワイナリー　〒 722-1732 世羅郡世羅町黒渕 518-1　0847-25-4300　0847-25-4306　http://www.serawinery.jp/

株式会社広島三次ワイナリー　〒 728-0023 三次市東酒屋町 445-3　0824-64-0200　0824-64-0222　http://www.miyoshi-wine.co.jp/

山口県

永山酒造合名会社山口ワイナリー　〒 756-0000 山陽小野田市石東　0836-71-0360　http://www.yamanosake.com/

愛媛県

企業組合内子ワイナリー　〒 791-3301 喜多郡内子町 151　0893-44-5650　0893-44-5650　http://www.uchiko-winery151.co.jp/

香川県

株式会社さぬき市 SA 公社　〒 769-2103 さぬき市小田 2671-13　087-895-1133　087-895-1134　http://www.sanuki-wine.jp/

福岡県

株式会社巨峰ワイン　〒 839-1213 久留米市田主丸町益生田 246-1　0943-72-2382　0943-72-2483　http://www.kyoho-winery.com/

熊本県

熊本ワイン株式会社　〒861-5533 熊本市北区和泉町三ツ塚 168-17　096-275-2277
096-275-2228　http://www.kumamotowine.co.jp/

大分県

安心院・小さなワイン工房　〒872-0841 宇佐市安心院町矢畑 487-1　0978-44-4244
0978-44-4245

有限会社久住ワイナリー　〒878-0201 竹田市久住町大字久住字平木 3990-1　0974-76-1002
0974-76-1002　http://www.kuju-winery.co.jp/

三和酒類株式会社安心院葡萄酒工房　〒872-0521 宇佐市安心院町下毛 798　0978-34-2210
0978-34-2227　http://www.ajimu-winery.co.jp/

有限会社由布院ワイナリー（休業中）　〒879-5104 由布市湯布院町中川 1140-5
0977-85-5458

宮崎県

雲海酒造株式会社　綾ワイナリー　〒880-1303 東諸県郡綾町大字南俣 1800-19 酒泉の杜内
0985-77-2222　0985-77-2518　http://kuramoto-aya-shusennomori.jp/shisetsu/winery.html

五ヶ瀬ワイナリー株式会社　〒882-1202 西臼杵郡五ヶ瀬町大字桑野内 4847-1
0982-73-5477　http://www.gokase-winery.jp/

有限会社都農ワイン　〒889-1201 児湯郡都農町大字川北 14609-20　0983-25-5501
0983-25-5502　http://www.tsunowine.com/

有限会社都城ワイナリー　〒885-0223 都城市吉之元町 5265-214　0986-22-1546
http://www.bonchi.jp/wine/

ワイン用ブドウの主要品種

白ワイン

1　甲州　Koshu

日本古来種。シルクロードを通して中国経由で伝来されたと考えられるヴィティス・ヴィニフェラ（ヨーロッパ系ワイン用ブドウ）。日本の風土で長く育ったので栽培が容易で、耐病性がある。果皮は美しい薄赤紫色だが、果肉は白。生食とワイン兼用種。ワインにすると、おとなしいものになる。特有の香りがあって、後味に苦味・収斂味が出てしまうきらいがある。勝沼の生産者の努力でこの欠点が克服され素晴らしいものが生まれつつある。世界に日本国産種として主張できるので、山梨県が品質向上につとめ、現在世界的に認知されるようになった。

2　甲斐ブラン　Kai Blanc

山梨県果樹試験所が昭和48年に開発したワイン専用種。甲州にピノ・ブランを交配したもの。果粒は甲州より小さく、耐病性は高く、栽培が容易。ワインとしては香り立ちがよく、フルーティで、酸がしっかりしている点で、甲州の欠点を克服している面もある。まだあまり実用化されていない。

3　セイベル9110　Seibel 9110

セイベルはフランスの多くの交配品種を示す総称。この中での固有品種を特定するために番号をつける。日本では9110が、ホワイト・アーリーとかベルデレットと呼ばれている。本家のフランスでは現在ほとんど姿を消したが、世界の寒冷地でさまざまなタイプのものが栽培されている。耐寒・耐病性に強く、栽培が容易なので、日本では西日本から北海道まで各地で栽培されている。ことに十勝ワイナリーはこの選別育種に長年月をかけ優れたものを出している。

4　シャルドネ　Chardonnay

フランス・ブルゴーニュ地方の高級品。葉のつけ根のところの切れこみ

にそって葉茎が出るので、すぐ見分けられる。各国各地方での栽培適応性があり、良質なワインを製造できる順応力があるため、今は世界での人気品種になっている。このブドウから造った辛口白ワインは酒肉が豊かで、酸がしっかりしていて、風味に強烈なくせを持たないニュートラル的性格がある。それと長期熟成に向く酒質をそなえている。そのため樽発酵と樽熟成、マロラクティック発酵、バトナージュなどの醸造法を駆使すると、色は黄金色、多彩な香り、豊かで魅力的な風味を身にそなえる。シャンパンや発泡ワインにも使われる。

5　ソーヴィニヨン・ブラン　Sauvignon Blanc

もともとボルドーで、セミヨンと組み合わせて使われていたが、ロワール上流のサンセールでこの品種を使った辛口白ワインが大ヒットした。現在世界でシャルドネに次ぐ人気品種になっている。ワインはフレッシュ・アンド・フルーティそのもので、特有の青草のような香りを帯び、酸味はしっかりしていて、爽やかな辛口の典型になる。フュメ・ブランとも呼ばれる。

6　セミヨン　Sémillon

ボルドーの伝統的高級種。一般にソーヴィニヨン・ブランを従として組み合わせて使う。小粒で皮が薄い関係で貴腐がつきやすく、甘口および極甘口（ソーテルヌが代表的）の優れたワインが仕立てられる。辛口にするとやや重い酒質になるが、長期保存の熟成力を持つ。現在オーストラリア、南アフリカなどで広く栽培されている。日本でも明治時代から栽培されている。

7　ピノ・ブラン　Pinot Blanc

中央ヨーロッパとイタリア北部で広く栽培されているフランス・ブルゴーニュ原産種。フランスではむしろアルザスで優勢。ピノ・ノワールの変種のピノ・グリ（ピノ・ノワールより果皮の赤紫色が薄い）の白変種。シャルドネに似たところがあるので、長い間混同されていた。ワインの香りはシャルドネよりニュートラルだが、特有のアロマ香があり、酒肉は豊か。イタリアではピノ・ビアンコ、オーストリアではヴァイスブルグンダーとして人気あり。

8　シュナン・ブラン　Chenin Blanc

フランス・ロワール地方の主要品種。多産系で日常用の辛口、薄甘口、長期熟成用の甘口、発泡ワインなど多様なワインを生んでいる。現在、カリフォルニアや南アフリカなど、このワインの長所に注目して栽培し、新しいタイプのワイン造りに挑戦するところが増えている。

9　リースリング　Riesling

ドイツの代表的高級種。小粒で晩熟。ワインは品の良い繊細な香り。灯油香がするといわれる。ソフトで豊かな酒肉。そしてしっかりした酸のバックボーンを持つ。辛口から極甘口の貴腐ワインまで応用性は広い。長期熟成能力を持ち、熟成によって素晴らしいワインに成長する。他地方でも栽培は可能だが、でき上がるワインがドイツのものとまったく異なるものになってしまう。フランスのアルザスでは辛口で成功しているが、カリフォルニア（ジョハニスバーグ・リースリングと呼んでいる）、オーストラリアで挑戦中だが、必ずしも成功しているとはいい難い。東欧には多くの類似種（ヴェルシュ、ラシュキなど）が栽培されている。

10　シルヴァナー　Silvaner

少し以前までドイツで重要品種だったが、現在はその地位をミュラー・トゥルガウに奪われた。早生・多収種。ワインの酸はきりっとしているが、骨格がひ弱になる。東欧諸国全域で栽培。

11　ミュラー・トゥルガウ　Müller Thurgau

スイスのトゥルガウ州で生まれ、ドイツのガイゼンハイム研究所のミュラー博士が1882年に開発。リースリングの高貴さとシルヴァナーの栽培上の利点をそなえさせるのが交配の目的だった。ワインはリースリングに比べると気品・高貴・優美さを欠く。しかし感じのよい香りと、おだやかな酸味が特徴。多産系で、栽培が容易なのでドイツでは普及種である。日本では北海道で挑戦中だが栽培が難しい。

12　ケルナー　Kerner

1969年に開発された現代ドイツのブドウ交配の大傑作といわれる新品種。シルヴァナーを追い越し、現在ドイツで三番目に多い栽培品種になってい

る。果粒は大粒で、ワインはリースリングに似た香味を持つが、リースリングほど繊細でなく、ややきめが荒い。特有の葉っぱのような香りを帯びる。日本では北海道が大成功している。

13　ゲヴェルツ・トラミーナー　Gewürz Traminer

本来はドイツ種だが、フランスのアルザスで脚光をあびている。非常に香り（スパイス香を帯びる）が高くて華やか。どうしたことか他地方ではその特色が消えてしまう。チリ、ニュージーランド、オーストラリアで挑戦中。

14　ヴィオニエ　Viognier

フランス、コート・デュ・ローヌ北部地区（コンドリュー）で、ユニークな酒質のワインを生むため知られていて、現在人気が出はじめている。熟した果実を連想させる実に華やかな香りと豊かな酒肉が特徴。

15　ユニ・ブラン　Ugni Blanc

フランスで広く栽培されている品種。収穫量が多く、酸が高いのでコニャックの重要な原料になっている。

16　アリゴテ　Aligoté

フランス・ブルゴーニュ地方の品種で、シャルドネより格が下がるとみなされている。年によって違ったワインができる。

17　マスカット・オブ・アレキサンドリア　Muscat of Alexandria

エジプト原産。原料であるマスカットブドウの香りが、ワインにしても残るところが特徴。生食用が主だが、ワインにするのが難しい。甘口ワインのなかなか良いものも生まれている。

18　ナイアガラ　Niagara

アメリカで1872年にコンコードにキャッサディーを交配して育成した米国型雑種。明治26年に川上善兵衛が導入。長野、東北で広く栽培されている。耐寒性、耐病性が強く、省力栽培品種で栽培が容易。豊産タイプ。生食・ワイン兼用種。日本では各地で広く栽培されている。

赤ワイン

1　マスカット・ベリーA　Muscat Bailey A

日本で最も普及しているワインと生食兼用品種。昭和2年に川上善兵衛がマンソンによるベリーとセワード・スノーによるマスカット・ハンブルクを交配育成したもの。日本の気候向きに開発しただけあって、耐湿・耐寒性があり、ことに耐病性に強く、栽培は容易。大粒で実止まりがいい。果皮は暗紫黒色で、ワインの色づきは悪くないが、色が濃くならない。香りが野暮ったく高貴さに欠ける。タンニンが荒く、ヨーロッパ高貴種のように初期に荒い感じのあるタンニンが熟成によって優美なものに育つことがなく、酸化したようなおかしな味になる。つまり長期熟成用に向かない。日本で広く栽培されているため、この品種から造るワインの味をよくしようという試みが多く行なわれている。カベルネ・ソーヴィニヨン、メルロー、シラーなどをブレンドするところが多い。

2　甲斐ノワール　Kai Noir

山梨県果樹試験場が、ブラック・クイーンにカベルネ・ソーヴィニヨンを交配して昭和48年に初結実をみた国産ワイン専用種。耐病性は高く、栽培は比較的容易。果房が長く、果粒は小粒、晩生。ワインの色は濃い赤紫。色、香り立ちは良く、カベルネ・ソーヴィニヨンに似た香りを帯びる。マスカット・ベリーAに替わる本格的ワイン専用種になり得るか今後の検証を待ちたい。ただ、今のところ、あまり栽培されていない。

3　カベルネ・ソーヴィニヨン　Cabernet Sauvignon

フランス・ボルドーの代表的赤ワイン用高貴種。メドック地方の著名シャトーは、これにメルローを組み合わせて世界最高のワインを造りあげてきた。そのためカリフォルニアがこのブドウに挑戦。メドックを凌ぐものを造りあげたので、現在、世界各地で栽培され最も人気のある赤品種になっている。長く強い日照を必要とし、乾燥地で特性を発揮する。日本でも栽培は可能だが、ワインに特色を出すのが難しく、本当の意味で成功しているのはごくわずか。ワインの色は濃赤紫色。香りは複雑深奥で、カシスやヒマラヤ杉の香りを帯びる。酒肉は豊かで、ことに力強いタンニンがバ

ックボーンになる。瓶詰め後、長い熟成能力を持ち、素晴らしいものに成長する。

4　ピノ・ノワール　Pinot Noir

フランス・ブルゴーニュ地方の重要な高貴種。赤ワイン用としては、カベルネ・ソーヴィニヨンと双璧をなすトップの地位にあるが、他地方での順応性に欠き、栽培も難しいので（テロワール、つまり土質や気象に鋭敏）、ほかで成功している例は少ない。ことに比較的寒冷な気象のところでないとワインは凡庸なものになる。最近ではカリフォルニアの一部、オレゴン、ニュージーランドで成功例が出だしている。ワインは鮮紅色で明るく澄み、特有のフランボワーズやチェリーのような香りを帯びる。タンニンはしっかりしているが繊細で、むしろ爽やかな酸味が出る。シャンパンの主要原料でもある。日本では、栽培しているところが少なくないが、品種特性を出すのに成功していない。

5　メルロー　Merlot

フランス・ボルドーの主要品種。メドックではカベルネ・ソーヴィニヨンの補助種として使われるが、サンテミリオンやポムロールでは主位になる。カベルネ・ソーヴィニヨンに比べ、果粒は大きく、早熟で、育てやすい栽培上の利点がある。カベルネ・ソーヴィニヨンより冷涼で多湿の土地でも栽培できる。ワインは口当たりがソフト。果実味がよく出てふくよかになり、タンニンもおとなしい。飲みやすく、比較的早く瓶熟する。現在世界でカベルネ・ソーヴィニヨンからメルローに人気が移りつつある。日本では桔梗ヶ原をはじめ各地で成功している。日本ではカベルネ・ソーヴィニヨンよりこの方が成功することは実証ずみ。

6　カベルネ・フラン　Cabernet Franc

フランスのサンテミリオンや、ロワールでの重要な品種。カベルネ・ソーヴィニヨンとちがって、果実も早熟で、ワインもソフトな早飲みタイプに仕立てられることが多い。色はそれほど濃厚でなく、特有の葉茎香を帯び、タンニンも強くない。日本でも、もっと栽培されていいはずだが、まだあまり栽培されていない。

7　シラー　Syrah

南仏コート・デュ・ローヌ北部で傑出した成功を収めてきたため、現在各地で栽培されているが、むしろ補助種として効果的。ワインは濃赤紫色、黒胡椒のような特有の強烈な香り、酒肉は厚く、アルコール分が高く、荒くさえ感じさせるほどタンニンも強い。濃厚長寿タイプのワイン。かつてははるばるボルドーにまで運ばれ、強化用にブレンドされた。オーストラリアで最も普及していて、原産地のエルミタージュ（Hermitage）をなまってアーミタージュとかシラーズと呼ばれる。果実を完熟させるために温暖な気象と十分な日照を必要とするから、日本で栽培するところが増えだしているが、着色用に使うのは別として、この品種の特徴を出すのに成功するのは難しそうである。

8　グルナッシュ　Grenache

スペイン、アラゴン北部原産種だが、現在南仏での主要・中心的品種になっている。それだけでなく、世界中に広がり、世界で二番目の栽培面積。ワインは、色はそれほど濃厚でなく、特有のスパイシーな香りを持ち、味はどちらかというとニュートラルな性格を持つので、これをベースにして他品種とブレンドすることが多い。

9　ムールヴェードル　Mourvèdre

スペインの重要品種だが、南仏で広く栽培されている。果粒は小粒で果皮が厚いため、ワインは濃厚でアルコール分、タンニンが多いものになる。土地気候に順応性があり、その個性の強さのために敬遠される傾向があったが、最近見直されている。

10　マルベック　Malbec

かつてボルドーの主要品種だったが、病気に弱いため現在フランスではカオールほか一部でしか栽培されていない（別名コット）。ところが病気にかかりにくいアルゼンチンで大成功。現在この国の主要品種になっている。ワインは特有の香りを帯び、酒肉は豊かで濃厚タイプになる。

11　ガメ　Gamay

フランス・ボジョレ地区の主要品種。多産種。この地区の花崗岩系土質

のところではフレッシュで軽快、爽やかな酸味と果実味あふれた早飲みのワインを生むが、ほかの産地では凡庸なワインになってしまう。

12　サンジョヴェーゼ　Sangiovese

イタリア（ことに中央部、トスカーナ地方）で最も普及している品種。多産種。産地や栽培法、醸造法によって軽快なものから重厚タイプまでさまざまの品質のものになる汎用性を持つ。突然変異を起こしやすい品種で、多くのクローンがある。日本でも栽培しはじめているが、良いワインを造りあげるのは難しそうである。

13　ネビオーロ　Nebbiolo

イタリア北西部、ピエモンテ原産。イタリアが誇る最高赤ワインのバロロとバルバレスコを生んだ。この品種は条件の良いところでないと完熟しないため、生産地が限定されている。ワインは若いうちは色が濃く、タンニンと酸が強いが、長期瓶熟によって見事に開花する。

14　テンプラニーリョ　Tempranillo

スペインの重要品種で、リオハやリベラ・デル・ドゥエロ地区では、高級ワインを生んでいる。この名はスペイン語で「早熟」の意味。ワインの色は濃厚なものからそれほどでもないものまでになる。香りは特有のスパイス香を帯びる。造り方次第で酒肉が厚く濃厚・長寿型になる。

15　ジンファンデル　Zinfandel

カリフォルニア特有種とされてきたが、現在は起源が南イタリアとする説が有力。多産系だが、産地と栽培法や醸造法によって多種多彩なワインになる可能性を持っている。大成功しているブラッシュワイン（ごく色の淡いロゼ）もその例だが、現在この品種を使った濃厚・長寿タイプの高級ワインに挑戦中。

16　巨峰　Kyoho

1937年に大井上康が、キャンベルの巨大変異種である石原早生に、ロザキの巨大変異種であるセンテニアルを交配して創りだした四倍体品種。大粒多汁多糖質で、現在生食用としての人気は高い。このブドウから白と赤

のワインがそれぞれ造られているが、ワインにすると生食時のおいしさが反映しない。現在、いくつかメーカーがこの欠点を克服すべく挑戦中。

17　ピオーネ　Pione

巨峰にカノン・ホール・マスカットを交配して育成した品種。外観・食味は巨峰に劣らない上、栽培が容易なので現在栽培が非常に増えている。

18　キャンベル・アーリー　Campbell Early

アメリカのキャンベルが1892年に開発した交配種。明治30年に川上善兵衛が導入。日本の代表的主要経済品種になって全国各地で栽培されていた。最近は巨峰におされている。本来、多産系の生食種だが、耐病・耐寒性が強いため、これでワインを造っているところも少なくない。

19　デラウェア　Delaware

アメリカ原産自然交配種で、デラウェア州で命名されて発売。日本には明治5年に導入されたが、耐寒性・耐病性があり栽培が容易なので、日本中で栽培され、現在栽培面積第一位。もともと生食用なので、ワインにするのは無理なはずだが、使っているところがある。

もっと知りたい人のために

ブドウについて書かれた原書は多いが、現在ハンディなものとしては、ジャンシス・ロビンソンのワイン醸造用ブドウ1800品種のガイドを訳した『ワイン用葡萄ガイド』（ウォンズ・パブリシング・リミテッド）がいちばん便利。ワイン誌『ワイナート』の38号、2007年8月号の『ブドウ品種の基本』もとてもよい本。なお、少し専門的に知りたければ『日本ブドウ学』（中川昌一監修・養賢堂発行）がある。

新《しん》・日本《にほん》のワイン

二〇一三年七月二十日　印刷
二〇一三年七月二十五日　発行

著　者　山《やま》本《もと》　博《ひろし》
発行者　早川　浩
発行所　株式会社　早川書房
郵便番号　一〇一 - 〇〇四六
東京都千代田区神田多町二ノ二
電話　〇三 - 三二五二 - 三一一一（大代表）
振替　〇〇一六〇 - 三 - 四七七九九
http://www.hayakawa-online.co.jp
定価はカバーに表示してあります

印刷・三松堂株式会社　製本・大口製本印刷株式会社
ISBN978-4-15-209389-9 C0077

乱丁・落丁本は小社制作部宛お送り下さい。
送料小社負担にてお取りかえいたします。